# 三维虚拟地球技术与实践

陈　静　龚健雅　周梦云
吴　思　李佳伟　曾方敏　著

科学出版社

北　京

## 内 容 简 介

三维虚拟地球技术是地理信息系统与计算机科学领域广受关注的重要研究课题，并已广泛应用于地理信息服务平台、智慧城市和面向大众的地理信息服务等方面。本书较为系统地阐述三维虚拟地球技术的相关理论基础、关键技术、软件平台及应用。全书共6章，主要内容包括面向极地的全球离散网格模型、多源信息组织与可视化方法、面向三维虚拟地球的分析方法、三维虚拟地球软件平台以及三维虚拟地球技术的应用与实践。

本书可作为地理信息系统相关专业高年级本科生、研究生、高校教师及研究人员的参考用书。

**图书在版编目(CIP)数据**

三维虚拟地球技术与实践/陈静等著. —北京：科学出版社，2017.11

ISBN 978-7-03-054936-5

Ⅰ.①三… Ⅱ.①陈… Ⅲ.①三维-数字地球 Ⅳ.①P208

中国版本图书馆CIP数据核字(2017)第260453号

责任编辑：杨光华 / 责任校对：孙寓明

责任印制：彭 超 / 封面设计：苏 波

**科学出版社** 出版

北京东黄城根北街16号

邮政编码：100717

http://www.sciencep.com

武汉中科兴业印务有限公司印刷

科学出版社发行 各地新华书店经销

*

开本：787×1092 1/16

2017年11月第 一 版 印张：11 1/4

2017年11月第一次印刷 字数：264 000

**定价：128.00元**

（如有印装质量问题，我社负责调换）

# 前　言

自从1998年美国前副总统戈尔提出“数字地球”(digital earth)概念以来,“数字地球”的研究一直是地理信息技术研究的热点和前沿之一,“数字地球”是通过覆盖全球的对地观测技术获取全球多尺度、多时相和多种类的空间信息,同时建立全球三维模型,对这些海量异构空间信息进行高效的组织、管理、可视化和应用,为处理整个地球的自然和社会活动诸方面的问题提供支撑。“数字地球”集成计算机技术、地理信息技术和网络技术,实现“虚拟地球”的三维可视化和各种集成应用。

目前,三维虚拟地球技术发展主要经历了全球离散网格理论方法研究,全球多源多尺度海量空间数据无缝组织、管理和可视化方法研究,基于虚拟地球的多源异构空间信息集成应用等阶段。

在全球离散网格理论方法方面,相关研究很多也很深入,但是研究的侧重点不一致,有的侧重于对地球三维模型的精确剖分表达,有的侧重于对全球网格的快速索引与位置编码。全球离散格网的全球空间多尺度、多层次划分特点,可以构建全球的空间范围索引,从而为快速有效地组织、管理和表达全球多尺度海量空间数据奠定基础。在这方面,本书的研究重点主要还是从构建全球空间索引出发,为管理全球范围的多尺度海量空间数据服务。主要针对在实践中需要解决高纬度地区格网形状变形严重和面积急剧减少,在应用现有地理数据时造成精度损失等问题,在已有研究基础上,研究面向极地、高纬度地区的全球离散网格模型。

全球多源、多尺度海量空间数据无缝组织、管理和可视化方法研究,为了应对网络环境下海量空间数据索引和传输,依托全球离散网格分块索引方法,对全球海量影像、地形等栅格空间数据进行了很好的组织、管理与可视化,并且产生了一个独特的数据格式——瓦片数据格式。然而,这种瓦片数据格式并不适合矢量空间数据、三维模型数据和三维场等空天信息数据特点,导致三维虚拟地球中难以直接高效集成上述空间数据并进行分析应用。

基于虚拟地球的多源异构空间信息集成应用方面,三维虚拟地球不仅可以为相关研究提供集成管理和快速显示全球海量多源异构、多时相多维空间信息服务平台,同时也可与面向大众化的信息集成,提供三维移动空间信息在线服务。

基于这样的认识,本书在简要阐述三维虚拟地球技术的发展及其应用的基础上,重点阐述作者及其研究团队近年来在三维虚拟地球技术方面的研究成果,主要包括面向极地的全球离散网格模型、三维虚拟地球中移动对象、三维模型数据、矢量数据和三维气象场等空天信息的组织、管理和可视化方法。在此基础上,阐述面向桌面和移动终端的三维虚拟地球平台及其在电力和海洋等方面的应用。

全书共6章。各章具体分工如下：第1章由陈静、龚健雅和周梦云撰写，第2章由周梦云、陈静和龚健雅撰写，第3章由陈静、袁思佳、吴思、谢秉雄、邹成和刘婷婷撰写，第4章由陈静和曾方敏撰写，第5章由陈静和龚健雅撰写，第6章由陈静、龚健雅、吴思、李佳伟和黄吴蒙撰写。在写作过程中，研究生程若桢、杨琪晨和陈凯帮助整理资料、绘图和校正书稿，在此表示感谢。

本书在研究和出版过程中得到国家重点研发计划"全球一致的室内外无缝剖分位置编码与IPv6映射"（项目号：2017YFB0503703），国家自然科学基金青年科学基金项目"网络环境下三维城市模型数据的多尺度传输与可视化"（项目号：40801163）和国家自然科学基金面上项目"全球多尺度三维矢量数据模型及其空间分析方法研究"（项目号：41171314）的联合资助，在此表示感谢！

此外，三维虚拟地球技术的研究、平台开发与应用过程中还得到武汉大学测绘遥感信息工程国家重点实验室向隆刚教授、熊汉江教授和王艳东教授等各位同仁的大力支持和帮助，得到武大吉奥信息技术有限公司、国家测绘地理信息局黑龙江基础地理信息中心和北京洛斯达科技发展有限公司在软件平台研发、黑龙江省地理信息公共服务平台研发以及电力行业应用中的大力支持，在此表示感谢！

由于三维虚拟地球相关理论、方法和技术还在不断发展和更新中，本书难免存在不妥之处，恳请读者批评指正！

作　者

2017年于武汉大学珞珈山

# 目　　录

# 第1章 绪　论

## 1.1 引　言

数字地球(digital earth)是美国前副总统戈尔于1998年1月在加利福尼亚科学中心开幕典礼上发表的题为"数字地球:认识21世纪我们所居住的星球"演说时,提出的一个与地理信息系统(GIS)、网络、虚拟现实等高新技术密切相关的概念。戈尔在演说中将数字地球看成是"对地球的三维多分辨率表示,它能够放入大量的地理数据",并且应该支持查询、浏览和分析海量的地理信息,即"虚拟地球"。

随着对地观测技术、计算机网络技术和地理信息技术的发展,快速获取的全球多尺度、高分辨率遥感影像,为"虚拟地球"的构建提供了丰富的多尺度、多时相影像及地形和矢量数据等空间数据资源。在此基础上,采用全球分布的大量服务器系统和高效的空间数据传输与三维实时可视化技术,构建网络环境下三维虚拟地球系统,从而使任何人在任何时候都可以快速浏览和查询到全球任何地方的多尺度地理空间信息,已成为当代地理信息技术的重要标志(Craglia et al.,2012;Bailey et al.,2011)。

最典型的三维虚拟地球系统是谷歌公司2005年推出的谷歌地球(Google Earth),它对全球多源、多尺度的卫星遥感影像、地形数据和矢量数据以及城市三维模型等基础数据进行有效地集成、组织、管理,构建网络环境下三维虚拟地球系统。同时将谷歌自身快速、高效的搜索引擎技术应用于谷歌地球中,可以满足网络环境下的数据搜索查询、定位以及空间分析等功能(Sheppard et al.,2009)。随后微软公司也推出类似的三维虚拟地球平台Virtual Earth,支持网络地图服务(web map service,WMS),运用微软的Live Local服务,能够搜索出全球任意区域内的地图影像,并且可以将部分区域内的地图影像以三维画面的形式显示出来(Wang et al.,2009)。美国国家航空航天局(National Aeronautics and Space Administration,NASA)也推出一个三维虚拟地球平台World Wind,主要展现来自美国航空航天局、美国地质调查局(United States Geological Survey,USGS),以及基于WMS服务的影像数据,可以提供三维虚拟地球浏览、查看地名与行政区划(Bell et al.,2007)等服务。World Wind具有开放性的架构,可以方便地进行功能扩展。

## 1.2 研究与应用进展

三维虚拟地球技术的研究与应用主要涉及以下四个方面内容:①全球离散格网模型,用于建立全球多尺度空间网格索引;②全球多源、多尺度海量空间数据无缝组织、管理和可视化方法,用于存储、组织和管理全球多源、多尺度空间数据;③基于虚拟地球的多源异构空间信息集成应用;④三维虚拟地球软件平台及应用。

## 1.2.1 全球离散格网

全球离散格网(discrete global grids,DGGs)的研究主要分为经纬度格网、正多面体格网和自适应格网三类。由于自适应格网的划分是以球面上实体要素为基础,难以实现多层次的递归剖分,且数据存储和操作复杂,很难进行全球多尺度海量数组的组织和其他操作,故本书主要讨论正多面体格网和经纬度格网。

近年来,基于正多面体格网的 DGGs 研究较多。例如,Fekete 等(1990)提出的球面四元三角剖分(spherical quaternary triangle,SQT)模型,Dutton(1997)提出的四元三角网(quaternary triangular mesh,QTM)模型,Bai 等(2011)提出的基于 QTM 的 WGS 84 椭球面层次剖分,White(2000)提出的菱形格网模型和 Tong 等(2010)、Sahr(2008)、Vince(2006)、Sahr 等(1998)、White 等(1992)研究的六边形格网模型。上述正多面体格网模型具有层次性、近似规则、相似大小与形状、全球可寻址、与数据无关等优点(Dutton,1997;White et al.,1992),然而,由于从正多面体到球体的映射关系计算比较复杂,格网边界与经纬线不一致,造成了这种格网研究难以利用现有各种坐标系统的各种数据,除非经过大量转换,但代价高昂且存在精度损失,很难适应全球海量空间数据组织和更新的发展趋势。

基于经纬度格网的 DGGs 研究中,等经纬度格网与地理坐标系间具有明确关系,可以简单地存储和处理数据(Gregory et al.,2008),因而得到广泛使用,如 Albergel 等(2010)、Lindstrom 等(2001)、Samet 等(1992)、Fekete 等(1990)和美国地质调查局提供的 GTOPO30 数据。但如图 1.1 所示,等经纬度格网的面积由赤道向两极逐渐减少,形状也由四边形变为三角形。同一层次的格网面积和边长甚至不在同一个量级上。严重的格网变形容易在组织空间数据的过程中产生大量的数据冗余,并且影响多分辨率空间数据操作的效率和准确性(Sahr et al.,2003)。南北极点投影到经纬度平面上成为直线,第一行和最后一行格网实际为三角形,而不是投影面上的四边形,即存在极点奇异性。例如,GTOPO30 数据文件中极点的高程值被重复存储 43 200 次。

针对上述等经纬度离散格网的缺陷,为了使同一层次的经纬度格网单元的面积近似相等,一些学者和应用部门尝试改进全球等经纬度格网模型,研究变间隔的经纬度格网模型,如图 1.2 所示。变经纬度格网主要分为三类:①等纬差变经差格网,基本原理是在纬度间隔不变的情况下,格网经度间隔从赤道到两极逐渐增大。例如,美国国家影像制图局(National Imagery and Mapping Agency,NIMA)(2005)提供的数字地形高程数据(digital terrain elevation data,DTED),DTED 的格网面积比等经纬度格网更加均匀,但其格网邻接关系较为复杂(图 1.2(a));Ma 等(2009)提出的基于纬线平面投影的正方形离散全球格网,其绝大多数格网面积和形状一致,但在两极区域和汇聚处格网存在裂缝。②变纬差等经差格网,基本原理是在经度间隔不变的情况下,格网纬度间隔从赤道到两极逐渐增大。例如,Ottoson 等(2002)提出的椭球四叉树(ellipsoidal quadtrees,EQT),

图 1.1 等经纬度格网

EQT 考虑了地球的实际形状,采用 WGS-84 椭球作为剖分的数学基础,它虽然保证了瓦片面积的近似相等,但瓦片形状变化仍然很大(图 1.2(b))。③变纬差变经差格网,其基本原理是格网的经纬度间隔同时发生变化。例如,挪威学者 Bjørke 等(2004,2003)提出的等面积单元的变经纬度格网模型(Forsvarets Forskningsinstitutt,FFI),由赤道到两极,其纬度间隔逐渐减小,经度间隔逐渐增大(图 1.2(c));Beckers 等(2012)也基于"相等的面积和相似的形状"两条规则,采用方位投影建立了半球的变经差变纬差格网;其格网经纬度发生变化的规则较为复杂,不利于分析计算。

与全球等经纬度格网模型相比,上述变经纬度格网模型方法中格网面积虽然更加一致,但这种优化是以更不规则的格网形状和更加复杂的格网邻接性为代价的(Sahr et al.,2003),且其格网不具有层次性和嵌套性,没有设计相应的格网编码,难以进行连续的全球多分辨率数据组织与表达建模。针对这个问题,Sun 等(2008)、崔马军等(2007)提出了球面退化四叉树格网(degenerate quadtree grid,DQG)的剖分方法。如图 1.3 所示,其原理是选取球内接正八面体作为球面格网划分的基础,纬度间隔固定而经度间隔从赤道到两极规则增大,相邻行的经度间隔或相等或为两倍关系。DQG 格网结构简单、几何变形稳定,改进了已有的变经纬度格网不具有层次性和嵌套性、难以进行连续的多分辨率数据操作的问题,大大提高了邻近搜索的效率。然而,DQG 虽然在一定程度上解决了等经纬度格网在高纬度地区格网面积、形状变化过大的缺陷,但在极地地区格网形状由矩形退化为三角形,仍存在极点奇异性及格网形状不一致的问题,不利于极地范围多尺度空间数据组织。

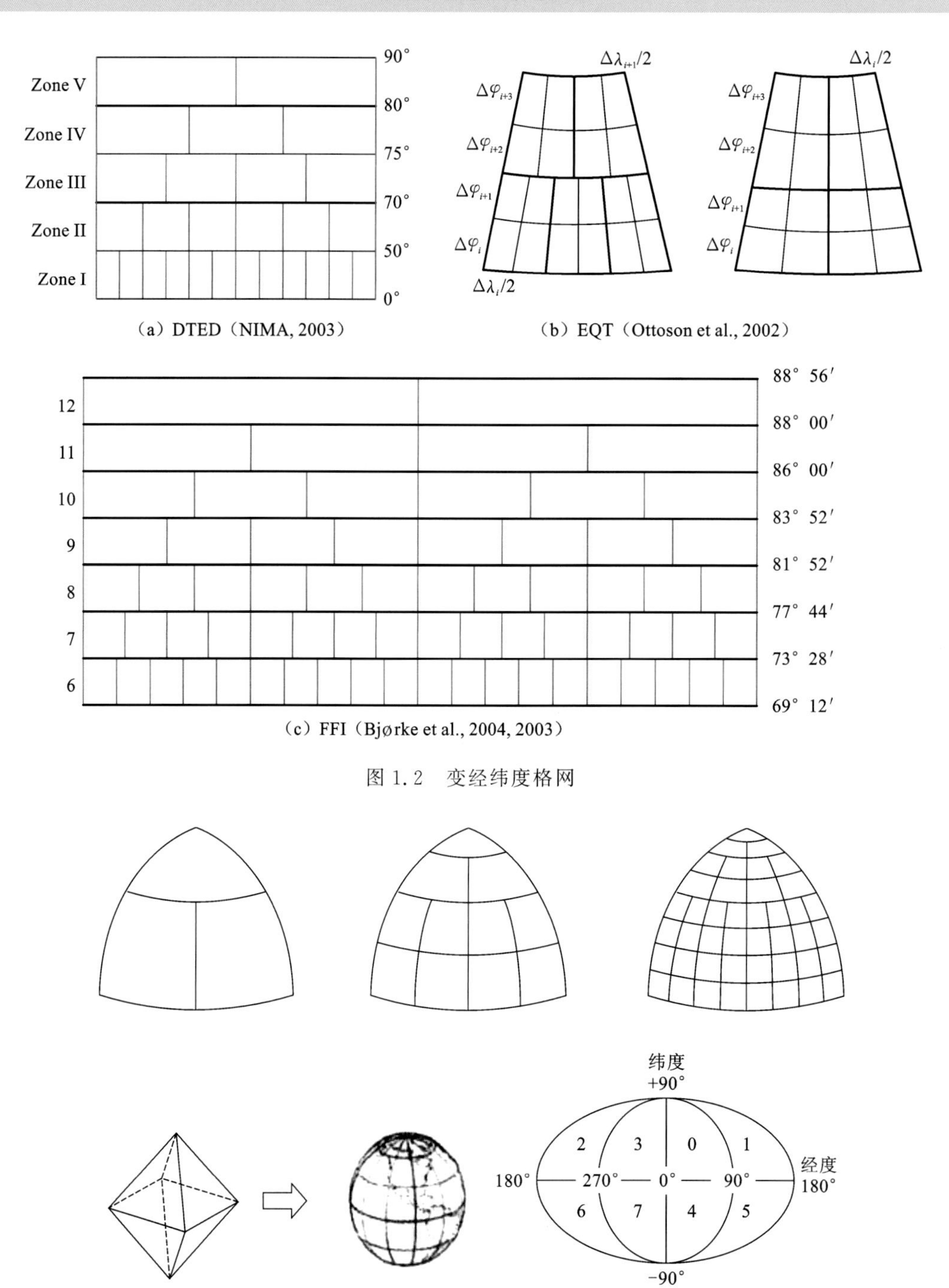


图 1.2 变经纬度格网

图 1.3 球面退化四叉树

### 1.2.2 多源空间数据组织、管理与分析

全球海量空间数据的获取技术为建立“数字地球”提供了数据基础，而如何组织和管

理这些多分辨率、多尺度、多时空和多种类的全球海量空间数据,从而实现海量空间数据的高效调度与协同服务是网络三维虚拟数字地球中的关键技术之一。全球范围的海量空间数据无缝组织是指同时无缝地储存、管理、处理、表达和传输全球范围的多源、多尺度的海量空间数据,其核心是建立多尺度空间数据库进行多源空间数据集成,其目的是具备空间数据的多尺度可视化和集成多源空间数据的能力。

针对全球范围、分布式环境下海量异构虚拟地球数据组织与管理的挑战,龚健雅等(2010)创立了全球无缝多级格网递归剖分与异构虚拟地球协同服务理论,建立了时空一体的多源多尺度异构全球数据模型,在此基础上提出了全球一体化金字塔空间数据组织方法和可扩展的四叉树层次空间索引方法,从而实现了全球、大规模、多时相空间数据的高效无缝组织。此外,还有学者将城市规划信息在虚拟地球上进行发布,利用 Web Services 和面向服务架构(service-oriented architecture,SOA)进行模型的共享和交互(Wu et al.,2010)。有学者提出了面向虚拟地球的框架,基于八叉树的多尺度数据结构进行多时间序列的三维空间数据组织与管理(Li et al.,2011)。

### 1.2.3 基于虚拟地球的多源异构空间信息集成应用

三维虚拟地球通过在线网络体系结构可以进行多源异构空间信息集成应用,并且与地理信息服务的日益紧密集成,实现全球空间信息的共享和智能服务,空间信息与非空间信息的关联服务(李德仁,2010)。此外,三维虚拟地球还可以为相关研究提供集成管理和快速显示全球海量多源、多分辨率、多时相多维空间信息服务平台,同时也可与面向大众化的信息集成,提供三维移动空间信息在线服务。

Google Map 服务已经被人们所熟悉,Google Map 主要使用 Keyhole 公司提供的卫星数据,世界上诸多城市的影像都可以达到 1 m 之内的精度。卫星影像使用等角正切圆柱方式的墨卡托投影获得,得到的影像预先仿照金字塔模式按不同精度分层存储,Google Map 总计提供了 0~17 共 18 级的缩放等级,所有的卫星图都被切分成 256 像素×256 像素大小的影像块,按照四叉树方式对每块编码索引,然后根据用户请求的坐标位置和精度在浏览器端把影像块拼接形成大的卫星图(孙剑,2007)。

Virtual Earth 是微软公司的核心地图服务器的名称,目前也是微软的 Local Live 的后台服务器,它提供了大量的商业影像和大尺度的矢量数据,可以为全球的互联网用户提供空间位置服务,另外它还提供了免费的地图开发应用接口,开发人员可以通过该接口将该网站的地图内容结合自己的业务数据展示给用户。Local Live 门户采用了与 Google Map 类似的技术,包括后台的数据组织模式(孙剑,2007)。

针对全国地理信息公共服务平台建设的要求,龚健雅等(2010)在已有基础地理信息软件平台研发基础上,重点突破了全球多源信息高效组织与异构虚拟地球数据共享,分布式环境下数据的统一索引与协同调度,海量空间数据的高效传输与实时可视化以及空间与非空间信息集成和软件共享与互操作等关键技术,为构建具有中国特色的国家地理信息公共服务平台(公众版)“天地图”奠定技术基础。

### 1.2.4 三维虚拟地球软件平台及应用

近年来,国内外已出现了各种商用或开源的虚拟地球平台,国外较为成熟的三维虚拟地球包括谷歌公司的 Google Earth,美国国家航空航天局(NASA)的 World Wind,Skyline公司的 Skyline Globe,美国微软公司的 Virtual Earth,ESRI 公司的 ArcGIS Explorer,开源的全球地形渲染引擎二次开发包 osgEarth 等;而国内比较成熟的虚拟地球平台则包括武汉大学测绘遥感信息工程国家重点实验室与武大吉奥信息技术有限公司联合开发的 GeoGlobe,北京国遥新天地信息技术有限公司的 EV-Globe。

其中,Google Earth 是公众服务最全面、用户数目最多的虚拟地球产品,除了星空、街景、海洋等新颖的功能模块,还增加了时间轴,便于查看世界各地的历史卫星照片,更加形象直观地了解该地的历史变迁(Chen et al.,2008;Burke,2008)。World Wind 是全球最强大的开源地理科普软件,完全开放资源,并依托于美国国家航空航天局从而拥有强大的卫星数据更新能力(Boschetti et al.,2008;Bell et al.,2007)。Skyline 允许用户根据自己的需求定制企业级的三维地理信息解决方案,并提供 Oracle、ArcSDE 等多种数据库的接口支持(Wei et al.,2008)。Virtual Earth 实现了无须下载而在浏览器中直接运行的功能。ArcGIS Explorer 作为 ArcGIS 系列的衍生产品,完整地继承了 ArcGIS Server 的 GIS 性能,是对 ArcGIS 家族的一个重要的补充。

开放式虚拟地球集成共享平台 GeoGlobe 基于地理信息服务规范和标准,实现了专业地理信息系统与虚拟地球数据的集成与共享(Gong et al.,2010)。EV-Globe 除了能够实现多分辨率的海量影像高速浏览以外,还集成了主流的 GIS 软件 SuperMap 和 ArcInfo,实现了矢量/栅格数据的二三维一体化管理,支持矢量的快速显示。目前三维虚拟地球软件平台通常允许用户通过互联网搜索、标注、分享与位置相关的信息,构建以虚拟地球为基础的社交网络,顺应了网络发展中开放和分享的新方向。

在开源的虚拟地球软件方面,osgEarth 地形渲染引擎由于继承了跨平台的三维开源场景图形系统 OSG 中包括场景组织与管理、场景数据优化、数据动态更新等关键技术(Zhu et al.,2013),提供了几乎所有主流空间数据格式的数据接口,并封装了众多提升程序运行性能的算法,因而具有良好的兼容性和可扩展性。

## 1.3 本书内容组织

本书主要阐述三维虚拟地球的相关技术、软件平台和应用,主要包括:①三维虚拟地球的空间索引全球离散网格模型;②三维虚拟地球中移动对象、三维模型、矢量数据和三维场数据的组织、管理和可视化技术;③面向虚拟地球的空间分析方法;④三维虚拟地球软件平台;⑤三维虚拟地球的应用。全书共 6 章,各章主要内容如下。

第 1 章为绪论。主要介绍三维虚拟地球技术的研究背景、研究进展和相关领域的应用分析。

第 2 章介绍面向极地的全球离散格网。为了建立一种可以兼顾极地和中低纬度地区的全球离散格网以支持全球海量空间数据的多尺度建模、索引和三维可视化，提出一种面向极地剖分的全球离散网格模型——四元四边网络模型，它是一种格网面积和形状近似相等的球面剖分方法，并讨论该全球离散格网的编码与解码算法、层次检索算法和邻近检索算法。

第3章介绍多源信息组织与可视化关键技术。三维虚拟地球作为一个全球多源信息集成管理的平台，涉及组织、管理和可视化全球多源多尺度信息。主要阐述三维虚拟地球平台中移动对象、三维模型、矢量数据和气象场等多源信息组织与可视化关键技术。

第4章讨论面向虚拟地球的分析方法。主要针对面向虚拟地球的分析方法进行讨论，选择通视分析和有源洪水淹没分析两个典型的应用进行讨论。

第5章介绍三维虚拟地球软件平台。主要讨论自主研发三维虚拟地球软件平台，包括桌面版和面向移动终端的三维虚拟地球软件平台的研发。

第6章讨论三维虚拟地球技术的应用与实践。主要在阐述基于虚拟地球的多源空间信息集成共享方法基础上，介绍面向大众应用的“天地图”。在阐述电力线模型的数据组织与调度基础上，介绍面向移动终端的三维虚拟地球软件平台在电力行业的应用。在阐述面向GPU的海浪动态绘制方法基础上，介绍面向虚拟地球技术的海洋应用。

## 1.4 本章小结

本章首先介绍了三维虚拟地球的概念，并从全球离散网格模型，多尺度数据组织、管理和分析方法，基于虚拟地球的多源异构空间信息集成应用，以及国内外三维虚拟地球软件平台及应用四个方面介绍了三维虚拟地球技术的研究与应用进展。

## 参考文献

陈静，向隆刚，龚健雅，2013. 基于虚拟地球的网络地理信息集成共享服务方法. 中国科学(地球科学)(11)：1770-1784.

崔马军，赵学胜，2007. 球面退化四叉树格网的剖分及变形分析. 地理与地理信息科学(6)：23-25.

龚健雅，陈静，向隆刚，等，2010. 开放式虚拟地球集成共享平台 GeoGlobe. 测绘学报(6)：551-553.

李德仁，2010. 论地球空间信息的3维可视化：基于图形还是基于影像. 测绘学报(2)：111-114.

孙剑，2007. 基于虚拟地球技术的空间信息集成. 青岛：山东科技大学.

吴立新，余接情，2012. 地球系统空间格网及其应用模式. 地理与地理信息科学(1)：7-13.

余接情，吴立新，2009. 球体退化八叉树网格编码与解码研究. 地理与地理信息科学(1)：5-9，31.

ALBERGEL C，CALVET J C，DE ROSNAY P，et al.，2010. Cross-evaluation of modelled and remotely sensed surface soil moisture with in situ data in southwestern France. Hydrology and Earth System Sciences，14(11)：2177-2191.

BAI J，SUN W，ZHAO X，2011. Character analysis and hierarchical partition of WGS-84 ellipsoidal facet based on QTM. Cehui Xuebao/Acta Geodaetica et Cartographica Sinica，40(2)：243-248.

BAILEY J E，CHEN A J，2011. The role of virtual globes in geoscience. Comput Geosci，37：1-2.

BECKERS B,BECKERS P,2012. A general rule for disk and hemisphere partition into equal-area cells. Computational Geometry-Theory and Applications,45(7):275-283.

BELL D G,KUEHNEL F,MAXWELL C,et al.,2007. NASA World Wind:Opensource GIS for Mission Operations//2007 IEEE Aerospace Conference,3-10 March.

BJøRKE J T,GRYTTEN J K,Hæger M,et al.,2003. A Global Grid Model based on Constant Area Quadrilaterals. ScanGIS'2003: Proceedings of the 9th ScandinavianResearch Conference on Geographical Information Science. Espoo,Finland:Helsinki University of Technology:239-247.

BJøRKE J T,NILSEN S,2004. Examination of a constant-area quadrilateral grid in representation of global digital elevation models. International Journal of Geographical Information Science,18(7):653-664.

BOSCHETTI L,ROY D P,JUSTICE C O,2008. Using NASA's World Wind virtual globe for interactive internet visualization of the global MODIS burned area product. International Journal of Remote Sensing,29(11):3067-3072.

BURKE J,2008. Geospatial Visualization of Atmospheric Chemistry Satellite Data Using Google Earth. Remote Sensing System Engineering,August 11,2008-August 13,2008. The International Society for Optical Engineering (SPIE).

CHEN A,LEPTOUKH G,KEMPLER S,et al.,2008. Visualization of NASA Earth Science Data in google earth. Geoinformatics 2008 and Joint Conference on GIS and Built Environment: Geo-Simulation and Virtual GIS Environments.

CRAGLIA M,BIE K,JACKSON D,et al.,2012. Digital Earth 2020:towards the vision for the next decade. Int. J. Digit Earth,5:4-21.

DUTTON G,1997. Encoding and handling geospatial data with hierarchical triangular meshes. Proceeding of 7th International Symposium on spatial data handling. Netherlands:Taylor and Francis.

FEKETE G,TREINISH L A,1990. Sphere Quadtrees:a New Data Structure to Support the Visualization of Spherically Distributed Data. SPIE Conference on Extracting Meaning from Complex Data: Processing,Display,Interaction,Feb 14-16 1990 Santa Barbara,California,USA,242-253.

GONG J,CHEN J,XIANG L,et al.,2010. GeoGlobe:Geo-spatial information sharing platform as open virtual earth. Cehui Xuebao/Acta Geodaetica et Cartographica Sinica,39(6):551-553.

GOODCHILD M F,2000. Discrete Global Grids for Digital Earth//International Conference on Discrete Global Grids. California:Santa Barbara.

GREGORY M J,KIMERLING A J,WHITE D,et al.,2008. Acomparision of intercell metrics on discrete global grid systems. Computers,Environment and Urban Systems,32:188-203.

MATTHEW J G,KIMERLING A J,DENIS W,et al.,2008. A comparison of intercell metrics on discrete global grid systems. Computers,Environment and Urban Systems,32(3):188-203.

LI J,WU H Y,YANG C W,et al.,2011. Visualizing dynamic geosciences phenomena using an octree-based view-dependent LOD strategy within virtual globes. Computers & Geosciences,37(9):1295-1302.

LINDSTROM P,PASCUCCI V,2001. Visualization of Large Terrains Made Easy. Proceedings of the IEEE Visualization Conference. Computer Society:363-370.

MA T,ZHOU C H,XIE Y C,et al.,2009. A discrete square global grid system based on the parallels plane projection. International Journal of Geographical Information Science,23(10):1297-1313.

NIMA,2005. Digital terrain elevation data. http://www. niama. mil/. [2005-12-13].

OTTOSON P, HAUSKA H, 2002. Ellipsoidal quadtrees for indexing of global geographical data. International Journal of Geographical Information Science,16(3):213-226.

SAHR K, 2008. Location coding on icosahedral aperture 3 hexagon discrete global grids. Computers, Environment and Urban Systems,32(3):174-187.

SAHR K, WHITE D, 1998. Discrete global grid systems. Cartography & Geographic Information Science,30(2):121-134.

SAHR K,WHITE D,KIMERLING A J,2003. Geodesic discrete global grid systems. Cartography and Geographic Information Science,30(2):121-134.

SAMET H,SIVAN R,1992. Algorithms for Constructing Quadtree Surface Maps. 5th International Sympo-sium on Spatial Data Handling,361-370.

SHEPPARD S R J,CIZEK P,2009. The ethics of Google Earth:crossing thresholds from spatial data to landscape visualisation. J. Environ. Manage,90:2102-2117.

SUN W B,CUI M J,ZHAO X S, et al., 2008. A global discrete grid modeling method based on the spherical degenerate quadtree//2008 International Workshop on Education Technology and Training and 2008 International Workshop on Geoscience and Remote Sensing,ETT and GRS 2008. Shanghai: 308-311.

TONG X,BEN J,WANG Y,2010. A new effective hexagonal discrete global grid system:hexagonal quad balanced structure//2010 18th International Conference on Geoinformatics, Geoinformatics 2010. Beijing.

VINCE A,2006. Indexing the aperture 3 hexagonal discrete global grid. Journal of Visual Communication and Image Representation,17(6):1227-1236.

WANG H, ZOU H, YUE Y, et al., 2009. Visualizing hot spot analysis result based on mashup. Proceedings of the 2009 International Workshop on Location Based Social Networks. ACM,Seattle: 45-48.

WEI X J,YANG J,LI C P,et al.,2008. Skyline query processing. Journal of Software,19(6):1386-1400.

WHITE D,2000. Global grids from recursive diamond subdivisions of the surface of an octahedron or icosahedron. Environmental Monitoring and Assessment,64(1):93-103.

WHITE D,KIMERLING A J,OVERTON W S,1992. Cartographic and geometric components of a global sampling design for environmental monitoring. Cartography and Geographic Information Systems,19(1):5-22.

WU H,HE Z,GONG J,et al.,2010. A virtual globe-based 3D visualization and interactive framework for public participation in urban planning processes Original Research Article. Computers,Environment and Urban Systems,34(4):291-298.

ZHU J,WANG J,2013. Interactive virtual globe service system based on OsgEarth. Applied Mechanics and Materials. Trans Tech Publications:680-684.

ZHU L F,WANG X F,ZHANG B,2014. Modeling and visualizing borehole information on virtual globes using KML. Computers & Geosciences,62:62-70.

# 第2章　面向极地的全球离散格网

## 2.1　引　　言

已有的全球离散网格模型中变经纬度格网仍存在极点奇异性、格网形状不规则和邻接关系复杂等缺点。变纬度差等经度差格网的形状由赤道向两极变化较大；而变纬度差变经度差格网的经度差和纬度差同时变化，计算较为复杂。为了保证格网面积和形状的近似相等，本章提出四元四边网(quaternary quadrangle mesh，QQM)，采用纬度差 $\Delta\varphi$ 相等而经度差 $\Delta\lambda$ 变化的格网划分方法，在极地采用半六边形格网，在其他区域则采用矩形格网，实现了全球的无缝剖分。

## 2.2　球面剖分方法

定义格网经度间隔增大的方向为“增方向”(南半球向南，北半球向北)，格网经度间隔减小的方向为“减方向”(与“增方向”相反，南半球向北，北半球向南)。

### 2.2.1　第一个分界纬线圈的确定

为了使格网面积和形状近似相等，并尽可能地简化格网间的邻接关系，本节按以下两个标准决定经度差发生变化的首个分界纬线圈(border)。

(1) 为了减少从赤道到两极的格网变形，细分后分界纬线圈上的格网边长应近似等于赤道处格网边长(Bjørke et al.，2003)。

(2) 已有的多数经度间隔变化的变经纬度格网在经度间隔变化处产生了新的节点，如图2.1(a)中的点 $D$、$E$，这样会使格网的邻接关系复杂化；为了在减少格网变形的同时尽量简化格网的邻接关系，在格网经度间隔增大处应不引入多余的节点，如图2.1(b)所示，分界纬线圈“增方向”上的格网的底边节点 $A$、$C$、$B$ 全为分界纬线圈“减方向”上的格网的顶边节点。

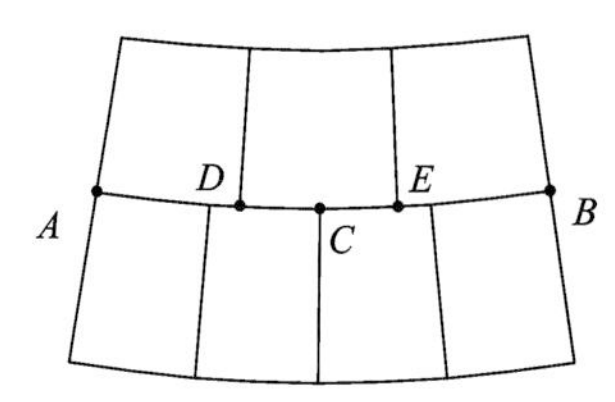

(a) 经度间隔变化产生多余节点

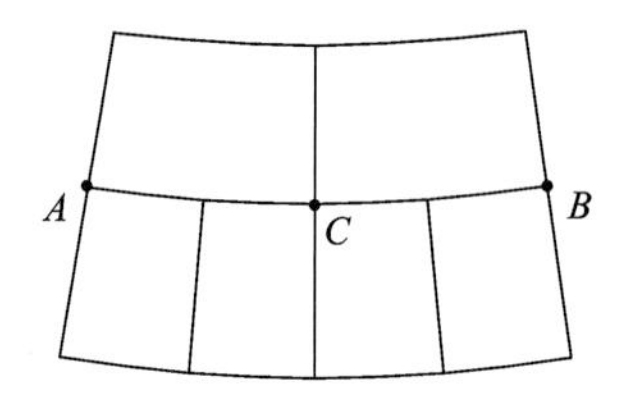

(b) 经度间隔变化不产生多余节点

图2.1　经度间隔变化的两种情况

分界纬线圈定义为格网经度差发生变化的纬线圈。同素带(bank)定义为两个分界纬线圈之间的区域,位于同一个同素带的格网的经度差纬度差相等,如图 2.2 所示。令在南北半球的格网经度差相同的同素带具有相同的同素带号。最接近南北极的同素带号为 0,并向赤道方向增大;同素带号越大,其格网经度差越小。

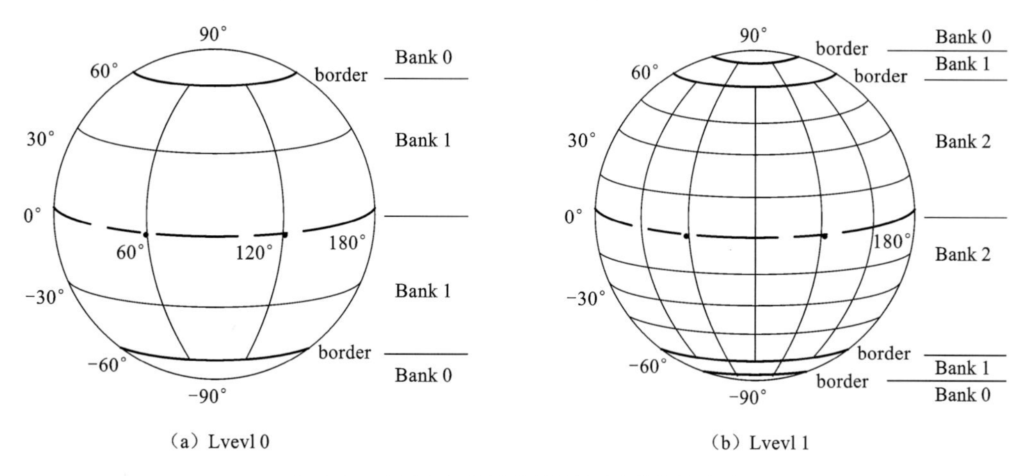


图 2.2　QQM 中分界纬线圈和同素带的定义

由规则(1)可知,首个分界纬线圈上的格网边长 $S$ 应与赤道上的格网边长 $S_R$ 相等,即:$S=S_R$。规则(2)要求在分界纬线圈上下的格网单元数存在简单的整数倍率关系,为避免分界纬线圈上下格网面积相差过大,应该取最小整数倍两倍,即分界纬线圈增方向上的格网经度差 $\Delta\lambda$ 为减方向上的格网经度差 $\Delta\lambda_R$ 的两倍,即 $\Delta\lambda=2\Delta\lambda_R$。格网下底边宽度的计算公式为 $S=R\cos\varphi\Delta\lambda$ 和 $S_R=R\Delta\lambda_R$,其中:$\varphi$ 为首个分界纬线圈的纬度值;$R$ 为赤道处的半径。由上述公式可得,$\cos\varphi=0.5$,$\varphi=\pm60°$,即由赤道到两极的第一个分界纬线圈应为 $\pm60°$纬线圈。本节所涉及的参数关系如图 2.3 所示。

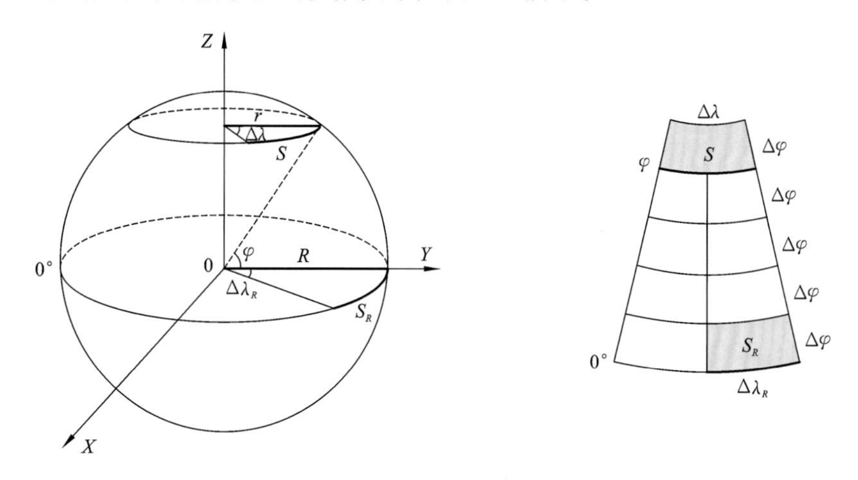


图 2.3　计算分界纬线圈所用公式中的参数图解

## 2.2.2 球面细分规则

本节采用 WGS-84 大地坐标系，经度范围为[－180°，180°]，纬度范围为[－90°，90°]，如图 2.4(a)所示。下面将对四元四边网的剖分方法进行介绍。

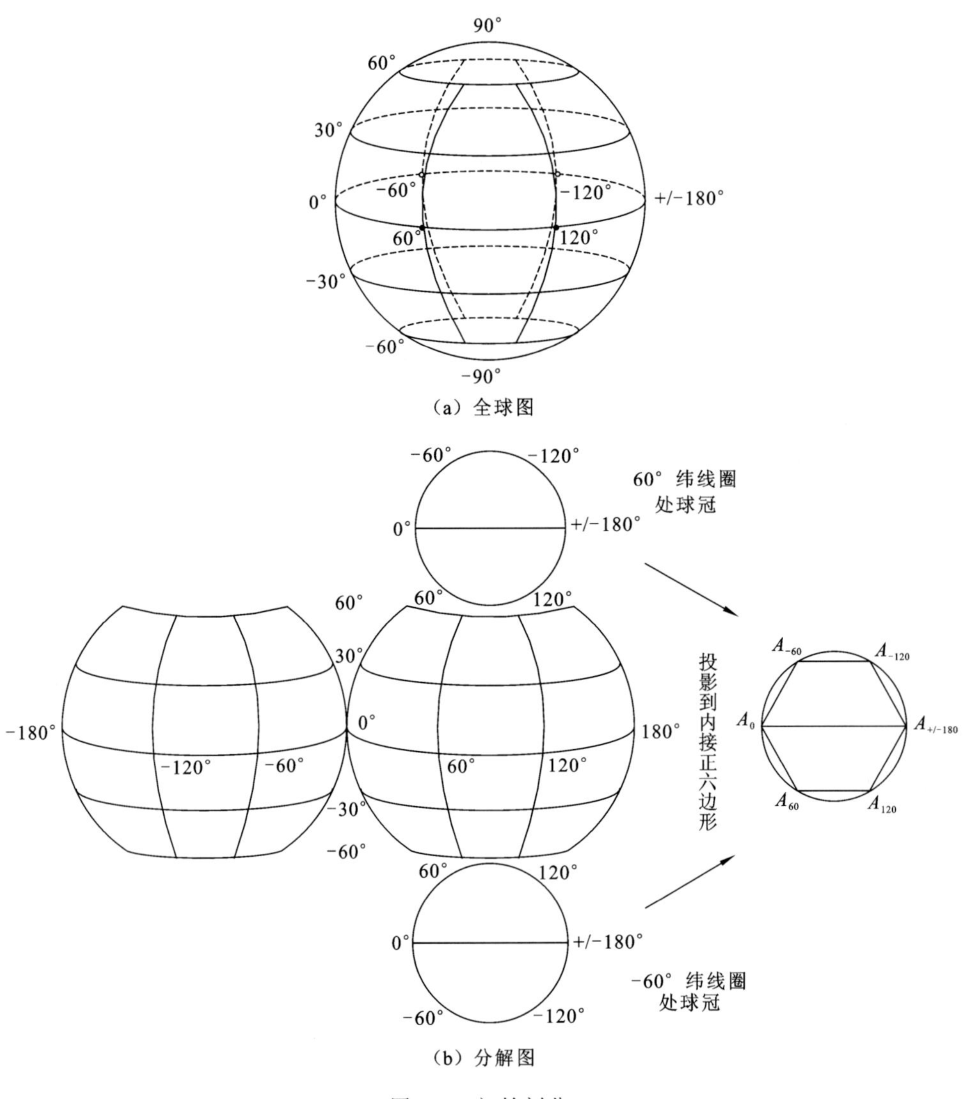


图 2.4 初始剖分

首个分界纬线圈到极地的纬度差为 30°，到赤道的纬度差为 60°，所以初始剖分首先取 30°的纬度差将地球表面划分为关于赤道对称的 6 个纬度带，即[－90°，－60°]、[－60°，－30°]、[－30°，0°]、[0°，30°]、[30°，60°]和[60°，90°]，并将纬度值为[－60°，－30°]、[－30°，0°]、[0°，30°]、[30°，60°]的 4 个纬度带以 0°、60°、120°、＋/－180°、－120°、－60°经线为分割线划分为 30°×60°的 24 个矩形区域。将纬度范围为[－90°，－60°]和[60°，90°]

的两个球冠分别投影到其内接正六边形上，正六边形的顶点分别位于 0°，60°，120°，+/－180°，－120°，－60°经线与±60°纬线圈的交点上，以 0°及+/－180°经线分别等分为 2 个半六边形(semi-hexagon，属于四边形)$A_{0°}A_{60°}A_{120°}A_{+/-180°}$和$A_{0°}A_{-60°}A_{-120°}A_{+/-180°}$；如图 2.4(b)所示。初始剖分所得 28 个格网(图 2.4)作为第 0 层格网。定义最接近赤道的格网为赤道格网，最接近极地的格网为极地格网。

在第 0 层格网的基础上，再对球面格网进行逐层的递归剖分：

(1) 纬度范围在[－60°，60°]的 24 个格网，按经纬度平分的方法进行递归四分，第 $N$ 层格网的纬度差为 $30°/2^N$，经度差为 $60°/2^N$，其中 $N$ 为非负整数。每层中格网与坐标间的关系将在 2.3 节详细阐述。

(2) 纬度范围为 [60°，90°]的区域，第 1 层剖分将第 0 层的两个半六边形分别分为 4 个纬度差为 15°的子半六边形：纬度范围为[60°，75°]的区域按经度间隔 60°等分为 3 个格网，纬度范围为[75°，90°]的区域作为一个格网，格网经度差为 180°，如图 2.5(a)所示；纬度范围为[－90°，－60°]的区域同理。从第 2 层剖分开始，将纬度范围为$[90°-30°/2^{N-1}, 90°]$的两个包含极点的半六边形分别分为 4 个半六边形：纬度范围为$[90°-30°/2^{N-1}, 90°-30°/2^N]$的区域按经度间隔 60°等分为 3 个格网，纬度范围为$[90°-30°/2^N, 90°]$的区域作为一个格网，格网经度差为 180°，如图 2.5 (b)所示；纬度范围为$[-90°, -90°+30°/2^{N-1}]$的区域同理。其他瓦片按经纬度平分的方法进行递归四分。

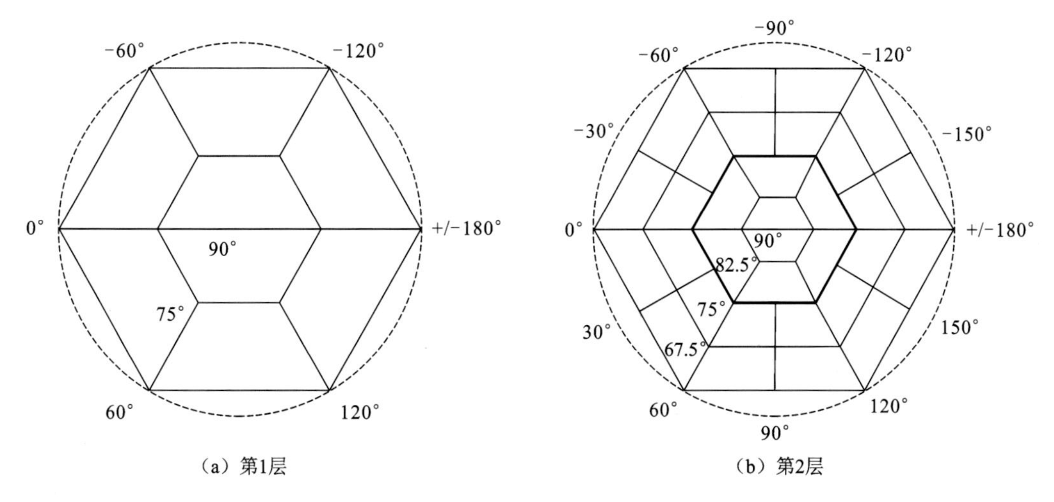


图 2.5　纬度范围为[60°，－90°]的递归剖分

## 2.3　编码解码机制

经过剖分，虚拟的地球表面被分割为了多层次四边形离散格网，这些格网可以作为全球空间数据索引和寻址的基础。要更有效地管理和操作空间数据，还需要为格网建立相应的高效的编码和解码机制。

由于在虚拟地球的数据组织和调度中，每次存取的瓦片文件通常为连续层的连续行中的连续列的格网。为了尽可能地把需要同时读取的数据集中存储和索引，以提高空间数据读取的效率，将瓦片按层行列的顺序依次存储，并将其(层，行，列)三维编码映射为一个 64 比特(8 字节)的整数，实现多维编码向一维编码的映射，得到准确且唯一的格网编码。三维编码向一维编码的映射，降低了检索的复杂度。

变经纬度格网方法的初始剖分规则复杂，对初始层和其他层需要两套不同的索引机制(Ottoson et al.，2002)，经纬度和编码的相互转换没有统一的公式，只能分成多种情况进行计算，使编码和解码相对于等经纬度方法严重复杂化。与其他变经纬度方法不同，QQM 采用统一的编码机制，编码和经纬度位置的对应关系简单，可以通过简单的计算得到某一固定经纬度位置在不同剖分层次的同素带号 $k$，并由此计算其所在格网的行列号。

## 2.3.1 编码机制

已知某一点的经纬度$(\lambda,\varphi)$，计算它在第 $N$ 层所属格网的编码的步骤如下。

(1) 由层次 $N$ 求得纬度差 $\Delta\varphi(°)$：

$$\Delta\varphi=180°/(6\times 2^{N}) \tag{2.1}$$

(2) 由纬度 $\varphi$ 和纬度差 $\Delta\varphi$ 求得行号 $I$：

$$I=\text{int}[(\varphi+90°)/\Delta\varphi] \tag{2.2}$$

其中：int 表示向下取整，下同。

(3) 由层次 $N$ 和行号 $I$ 求得同素带号 $k$：

$$k=\begin{cases}\text{int}[\log_2(I+0.5)]+1, & I<I_{\max}/2\\ \text{int}[\log_2(I_{\max}-I+0.5)]+1, & I>I_{\max}/2\end{cases} \tag{2.3}$$

若 $k>N+1$，则令 $k=N+1$；其中：$I_{\max}$为第 $N$ 层瓦片最大行号，计算方法为 $I_{\max}=6\times 2^{N}-1$。

(4) 由同素带号 $k$ 求得经度差 $\Delta\lambda(°)$：

$$\Delta\lambda=180°/\text{int}(3\times 2^{k-1}) \tag{2.4}$$

(5) 由经度 $\lambda$ 和经度差 $\Delta\lambda$ 求得列号 $J$：

$$J=\text{int}[(\lambda+180°)/\Delta\lambda] \tag{2.5}$$

(6) 将有效位、层、行、列的二进制数按表 2.1 组装成一个 64 位整形编码，得四元四边网的格网编码。有效位用于判断该地址码是否有效。29 位的行列编码足以对 0～27 格网进行唯一编码，27 层的格网分辨率为 0.025 m。5 位的层编码也足以对 27 层进行编码。

**表 2.1 QQM 格网地址码结构**

| 有效位 | 层编码 | 行编码 | 列编码 |
|---|---|---|---|
| 1 位 | 5 位 | 29 位 | 29 位 |

### 2.3.2　解码机制

已知格网编码，求格网的经纬度范围的步骤如下。

(1) 从四元四边网的格网编码中分离出层号 $N$、行号 $I$、列号 $J$：若第 0 位的有效位值为 1，则 $N$ 取 1～5 位，$I$ 取 6～34 位，$J$ 取 35～63 位；

(2) 按式(2.1)由层次 $N$ 求得纬度差 $\Delta\varphi(°)$；

(3) 由行号 $I$ 和纬度差 $\Delta\varphi$ 求得最小纬度值 $\varphi_{\min}=-90°+\Delta\varphi\times I$ 和最大纬度值 $\varphi_{\max}=-90°+\Delta\varphi\times(I+1)$；

(4) 按 2.3.1 节中步骤(3)、步骤(4)由层次 $N$ 和行号 $I$ 求得经度差 $\Delta\lambda(°)$；

(5) 由列号 $J$ 和经度差求得最小经度值 $\lambda_{\min}=-180°+\Delta\lambda\times J$ 和最大经度值 $\lambda_{\max}=-180°+\Delta\lambda\times(J+1)$。

为便于描述，将格网投影在平面上，第 0 层和第 1 层格网的经纬度范围与行列号的对应关系，以及格网间的层次关系，如图 2.6 所示。

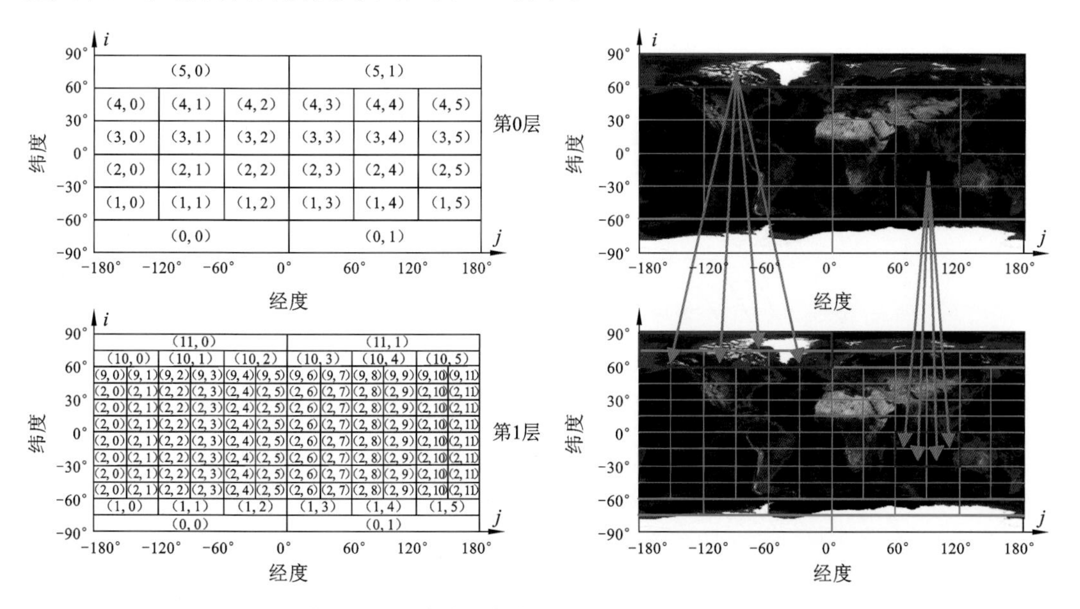


图 2.6　格网的经纬度范围与行列号的对应关系及格网层次关系

## 2.4　格网间的关系

### 2.4.1　父子关系

如图 2.7 所示，四元四边网的格网间具有固有的层次关系。第 $N$ 层格网在第 $N+1$ 层被细分为的 4 个子格网，且第 $N$ 层格网 $(I,J)$ 与其位于第 $N-1$ 层的 1 个父格网和其位于第 $N+1$ 层的 4 个子格网的行列号的关系见表 2.2。其中，$i=\text{int}(I/I_{\max})$，其值为 0 或 1，用于判断格网位于第一行还是最后一行。

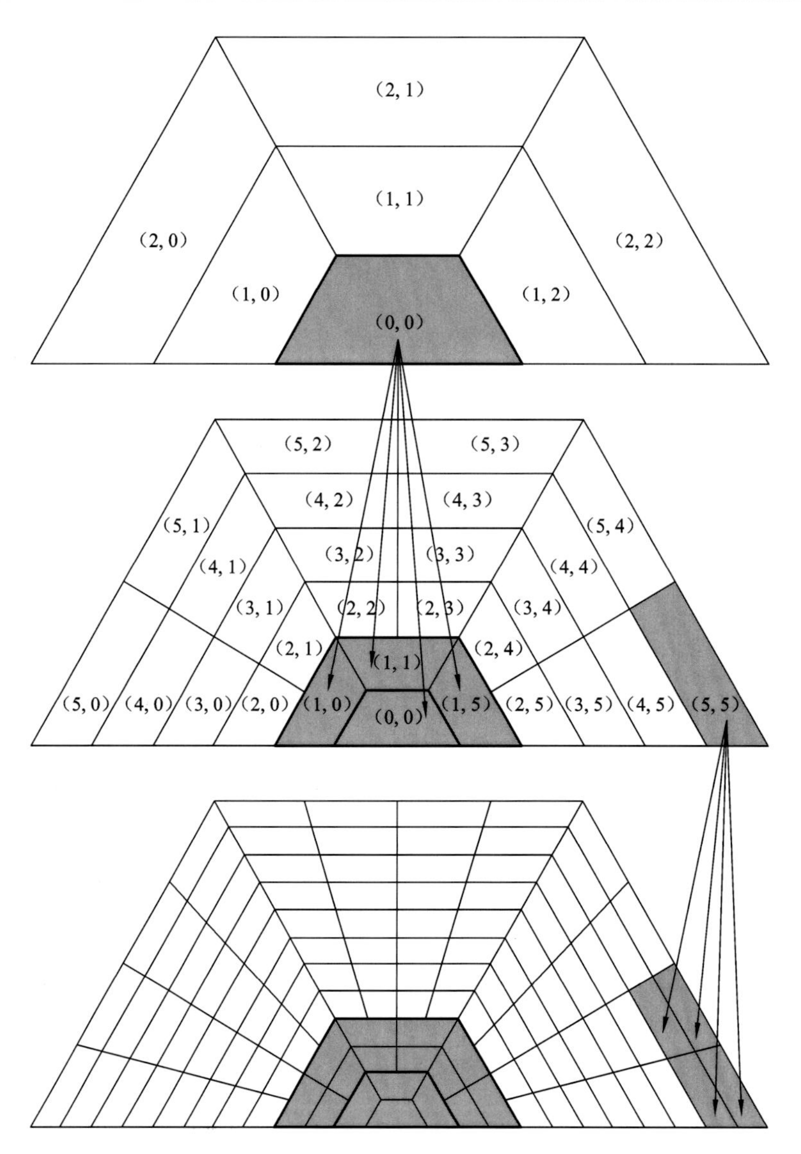


图 2.7　纬度[－90°,0°]经度[－180°,0°]区域的 0～2 层的层次关系

**表 2.2　不同类型格网的父格网和子格网行列号计算规则**

| 格网名称 | $I$ 值对应的格网 | $I$ 值对应的格网 | $I$ 值对应的格网 |
|---|---|---|---|
| 第 $N$ 层格网 $K(I,J)$ | $I=0$，$I_{max}$ | $I=1$，$I_{max}-1$ | $2\leqslant I\leqslant I_{max}-2$ |
| $K$ 的父格网 | [int($I$/2)，$J$] | [int($I$/2)，int($J$/3)] | [int($I$/2)，int($J$/2)] |
| $K$ 的子格网 | $(2I+i, J)$<br>$(2I+1-i, 2J)$<br>$(2I+1-i, 2J+1)$<br>$(2I+1-i, 2J+2)$ | $(2I, 2J)$<br>$(2I, 2J+1)$<br>$(2I+1, 2J)$<br>$(2I+1, 2J+1)$ | $(2I, 2J)$<br>$(2I, 2J+1)$<br>$(2I+1, 2J)$<br>$(2I+1, 2J+1)$ |

## 2.4.2 邻接关系

邻接关系是 GIS 空间分析中极其重要的一类空间关系。而全球离散格网的邻近搜索是进行空间聚类、索引、范围查询和动态扩张等相关空间操作的基础，在全球多尺度空间数据管理中有着广泛的应用，已成为全球离散格网研究中的关键问题之一(Gold et al., 2000)。因此，本书为 QQM 设计了相应的邻近搜索算法，为基于邻近检索的空间操作的研究奠定基础。

QQM 中邻近格网的定义为：具有公共边的为边邻接格网(edge-adjacent)；只具有公共顶点的为角邻接格网(vertex-adjacent)。根据位置关系，四个边邻接格网分别定义为上边邻接格网(top-edge-neighbor)、下边邻接格网(bottom-edge-neighbor)、左边邻接格网(left-edge-neighbor)和右边邻接格网(right-edge-neighbor)；四个角邻接格网分别定义为左上角邻接格网(left-top-vertex-neighbor)、右上角邻接格网(right-top-vertex-neighbor)、左下角邻接格网(left-bottom-vertex-neighbor)和左下角邻接格网(right-bottom-vertex-neighbor)。

由于本书提出的 QQM 具有一套统一的编码规则，由格网层次和行列号可以很容易计算出格网所处同素带号和在同素带中的位置，并根据当前格网与其上下方格网的经度差的倍率关系确定其邻近格网的行列号，其邻近搜索算法相对于其他变经纬度方法更加简单一致，可以方便地处理极地格网的特殊情况。格网邻近检索的步骤如下。

(1) 按 2.3.2 中步骤(1)从四元四边网的格网编码中分离出层号 $N$、行号 $I$、列号 $J$。

(2) 按式(2.1)和式(2.4)分别计算第 $N$ 层格网的纬度差 $\Delta\varphi$，第 $N$ 层第 $I$ 行格网的经度差 $\Delta\lambda_I$。

(3) 按式(2.4)计算当前格网上方一行格网的经度差 $\Delta\lambda_{I+1}$，和其下方一行格网的经度差 $\Delta\lambda_{I-1}$，并求出它们与 $\Delta\lambda_I$ 的比值 $m_{I+1}=\mathrm{ceil}(\Delta\lambda_I/\Delta\lambda_{I+1})$，$m_{I-1}=\mathrm{ceil}(\Delta\lambda_I/\Delta\lambda_{I-1})$。其中，符号 ceil 表示向上取整。若 $\Delta\lambda_{I+1}$ 或 $\Delta\lambda_{I-1}$ 不存在，则取 $m_{I+1}=\infty$ 或 $m_{I-1}=\infty$。除此之外，这个比值只可能有 3 个值：1(表示当前格网与邻近格网经度差相等或当前格网经度差小于邻近格网)，2(表示当前格网经度差为邻近格网的 2 倍)，3(表示当前格网经度差为邻近格网的 3 倍，当前格网行号为 1 或 $I_{\max}-1$)。

(4) 按表 2.3 求得第 $N$ 层行列号为$(I,J)$的格网的邻近格网，表中 $m$ 为非负整数。当格网的一条边位于分界纬线圈上时，其上边邻近格网、下边邻近格网可能有多个($m_{I+1}>1$或 $m_{I-1}>1$)；而左上角邻近格网、右上角邻近格网、左下角邻近格网、右下角邻近格网可能不存在($m_{I+1}=\infty$或 $m_{I-1}=\infty$)，但依公式所求得的格网与其上边邻近和下边邻近的某个格网一致，并不影响最终结果。

**表 2.3　行列号为$(I,J)$的格网邻近格网计算规则**

| 邻近关系 | 邻近格网 |
|---|---|
| 上边邻近 | $(I+1,\ J\cdot m_{I+1}+m)$，$0\leqslant m<m_{I+1}$ |
| 下边邻近 | $[I-1,\ \mathrm{int}(J/m_{I-1})+m]$，$0\leqslant m<m_{I-1}$ |
| 左边邻近 | $(I,\ J-1)$ |

续表

| 邻近关系 | 邻近格网 |
|---|---|
| 右边邻近 | $(I, J+1)$ |
| 左上角邻近 | $(I+1, J\cdot m_{I+1}-1)$ |
| 右上角邻近 | $[I+1, (J+1)\cdot m_{I+1}]$ |
| 左下角邻近 | $[I-1, \mathrm{int}(J/m_{I-1})-1]$ |
| 右下角邻近 | $[I-1, \mathrm{int}(J+1/m_{I-1})]$ |

(5) 按式(2.4)计算第 $N$ 层格网的最大行号 $I_{\max}$，按公式$J_{\max i}=360°/\Delta\varphi_i-1$ 计算邻近格网所涉及的 3 行格网各自的最大列号。

(6) 检查按步骤(4)中规则计算所得的邻近格网行列值$(i,j)$，并对其作出调整：①若 $i<0$ 或 $i>I_{\max}$，则该格网不存在；②若 $j<0$，则令 $j=J_{\max}$，即列号为 0 的格网的左边邻近格网、左上角邻近格网、左下角邻近格网的列号为 $J_{\max}$；③若 $j>J_{\max}$，则令 $j=0$，即列号为 $J_{\max}$的格网的右边邻近格网、右上角邻近格网、右下角邻近格网的列号为 0。

例如，第 1 层行列号为(1,0)的格网，纬度差为 $\Delta\varphi=15°$，经度差为 $\Delta\lambda_1=60°$；其上方一行格网的经度差 $\Delta\lambda_2=30°$，下方一行格网的经度差 $\Delta\lambda_0=180°$，$m_{I+1}=\mathrm{ceil}(\Delta\lambda_1/\Delta\lambda_2)=\mathrm{ceil}(60°/30°)=2$，$m_{I-1}=\mathrm{ceil}(\Delta\lambda_1/\Delta\lambda_0)=\mathrm{ceil}(60°/180°)=1$；计算所得上边邻近格网为(2,0)、(2,1)，下边邻近格网为(0,0)，左边邻近格网为(1,−1)，右边邻近格网为(1,1)，左上角邻近格网为(2,−1)，右上角邻近格网为(2,2)，左下角邻近格网为(0,−1)，右下角邻近格网为(0,2)；第 0～2 行的最大列号分别为 $J_{\max 0}=360°/180°-1=1$，$J_{\max 1}=360°/60°-1=5$，$J_{\max 2}=360°/30°-1=11$；检查所得邻近格网值，将左边邻近格网由(1,−1)改为(1,5)，左上角邻近格网由(2,−1)改为(2,11)，左下角邻近格网由(0,−1)改为(0,1)，右下角邻近格网由(0,2)改为(0,1)；最终求得的格网(1,0)的邻近格网为(0,0)、(0,1)、(1,5)、(1,1)、(2,11)、(2,0)、(2,1)、(2,2)，如图 2.8(a)所示。

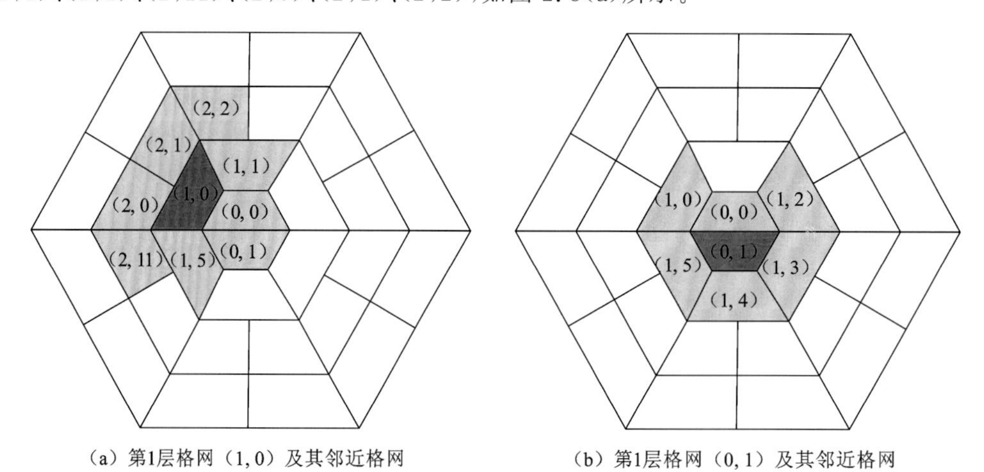


(a) 第1层格网 (1, 0) 及其邻近格网　　(b) 第1层格网 (0, 1) 及其邻近格网

图 2.8　邻近搜索的 2 个示范

图中为纬度范围为[−90°, −60°]区域

同理,可求得格网(0,1)的上边邻近格网(1,3)、(1,4)、(1,5),下边邻近格网无,左边邻近格网(0,0),右边邻近格网(0,2),左上角邻近格网(1,2),右上角邻近格网(1,6),左下角邻近格网无,右下角邻近格网无;检查所得邻近格网值,将右边邻近格网由(0,2)改为(0,0),右上角邻近格网由(1,6)改为(1,0);最终求得的格网(1,0)的邻近格网为(0,0)、(1,2)、(1,3)、(1,4)、(1,5)、(1,0)。可以看到,虽然按统一的规则计算出的极地格网的邻近格网与其相对位置有一定出入,但所得格网值正确,且全为其全部的邻近格网,如图 2.8(b)所示。

## 2.5　格网性能测试

作为等经纬度格网的改进,变经纬度格网基本保证了格网面积的近似相等。但大多数变经纬度格网或是格网划分较为复杂且不具有层次性,或是格网形状变化较大。而退化四叉树格网(degenerate quadtree grid,DQG)是层次性和格网变形都较为优秀的一种变经纬度格网(Sun et al.,2008)。因此,本节选用 DQG 作为变经纬度球面格网的代表,与 2.2 节提出的球面剖分方法进行比较。

QQM 和 DQG 对格网层次的定义不同,QQM 从第 0 层开始计数,第 0 层共有 28 个格网;而 DQG 从第 1 层开始计数,第 1 层有 24 个,与 QQM 的第 0 层基本在同一个量级上,且之后每层两种格网的数量都是约以 4 倍递增。因此,DQG 第 $N+1$ 层的格网数量与 QQM 第 $N$ 层的格网数量近似相等。实验中对 DQG 的层次做减 1 的处理,即将 DQG 的第 $N+1$ 层作为第 $N$ 层,以与 QQM 的层次保持一致。

用于实验的计算机的硬件环境配置为:Intel® Core™ 3.1 GHz 2 CPU,3.2 GB RAM,NVIDIA Quadro 600 显卡。

### 2.5.1　格网几何变形分析

剖分单元的经线边长 $S_{jon}$ 的计算公式如下:

$$S_{jon}=R\times\Delta\varphi \tag{2.6}$$

纬线边边长 $S_{lat}$ 计算公式如下:

$$S_{lat}=R\cos\varphi\times\Delta\lambda \tag{2.7}$$

其中:$R$ 为地球平均半径;$\Delta\varphi$ 为格网纬度差的弧度值;$\varphi$ 为纬线圈的纬度的弧度值,下同。

剖分单元的面积 $A$ 的计算公式如下:

$$A=\int_0^{\Delta\lambda}\mathrm{d}\theta\int_{R\cos\varphi_{max}}^{R\cos\varphi_{min}}\frac{R}{\sqrt{R^2-r^2}}r\mathrm{d}r=(\sin\varphi_{max}-\sin\varphi_{min})\Delta\lambda R^2 \tag{2.8}$$

其中:$\varphi_{max}$、$\varphi_{min}$ 分别为格网的最大、最小纬度值,$r=R\cos\varphi$。

利用式(2.6)～式(2.8),取地球平均半径 $R=6\,371\,004$ 米,计算 0～25 层的所有四元四边格网的面积及边长,以及最大纬线边长/赤道边长、最大/最小边长、最大/最小面积,见表 2.4。

**表 2.4 QQM 边长和面积在不同层次的变化**

| 层次 | 经线边长/m | 纬线边长/m | | | 最大纬线边长/赤道边长 | 最大/最小边长 | 最大面积/$m^2$ | 最小面积/$m^2$ | 最大/最小面积 |
|---|---|---|---|---|---|---|---|---|---|
| | | 赤道 | 最小 | 最大 | | | | | |
| 0 | 3 335 850 | 6 671 700 | 3 335 850 | 6 671 700 | 1 | 2.000 0 | 2.125 27E+13 | 1.555 81E+13 | 1.366 0 |
| 1 | 1 667 920 | 3 335 850 | 1 667 920 | 3 335 850 | 1 | 2.000 0 | 5.500 61E+12 | 3.377 45E+12 | 1.628 6 |
| 2 | 833 962 | 1 667 920 | 833 962 | 1 726 760 | 1.035 28 | 2.070 5 | 1.387 02E+12 | 7.722 39E+11 | 1.796 1 |
| 3 | 416 981 | 833 962 | 416 981 | 870 832 | 1.044 21 | 2.088 4 | 3.474 98E+11 | 1.836 01E+11 | 1.892 7 |
| 4 | 208 491 | 416 981 | 208 491 | 436 350 | 1.046 45 | 2.092 9 | 86 921 200 000 | 44 692 400 000 | 1.944 9 |
| 5 | 104 245 | 208 491 | 104 245 | 218 292 | 1.047 01 | 2.094 0 | 21 812 900 000 | 11 020 600 000 | 1.979 3 |
| 6 | 52 122.7 | 104 245 | 52 122.7 | 109 161 | 1.047 15 | 2.094 3 | 5 539 280 000 | 2 735 990 000 | 2.024 6 |
| 7 | 26 061.3 | 52 122.7 | 26 061.3 | 54 582.1 | 1.047 19 | 2.094 4 | 1 396 400 000 | 681 597 000 | 2.048 7 |
| 8 | 13 030.7 | 26 061.3 | 13 030.7 | 27 291.3 | 1.047 19 | 2.094 4 | 351 855 000 | 170 099 000 | 2.068 5 |
| 9 | 6 515.33 | 13 030.7 | 6 515.33 | 13 645.7 | 1.047 2 | 2.094 4 | 88 308 100 | 42 487 100 | 2.078 5 |
| 10 | 3 257.67 | 6 515.33 | 3 257.67 | 6 822.84 | 1.047 2 | 2.094 4 | 22 124 000 | 10 617 100 | 2.083 8 |
| 11 | 1 628.83 | 3 257.67 | 1 628.83 | 3 411.42 | 1.047 2 | 2.094 4 | 5 541 840 | 2 653 680 | 2.088 4 |
| 12 | 814.416 | 1 628.83 | 814.416 | 1 705.71 | 1.047 2 | 2.094 4 | 1 386 810 | 663 348 | 2.090 6 |
| 13 | 407.208 | 814.416 | 407.208 | 852.855 | 1.047 2 | 2.094 4 | 346 889 | 165 828 | 2.091 9 |
| 14 | 203.604 | 407.208 | 203.604 | 426.427 | 1.047 2 | 2.094 4 | 86 764.5 | 41 455.8 | 2.092 9 |
| 15 | 101.802 | 203.604 | 101.802 | 213.214 | 1.047 2 | 2.094 4 | 21 696.4 | 10 363.8 | 2.093 5 |
| 16 | 50.901 | 101.802 | 50.901 | 106.607 | 1.047 2 | 2.094 4 | 5 424.83 | 2 590.93 | 2.093 8 |
| 17 | 25.450 5 | 50.901 | 25.450 5 | 53.303 4 | 1.047 2 | 2.094 4 | 1 356.37 | 647.731 | 2.094 0 |
| 18 | 12.725 3 | 25.450 5 | 12.725 3 | 26.651 7 | 1.047 2 | 2.094 4 | 339.114 | 161.932 | 2.094 2 |
| 19 | 6.362 63 | 12.725 3 | 6.362 63 | 13.325 9 | 1.047 2 | 2.094 4 | 84.781 4 | 40.483 1 | 2.094 2 |
| 20 | 3.181 31 | 6.362 63 | 3.181 31 | 6.662 93 | 1.047 2 | 2.094 4 | 21.196 | 10.120 8 | 2.094 3 |
| 21 | 1.590 66 | 3.181 31 | 1.590 66 | 3.331 46 | 1.047 2 | 2.094 4 | 5.299 08 | 2.530 19 | 2.094 3 |
| 22 | 0.795 329 | 1.590 66 | 0.795 329 | 1.665 73 | 1.047 2 | 2.094 4 | 1.324 78 | 0.632 548 | 2.094 4 |
| 23 | 0.397 664 | 0.795 329 | 0.397 664 | 0.832 866 | 1.047 2 | 2.094 4 | 0.331 198 | 0.158 137 | 2.094 4 |
| 24 | 0.198 832 | 0.397 664 | 0.198 832 | 0.416 433 | 1.047 2 | 2.094 4 | 0.082 799 7 | 0.039 534 2 | 2.094 4 |
| 25 | 0.099 416 1 | 0.198 832 | 0.099 416 1 | 0.208 217 | 1.047 2 | 2.094 4 | 0.020 7 | 0.009 883 56 | 2.094 4 |
| | | | | | <1.047 | <2.10 | | | <2.10 |

从表 2.4 中可以看出：①每层的格网的经线边长一致，为赤道边长的 1/2，且等于最小纬线边长，故最大纬线边长/经线边长＝最大纬线边长/最小纬线边长；②随着格网的不断细化，格网的最大纬线边长/赤道边长、最大/最小边长、最大/最小面积都越来越大，但是其变化速度都越来越小，分别收敛到 1.047、2.10、2.10 左右。同样计算可得，①DQG 格网每层的经线边长一致，且等于赤道边长，故最大纬线边长/经线边长＝最大纬线边长/赤道边长②最大纬线边长/赤道边长收敛到 1.571 左右，最大/最小边长、最大/最小面积最终都收敛到 2.23 左右（崔马军 等，2007）。对比发现，QQM 的最大纬线边长/赤道边长、最大/最小边长、最大/最小面积的收敛值都小于 DQG，如图 2.9 所示。格网变形具有

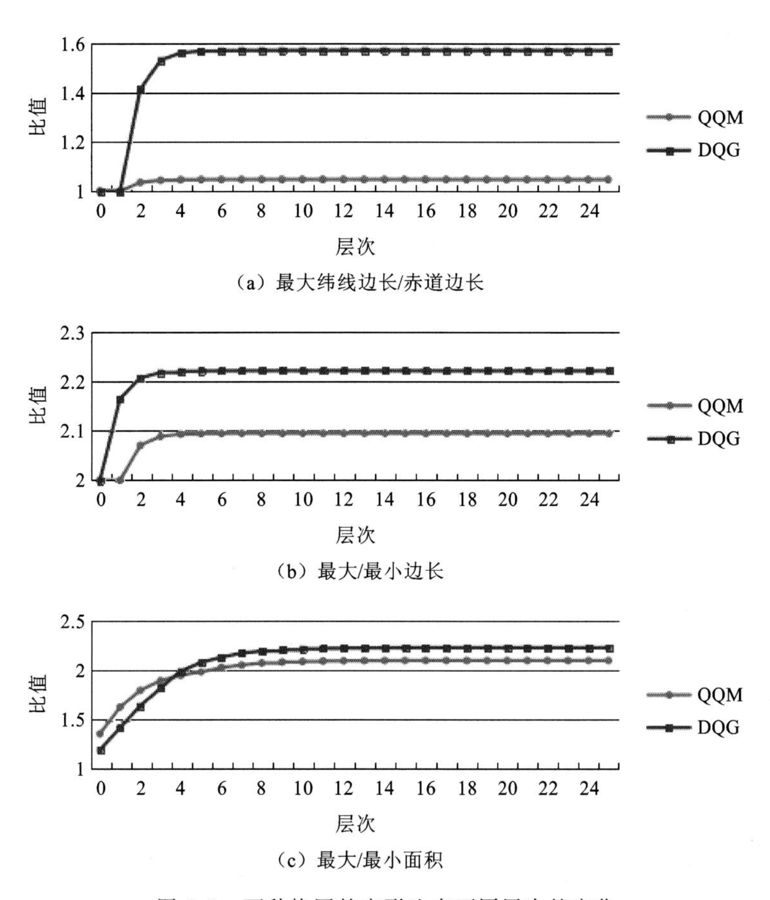


(a) 最大纬线边长/赤道边长

(b) 最大/最小边长

(c) 最大/最小面积

图 2.9　两种格网的变形比在不同层次的变化

收敛性，这一特点使得其在递归剖分中同样保持近似均匀的特性，有利于球面实体的层次索引与扩展操作(赵学胜 等,2005)。

由表 2.4 和图 2.9 可见，从第 22 层起，QQM 的边长和面积的变形都已趋于稳定；而 DQG 也在其第 22 层处趋于稳定；此时两种格网的格网分辨率都约为 1 m 左右。本节以赤道处格网面积为标准面积 100%，统计了 QQM 的第 22 层和 DQG 的第 22 层的格网面积变形分布在每个区段的百分比，见表 2.5。以区段中心表示每一区段，范围为±2.5，区段跨度共 5%。例如，97.5%区段表示面积为赤道处格网面积的 95%～100%的格网所占的比例。可以看到，QQM 的区段分布更加紧凑，如图 2.10 所示：QQM 变形率的边界为[50%，105%]，区间跨度小，格网面积分布比较集中，且变形率在 50%～100%的三角形数目占全部格网的 99.74%，即绝大多数格网面积小于赤道处格网；DQG 变形率的边界为[70%，160%]，跨度较大，且格网面积大于赤道处格网面积的格网较多，占 17%左右。绝大多数格网面积小于赤道处格网，这一性质使得以赤道处的像素分辨率作为标准分辨率组织数据时，QQM 的精度损失比 DQG 小，这一点将在 2.5 节中证明。标准分辨率的概念为多种不同的格网在某处达到的相同的像素分辨率。

表 2.5　QQM 和 DQG 格网面积变形的分布区段统计表

| 区段中心/%<br>(±2.5) | QQM | DQG |
|---|---|---|
| 52.5 | 0.056 867 9 | 0 |
| 57.5 | 0.064 163 | 0 |
| 62.5 | 0.066 668 6 | 0 |
| 67.5 | 0.069 825 4 | 0 |
| 72.5 | 0.073 911 7 | 0.059 839 5 |
| 77.5 | 0.079 415 4 | 0.086 154 4 |
| 82.5 | 0.087 296 2 | 0.101 846 |
| 87.5 | 0.099 805 4 | 0.116 439 |
| 92.5 | 0.124 271 | 0.144 982 |
| 97.5 | 0.275 141 | 0.320 998 |
| 102.5 | 0.002 635 09 | 0.017 990 6 |
| 107.5 | 0 | 0.018 256 6 |
| 112.5 | 0 | 0.018 550 9 |
| 117.5 | 0 | 0.018 877 6 |
| 122.5 | 0 | 0.019 241 3 |
| 127.5 | 0 | 0.019 648 6 |
| 132.5 | 0 | 0.020 106 5 |
| 137.5 | 0 | 0.020 106 5 |
| 142.5 | 0 | 0.008 976 35 |
| 147.5 | 0 | 0.004 219 |
| 152.5 | 0 | 0.002 991 59 |
| 157.5 | 0 | 0.000 256 851 |

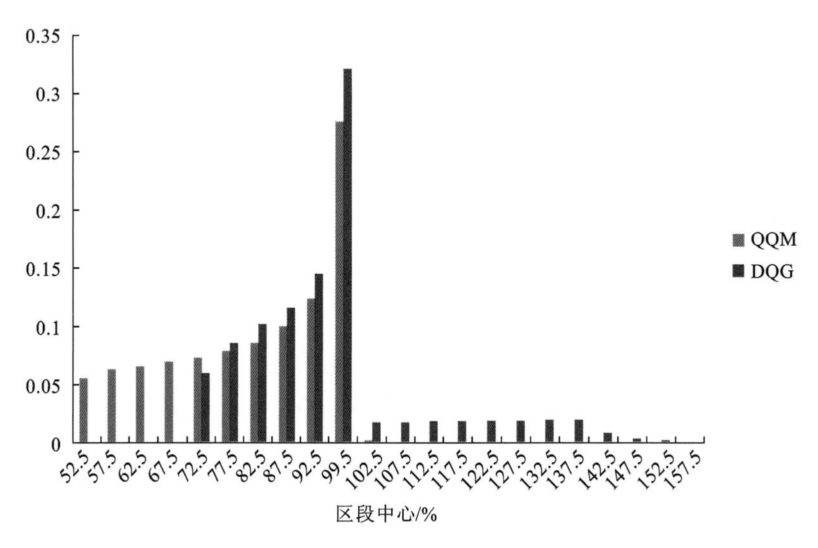


图 2.10　QQM 和 DQG 格网面积变形的分布区段统计图

### 2.5.2　编码解码效率

编码解码效率定义为 1 ms 内的编码解码次数。分别随机选取 500 万个 QQM 和 DQG 格网单元及经纬度，进行编码解码效率的比较。QQM 和 DQG 的效率见表 2.6，从结果可以看出，QQM 的编码解码效率为 DQG 的 1.91 倍左右。

表 2.6　两种格网编码解码算法的效率对照表

| 编码与解码 | 平均 1 ms 的搜索次数 | | 算法效率比 |
|---|---|---|---|
| | QQM | DQG | QQM/DQG |
| 从地址码到经纬度 | 3 729.69 | 1 956.56 | 1.91 |
| 从经纬度到地址码 | 2 822 | 1 498.27 | 1.88 |

### 2.5.3　邻近检索效率

邻近检索效率定义为 1 ms 内的邻近检索次数。本实验在同一剖分层次基础上，选择数目相同的 QQM 和 DQG 单元格网，分别用上述两种算法计算其邻近格网的搜索时间，进行对比分析。实验中发现，由于 0～5 层格网过少，邻近搜索耗时几乎为 0；第 13 层以后测试耗时较长，且基本呈 4 倍递增；6～12 层的实验结果稳定，且已经可以反映两种算法的平均效率及相互之间的关系。因此选取 6～12 层的实验结果，比较两种格网的邻近检索效率，见表 2.7。Sun 等(2008)在其论文中根据格网所在的不同位置将 DQG 格网分为 7 类进行检索，但在各分类内部，检索仍存在"或"的情况，但并未说明在何种情况下取哪一个"或值"；实验中仅采用最简单的方法计算其中一种"或值"，搜索结果并不够精确，如果加入详细的判断，DQG 的邻近搜索效率可能还会有一些降低。从实验结果可以看出，在 QQM 可以精确搜索到所有邻近格网、而 DQG 的搜索结果不够精确的情况下，QQM 的邻近搜索效率已为 DQG 的 8 倍左右，这在一定程度上也受到了编码解码效率的影响。

表 2.7　两种格网的邻近搜索算法效率对照表

| 层次 | QQM 搜索次数 | QQM 耗时/ms | 平均 1 ms 的搜索次数 | | 算法效率比 |
|---|---|---|---|---|---|
| | | | QQM | DQG | QQM/DQG |
| 6 | 109 161 | 32 | 3 411.28 | 452.794 | 7.533 845 |
| 7 | 458 752 | 124 | 3 699.61 | 464.809 | 7.959 420 |
| 8 | 1 835 008 | 468 | 3 920.96 | 486.128 | 8.065 695 |
| 9 | 7 340 032 | 1 844 | 3 980.49 | 485.969 | 8.190 831 |
| 10 | 29 360 128 | 7 419 | 3 957.42 | 483.605 | 8.183 166 |
| 11 | 117 440 512 | 29 500 | 3 981.03 | 483.354 | 8.236 262 |
| 12 | 469 762 048 | 118 404 | 3 967.45 | 483.135 | 8.211 887 |

### 2.5.4　影像数据组织水平分析

QQM 构建的主要目的是为了组织、管理和可视化全球多尺度空间数据。依据 QQM

的全球多层次统一编码的球面索引，QQM 中从第 0 层开始，各层格网存储的空间数据的分辨率为 2 的倍率的连续多分辨率，并将它定义为格网分辨率。在此条件下，组织全球空间数据时，如果格网分辨率与对应的原始空间数据分辨率不一致时，需要按照格网分辨率对原始数据进行重采样，由此将空间数据纳入 QQM 的统一组织中，并按照编码范围组织成瓦片文件。对此，这一节首先分析基于 QQM 进行全球影像数据组织的精度，并比较 QQM 和 DQG 及等经纬度格网(latitude-longitude graticule，LLG)所需的存储空间，特别强调极地部分的存储情况。

由于在电脑中，四边形比其他几何形状更易于管理(Ottoson et al.，2002)，目前常见的虚拟地球，如 World Wind、Virtual Earth、Google Earth 的影像数据组织都是采用的矩形瓦片。对影像数据采用等大小矩形分块，即块与块之间的宽、高分别相等，可以简化数据存储、内存管理并提高处理效率，还可以使加载时间保持一致；而对影像数据采用三角形分块的计算复杂，不易实现，效率也不高。QQM 和 LLG 的全部格网均为四边形，DQG 除极地格网外其他绝大多数格网也为四边形，且有关 DQG 的论文(Sun et al.，2008)没有对其影像数据组织的具体方法作出详细说明，此处基于 QQM、DQG 和 LLG 的影像数据组织实验及分析，均采用对影像进行等大小矩形分块的方法。

本节用三个指标来衡量用格网进行影像数据组织的水平：①极点数据重复存储次数(越小越好)；②极地格网的影像贴合率(越接近 1 越好)；③组织后的全球影像所占存储空间(越小越好)。

由于上述三种格网对球面的划分规则不同，它们在每一层的格网的分辨率也不同，而比较应该是在至少某处的分辨率相同的情况下进行。三种格网的赤道处格网的长纬线边和两条经线边均为大圆弧，格网边长与其经度差和纬度差成正比。在第 0 层的赤道处，QQM 的经度差为$\frac{\pi}{3}$，纬度差为$\frac{\pi}{6}$；DQG 的经度差为$\frac{\pi}{4}$，纬度差为$\frac{\pi}{4}$；取第 0 层经纬度差均为$\frac{\pi}{4}$的 LLG 参与比较。之后每一层三种格网的经纬度差的倍率关系保持不变。由 2.5.1节已知，QQM 最大纬线边长/赤道边长收敛于 1.047 左右，DQG 最大纬线边长/赤道边长收敛于 1.571 左右。设 QQM 第 $n$ 层赤道处格网边长为$\frac{\pi R}{3\times 2^n}=S_R$，固定将 $S_R$ 平均分配到 128 个格网，赤道处的像素分辨率一致或最长纬线边处像素分辨率一致时，3 种格网的边长和单个影像块大小见表 2.8。

**表 2.8　三种格网的边长和单个影像块大小**

| 全球离散网格 | 赤道格网纬线边长 | 最大纬线边长 | 经线边长 | 单个影像块大小 | |
|---|---|---|---|---|---|
| | | | | 赤道处像素分辨率一致 | 最长纬线边处像素分辨率一致 |
| QQM | $S_R$ | $1.047S_R$ | $\frac{S_R}{2}$ | 128×64 | 135×64 |
| DQG | $\frac{3}{4}S_R$ | $1.178S_R$ | $\frac{3}{4}S_R$ | 96×96 | 151×96 |
| LLG | $\frac{3}{4}S_R$ | $\frac{3}{4}S_R$ | $\frac{3}{4}S_R$ | 96×96 | 96×96 |

在三种格网在赤道处的像素分辨率均为 $PR_R=\frac{\pi R}{384}$ 的情况下，它们的数据组织情况如下。

（1）极点数据重复存储次数

① QQM：每一层次中，一个极点的影像数据仅在两个极地半六边形瓦片中各存储一次，共 2 次；

② DQG：每一层次中，一个极点的影像数据在一个极地三角形格网对应的瓦片中重复存储 96 次，4 个极地三角形格网总共存储 $96\times4=384$ 次；

③ LLG：一个极点的影像数据在一个矩形瓦片中重复存储 96 次，第 $n$ 层中 $4\times2^n$ 个极地矩形格网总共存储 $384\times2^n$ 次。

由表 2.9 可见，随着剖分层次的增加，LLG 中极点重复存储的次数呈指数增加，而 QQM 和 DQG 为固定值，在剖分层次较高时，LLG 中极点重复存储的次数将远大于 QQM 和 DQG；DQG 的极点数据重复存储次数为定值 384，与 LLG 相比虽然已经有显著减少，但仍存在较高数据冗余；QQM 的极点数据仅存储两次，冗余几乎可以忽略。

**表 2.9　三种格网中极点数据的存储次数**

| 全球离散网格 | 格网数量 | 每个格网中的存储次数 | | 总存储次数 | |
|---|---|---|---|---|---|
| | | $PR_R$ 相同 | $PR_{\max}$ 相同 | $PR_R$ 相同 | $PR_{\max}$ 相同 |
| QQM | 2 | 1 | 1 | 2 | 2 |
| DQG | 4 | 96 | 151 | 384 | 604 |
| LLG | $4\times2^n$ | 96 | 96 | $384\times2^n$ | $384\times2^n$ |

（2）极地格网的影像贴合率

对影像进行等大小矩形分块（图 2.11），而格网的形状在发生变化，无法保证每个格网都与其对应的影像块达到图 2.11(a)那样的完全贴合，绝大多数情况为图 2.11 (b)～图 2.11(d)式的影像块的像素数与格网所需像素数不一致。

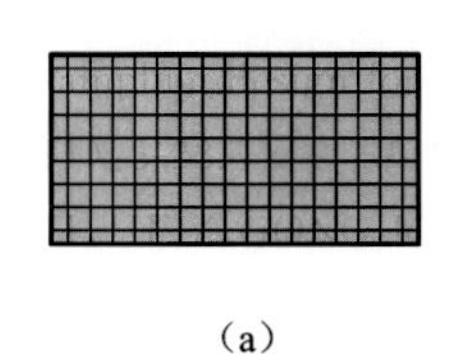

(a)

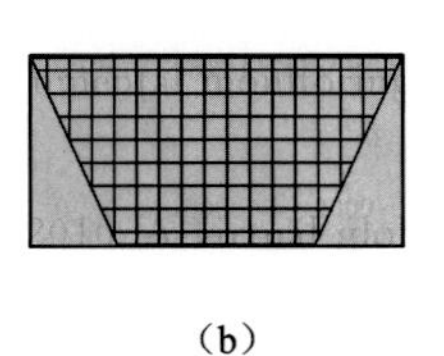

(b)

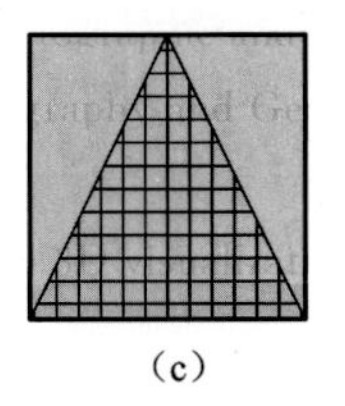

(c)

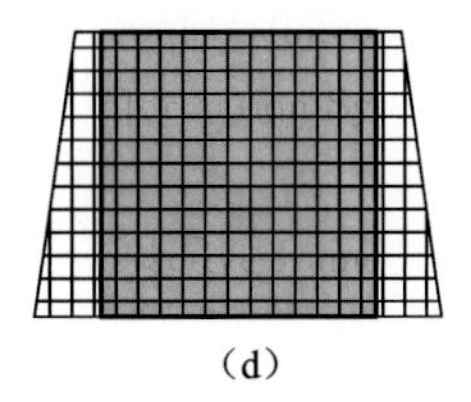

(d)

图 2.11　格网与对应影像块的贴合关系

网线部分为格网所需像素，阴影部分为影像块像素

定义每个瓦片的影像贴合率为

$$\text{fitness}=\frac{\text{Num}_b}{\text{Num}_n}$$

其中：$\text{Num}_b=w\times h$，表示影像块的像素数；其中，$w$ 和 $h$ 分别为影像块的宽和高（像素），

确定一种格网图像块大小后，该值为一个定值。例如，此处 QQM 的 $\mathrm{Num}_b=128\times64$，DQG 的 $\mathrm{Num}_p=96\times96$；$\mathrm{Num}_n=\dfrac{A}{\mathrm{Res}_R^2}$，表示格网所需像素数；其中 $A$ 为格网面积，计算方法见式(2.8)，$\mathrm{Res}_R$ 为该层的标准分辨率(m)。

定义 $A_{\mathrm{norm}}=S_w\times S_h=(w\times\mathrm{Res}_R)\times(h\times\mathrm{Res}_R)$ 为标准影像块面积，即此处的赤道处影像块的面积，其中 $S_w$、$S_h$ 分别为影像块的边长。

代入可得

$$\mathrm{fitness}=\frac{w\times h}{\dfrac{A}{\mathrm{Res}_R^2}}=\frac{(w\times\mathrm{Res}_R)\times(h\times\mathrm{Res}_R)}{A}=\frac{A_{\mathrm{norm}}}{A} \tag{2.9}$$

若 fitness=1，影像块与格网完全贴合，为理想情况，如图 2.11(a)所示；若 fitness>1，影像块的像素数大于格网所需像素数，如图 2.11(b)、图 2.11(c)所示，影像块贴到格网上时将被压缩，说明存在数据冗余；若 fitness<1，影像块的像素数小于格网所需像素数，如图 2.11(d)所示，影像块贴到格网上时将被拉伸，产生精度损失。表 2.10 中分别列出了 QQM、DQG、LLG 第 $n$ 层的极地格网的 fitness。

**表 2.10　三种格网第 $n$ 层的极地格网的 fitness**

| 全球离散网格 | $A_{\mathrm{norm}}$ | $A$ | fitness |
|---|---|---|---|
| QQM | $\dfrac{\pi^2R^2}{18\times2^{2n}}$ | $\left[1-\sin\left(\dfrac{\pi}{2}-\dfrac{\pi}{6\times2^n}\right)\right]\pi R^2$ | $\dfrac{\pi}{18\times2^{2n}\times\left[1-\sin\left(\dfrac{\pi}{2}-\dfrac{\pi}{6\times2^n}\right)\right]}$ |
| DQG | $\dfrac{\pi^2R^2}{16\times2^{2n}}$ | $\left[1-\sin\left(\dfrac{\pi}{2}-\dfrac{\pi}{4\times2^n}\right)\right]\dfrac{\pi}{2}R^2$ | $\dfrac{\pi}{8\times2^{2n}\times\left[1-\sin\left(\dfrac{\pi}{2}-\dfrac{\pi}{4\times2^n}\right)\right]}$ |
| LLG | $\dfrac{\pi^2R^2}{16\times2^{2n}}$ | $\left[1-\sin\left(\dfrac{\pi}{2}-\dfrac{\pi}{4\times2^n}\right)\right]\dfrac{\pi}{4\times2^n}R^2$ | $\dfrac{\pi}{4\times2^{n}\times\left[1-\sin\left(\dfrac{\pi}{2}-\dfrac{\pi}{4\times2^n}\right)\right]}$ |

利用表 2.10 中公式，计算三种格网的极地影像块的贴合率，所得结果见表 2.11。可以看到，随着剖分层次的增加，QQM 和 DQG 的极地格网的影像贴合率越来越小，最终都收敛于 1.273 24 左右，而 LLG 的极地格网影像贴合率越来越大，呈发散增长。从图 2.12 曲线也可以看出，在第 0～第 2 层，QQM 的影像贴合率明显小于 DQG，随着剖分层次的增加，二者越来越接近，并达到几乎一致，但整体来说，QQM 的影像贴合率略优于 DQG。

**表 2.11　三种格网的极地格网的影像贴合率**

| 层次 | QQM | DQG | LLG |
|---|---|---|---|
| 0 | 1.302 731 | 1.340 759 | 2.681 52 |
| 1 | 1.280 537 | 1.289 729 | 5.158 92 |
| 2 | 1.275 059 | 1.277 338 | 10.218 7 |
| 3 | 1.273 694 | 1.274 263 | 20.388 2 |
| 4 | 1.273 353 | 1.273 495 | 40.751 8 |

续表

| 层次 | QQM | DQG | LLG |
|---|---|---|---|
| 5 | 1.273 268 | 1.273 303 | 81.491 4 |
| 6 | 1.273 247 | 1.273 256 | 162.977 |
| 7 | 1.273 241 | 1.273 244 | 325.95 |
| 8 | 1.273 240 | 1.273 241 | 651.899 |
| 9 | 1.273 240 | 1.273 240 | 1 303.8 |
| 10 | 1.273 240 | 1.273 240 | 2 607.59 |
| 11 | 1.273 240 | 1.273 240 | 5 215.19 |
| 12 | 1.273 240 | 1.273 240 | 10 430.4 |
| 13 | 1.273 240 | 1.273 240 | 20 860.8 |
| 14 | 1.273 240 | 1.273 240 | 41 721.5 |
| 15 | 1.273 240 | 1.273 240 | 83 443 |
| 16 | 1.273 240 | 1.273 240 | 166 886 |
| 17 | 1.273 240 | 1.273 240 | 333 772 |
| 18 | 1.273 240 | 1.273 240 | 667 544 |
| 19 | 1.273 240 | 1.273 240 | 1 335 091 |
| 20 | 1.273 240 | 1.273 240 | 2 670 181 |
|  | <1.273 300 | <1.273 300 | ∞ |

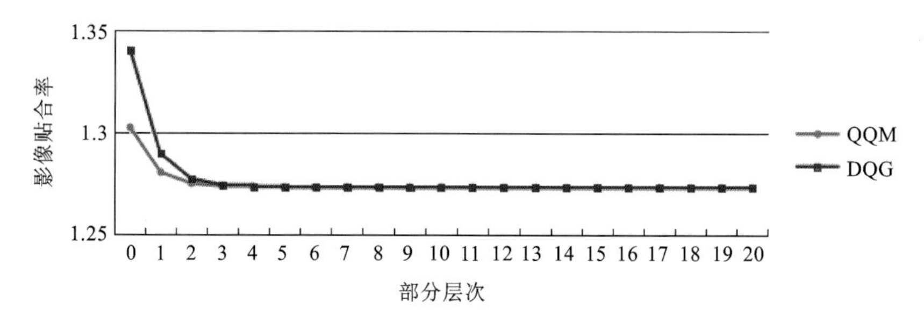


图 2.12　QQM 和 DQG 格网的极地影像块的贴合率统计图

(3) 组织后的全球影像所占存储空间

由式(2.9)可知，影像贴合率与单个格网面积存在必然联系，单个格网面积小于标准格网面积时存在数据冗余，单个格网面积大于标准影像块面积时存在精度损失。当数据冗余并不严重时应首先保证精度。2.4.1 节中已得到 QQM 变形率在[−50%,0%]的三角形数目占全部格网的 99.74%，即绝大多数格网面积小于赤道处格网面积；DQG 格网面积大于赤道处格网面积的格网较多，占 17%左右。LLG 全部格网面积均小于赤道处格网面积。以赤道处的像素分辨率作为标准分辨率组织数据时，LLG 无精度损失，QQM 精度损失较小，DQG 精度损失较大。因此，此处除了以赤道处的像素分辨率作为标准分辨率外，还提供了另一种方案：以三种格网的最长纬线边处的像素分辨率作为标准分辨率，此时三种格网都没有精度损失。两种方案下的三种格网第 0 层的影像块大小见表 2.12。

**表 2.12 两种方案下三种格网第 0 层的影像块大小**

| 全球离散网格 | 格网数 | 赤道处的像素分辨率一致 | | 最长纬线边处像素分辨率一致 | |
|---|---|---|---|---|---|
| | | 单个影像块大小 | 全球影像块大小 | 单个影像块大小 | 全球影像块大小 |
| QQM | 28 | 128×64 | 229 376 | 135×64 | 241 920 |
| DQG | 24 | 96×96 | 221 184 | 151×96 | 347 904 |
| LLG | 32 | 96×96 | 294 912 | 96×96 | 294 912 |

三种格网在之后的层次格网数基本都呈 4 倍增长，所占存储空间的大小关系不变。可见在赤道处的像素分辨率一致时，在影像块所占存储空间总数上，LLG＞QQM＞DQG。QQM 所占的存储空间为 LLG 的 77.78%左右，为 DQG 的 103.70%左右。但此时 DQG 较小的存储空间是以较大的精度损失为代价的。而在三种格网都没有精度损失，即最长纬线边处的像素分辨率一致时，在瓦片所占存储空间总数上，QQM＜LLG＜DQG。QQM 所占的存储空间为 LLG 的 82.03%左右，为 DQG 的 69.54%左右。

从以上三个指标的分析结果可以看出，QQM 的极点重复存储次数少于 DQG 和 LLG，极地格网影像贴合率优于 DQG 和 LLG，首先保证数据组织精度时的全球影像块存储空间小于 DQG 和 LLG，整体影像数据组织水平较高。

## 2.6 数据集可视化

以 QQM 作为对影像数据分层分块的依据，采用水平分辨率为 1 000 m 的全球 Blue Marble 数据和水平分辨率为 0.6 m 的泰州影像数据为实验数据，以每个瓦片的图像块大小为 128 像素×64 像素构建了影像金字塔，并采用 VC++6.0 和 OpenGL 开发了一个基于球面 QQM 的影像可视化实验系统。其部分可视化效果如图 2.13 所示，其中图 2.13(a)、图 2.13(b)为视点在极地上方时的效果图，图 2.13(c)～图 2.13(f)为视点在赤道附近上方的效果图；图 2.13(a)、图 2.13(c)由 Blue Marble 数据采样到格网第 2 层得到，图 2.13(b)、图 2.13(d)由该数据采样到格网第 3 层得到；图 2.13(e)、图 2.13(f)由泰州影像数据采样到格网第 9、16 层得到。可以看到此球面剖分格网结构简单，可视化效果较好，尤其在极地附近格网可视化效果更加平滑。

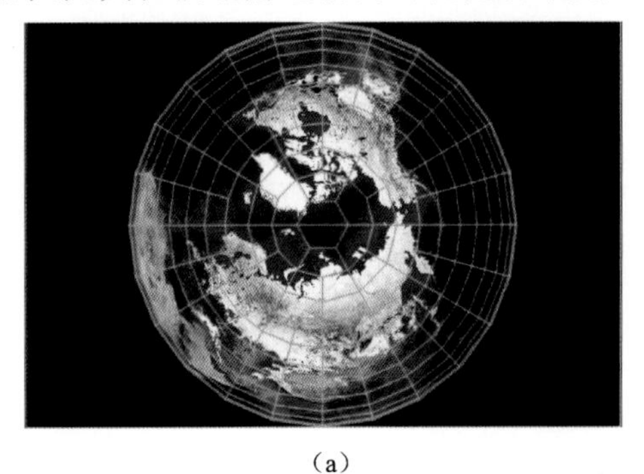

(a)

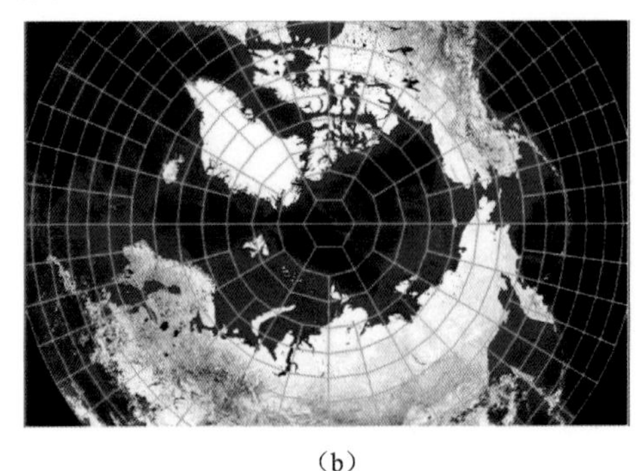

(b)

图 2.13 影像数据组织可视化效果图

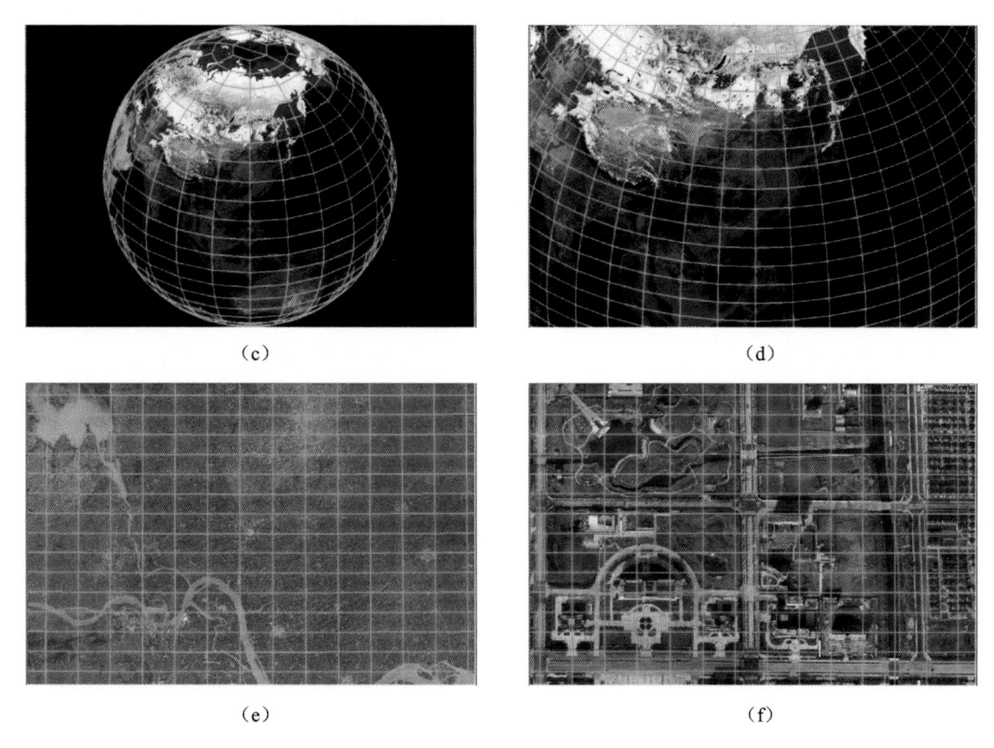

（c）　（d）

（e）　（f）

图 2.13　影像数据组织可视化效果图(续)

# 2.7　本章小结

本章介绍了一种名为四元四边网(QQM)的变经纬度球面剖分的新方法。该方法对极地格网的细分以极地六边形变换为基础,采用半六边形(四边形的一种)覆盖,在其他地区采用规则矩形覆盖。其性质如下:

(1) 规则的层次结构。QQM 的每一格网在下一层都有 4 个子格网,不存在 DQG 那样在极地地区变为 3 个子格网的情况。这一性质使得所有的格网作为结点可以使用同样的程序和算法进行操作(Tobler et al.,1986)。

(2) 格网形状全部为四边形。DQG 绝大部分格网为四边形,但在极地地区变为三角形;而 QQM 格网全为四边形。一般来说,在计算机中,四边形比其他几何形状更易于管理(Ottoson et al.,2002)。

(3) 格网变形稳定。QQM 格网单元的最大与最小边长比和最大与最小面积比最终都收敛于 2.10 以下,小于 DQG 的 2.23 以下。

(4) 编码解码效率较高。实验中 QQM 的编码效率约为 2 822 次/ms,解码效率约为 3 729 次/ms,为 DQG 编码解码效率的 1.9 倍左右。

(5) 邻近搜索效率较高。实验中 QQM 的邻近搜索效率约为 3 950 次/ms,为 DQG 邻近搜索效率的 8 倍左右。

(6) 数据组织水平较高。QQM的极点重复存储次数仅为2次,少于DQG和LLG;极地格网的影像贴合率约为1.273 24,优于DQG和LLG;首先保证数据组织精度时的全球影像块存储空间小于DQG和LLG,为DQG的69.54%左右,为LLG的82.03%左右。

QQM改进了变经纬度格网存在的极点奇异性、格网形状不规则、格网邻接性复杂等问题。保证了格网形状和面积的近似相等,在减小数据冗余的同时提高了极地附近数据组织的精度,在全球尤其是极地附近的影像数据组织可视化结果较好,克服了全球影像数据组织的经纬度格网的可视化结果在极地附近产生震荡的情况。它具有规则的层次结构,格网边界与经纬线的对应关系简单,与已有的地理数据源之间的转换简单等优点,适用于全球多尺度无缝空间数据组织。且其格网邻近关系较为简单,包含极地格网在内的所有格网的邻接单元都可根据统一的邻近检索算法求得,将有利于基于邻近关系的空间操作的进行。

## 参考文献


崔马军,赵学胜,2007.球面退化四叉树格网的剖分及变形分析.地理与地理信息科学(6):23-25.

赵学胜,孙文彬,陈军,2005.基于QTM的全球离散格网变形分布及收敛分析.中国矿业大学学报(4):438-442.

BJøRKE J T,GRYTTEN J K,Hæger M,et al.,2003. A Global Grid Model based on Constant Area Quadrilaterals//ScanGIS'2003: Proceedings of the 9th ScandinavianResearch Conference on Geographical Information Science,Finland:Helsinki University of Technology:239-247.

GOLD C,MOSTAFAVI M A,2000. Towards the global GIS. ISPRS Journal of Photogrammetry and Remote Sensing,55(3):150-163.

OTTOSON P,HAUSKA H,2002. Ellipsoidal quadtrees for indexing of global geographical data. International Journal of Geographical Information Science,16(3):213-226.

SUN W B,CUI M J,ZHAO X S,et al.,2008. A global discrete grid modeling method based on the spherical degenerate quadtree//2008 International Workshop on Education Technology and Training and 2008 International Workshop on Geoscience and Remote Sensing,ETT and GRS 2008. Shanghai:308-311.

TOBLER W,CHEN Z T,1986. A quadtree for global information storage. Geographical Analysis,18(4):360-371.

# 第3章 多源信息组织与可视化关键技术

## 3.1 引 言

三维虚拟地球作为一个全球多源信息集成管理的平台，涉及组织、管理和可视化全球多源多尺度信息。对此，本章主要阐述三维虚拟地球平台中多源信息组织与可视化关键技术。主要包括：①移动对象的时空数据组织方法；②基于 GPU 的三维模型可视化方法；③矢量数据压缩与可视化方法；④面向虚拟地球的三维气象场可视化方法。

## 3.2 移动对象的时空数据组织方法

随着 GIS 由三维向四维的应用扩展，要实现智慧城市的智能分析与服务就需要有城市实时空间信息的支持（龚健雅，2013）。然而，传统 GIS 以历史数据为核心，被动地进行数据处理，缺乏对动态实时数据的管理与分析能力，而实时 GIS 是具有实时性或准实时性特征的 GIS 系统（陶留锋 等，2013），能够对实时观测数据进行高效的存储管理并在短时间内完成动态数据的分析处理。虚拟地球软件作为智慧城市海量实时 GIS 数据的可视化和分析平台，对智慧城市的实现有重要意义，而目前基于虚拟地球的智慧城市应用中所展示的大多是静态的三维信息，实时、动态的多维空间信息管理与可视化技术仍有待进一步研究。

Goodchild（2011）认为未来的 GIS 将涉及更多的实时监测和评估，需要更多新的工具来描绘不断变化的信息。尤其随着移动定位和移动通信技术的发展，更多的移动对象信息可以被获取到，借助三维虚拟地球平台对大范围移动对象进行动态可视化可以为移动对象的观察和分析提供更好的支持和服务。对移动对象的研究，国内外学者已经进行了大量工作，在移动对象的时空数据模型（马林兵 等，2008；苗蕾，2008；陈碧宇 等，2007；Wolfson et al.，1999）、时空索引（孙冬璞 等，2013；廖巍 等，2006）以及时空查询等多个方面都有许多研究成果问世，Wolfson 等（1999）提出移动对象时空（moving objects spatio-temporal）模型，用函数方式来表示移动对象的位置信息，陈碧宇等（2007）提出网络移动对象的二维时空模型（2-dimensional spatio-temporal data model for moving objects in network），基于线性参考系对轨迹数据进行降维处理。这类研究大都基于移动对象数据库，重点考虑移动对象在二维空间中轨迹信息的存储、索引和查询，实现对移动对象历史轨迹的模拟和未来趋势的预测，对各类移动对象在数据库中的管理都有适用性，而针对实时 GIS 数据，在三维虚拟地球平台中人们更关心的是如何对从实时 GIS 数据库中获取到的移动对象信息进行有效的存储和管理，并在三维虚拟地球场景中高效地进行各类相关属性信息的动态可视化。考虑到实时 GIS 对时效性的需求以及对数据的有效利用，服务器端的移动对象数据在获取到客户端后需要对其建立缓存,并提供高效的索引机制以便三维虚拟地球平台可以对缓存数据进行检索查询,同时移动对象数据作为三维虚拟地球平台中动态可视化的主体部分,与原有的影像、地形、矢量以及地名等基本要素之间也存在时间和空间上的关联。

为此,本节重点研究三维虚拟地球中移动对象的时空数据组织方法,建立移动时空对象与三维虚拟地球瓦片数据的联系,使两者能够满足时间和空间上约束,保证三维场景的时效性,并提出满足实时数据动态接入的增量式时空索引方法,为移动对象在三维虚拟地球中的组织提供解决方案。

### 3.2.1 虚拟地球中移动对象的时空数据组织方法

虚拟地球中实时动态信息的集成是对获取到的实时 GIS 观测数据进行以时空对象为基本单元的组织管理,将移动对象在不同时间范围内的状态进行排序,以便快速地对某个对象的所有状态进行遍历,并且建立移动对象状态与虚拟地球多尺度、多时相的瓦片数据间的时空映射关系的数据管理方法。对此,本节设计了三维虚拟地球中移动对象的时空数据组织方法,如图 3.1 所示。

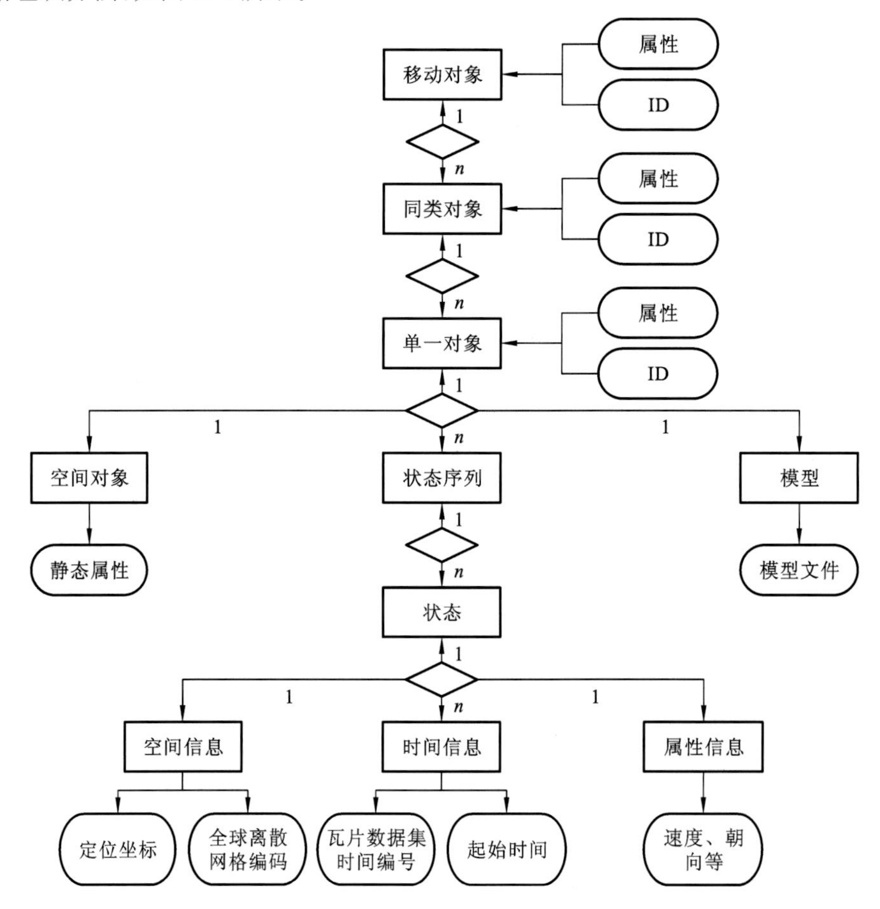


图 3.1 三维虚拟地球中移动对象的时空数据组织方法

在上述方法中，移动对象可按照类型和属性的不同划分为多个种类的对象，而每一类的移动对象可以包含一个或多个单独的对象，各自包含了其对应的空间对象、可视化模型及一组状态序列，状态序列中按状态的起始时间的先后顺序存储了该对象从该时刻开始到下一个状态起始时间之前的状态信息。据此，移动对象可以用式(3.1)的集合形式更为直观地进行表达。

$$MO = \mathrm{Object}\{S, M, A(t)\} \tag{3.1}$$

其中：MO表示移动对象；$S$表示其对应的空间对象；$M$表示模型；$A(t)$表示其属性与时间的映射关系，即状态序列。每个移动对象都包含了许多属性信息，其中随时间发生变化的属性称为动态属性，不随时间而变化的属性称为静态属性，在该方法中，将对象的静态属性存储在其包含的空间对象中，而动态属性则存储在状态序列中，便于表达移动对象状态的动态变化过程。移动对象的状态是其动态属性从某一个时刻开始所表现出的形态，该时刻即为状态的起始时间，通过传感器实时观测可以获取该状态的起始时间以及该时刻下观察到的所有动态属性信息。在时空对象动态可视化的过程中，可以选取其中的一个或多个属性，按照时间顺序依次进行可视化，以反映时空对象的动态变化。

虚拟地球通过构建全球离散网格编码建立全球空间索引结构，并且以索引范围形成分块的组织文件，称为瓦片对象。瓦片对象作为场景中的背景环境是虚拟地球中的基本要素，移动对象具有时间和空间信息，其在虚拟地球中的动态可视化不可避免地会对瓦片对象在时间和空间上有一定的约束，瓦片对象应当与移动对象在时空上保持关联。为此可以对瓦片对象加上时间编码，形成虚拟地球的时空索引。为了实现移动对象与虚拟地球的集成，将移动对象通过其空间定位信息和状态起始时间与虚拟地球中的全球离散编码和瓦片数据集时间编码进行关联。由此，根据移动对象状态起始时间的不同可以选取最接近移动对象状态起始时间的虚拟地球瓦片数据集进行三维虚拟地球场景显示。这里假定$T_0$为时相最早的瓦片数据集所对应的时间，$\mathrm{d}t$为时间上相邻的两段瓦片数据的时间间隔，根据移动对象第$n$个状态的起始时间$T(n)$可以求得该时刻所需关联的瓦片数据集的时间编号$K$：

$$K = \frac{T(n) - T_0}{\mathrm{d}t} \quad (n>0\text{，且 } n \text{ 为整数}) \tag{3.2}$$

若该移动对象具有坐标为$(B, L)$的某个定位点，根据虚拟地球中的全球离散网格编码(陈静 等，2011)，可以确定唯一需要用于显示的瓦片数据。

### 3.2.2 基于HR树扩展的时空索引方法

#### 1. 扩展HR树结构

基于3.2.1节中时空数据组织方法，为了满足移动对象查询和可视化的要求，需要对存储的移动对象建立有效的时空索引。基于有效的时空索引可以提供对象在相应时间片上的状态信息，但是两个时间片之间的状态信息就需要通过其他方式来记录，否则会导致时间片过多。为了统一对象状态信息的存储，针对三维虚拟地球中移动对象的时空数据组织方法，考虑对 HR 树进行扩展，将多个状态存储到一个时间片中，一个时间片代表一个记录的时间点，即每个时间片不再存储对象当前时刻的最新状态，而存储对象在相应时间段内的状态序列，在查询时即可获得该对象的完整状态信息。

为了实现历史数据和实时数据的集成，采用一个 R 树索引对象的最新状态，使用扩展的 HR 树索引历史数据。HR 树分时间片存储对象的状态信息，假定相邻时间片的时间间隔为 d$t$，第一个时间片所记录的状态的最早时刻为 $t_0$，则第 $n$ 个时间片记录从 $t_0+(n-1)\mathrm{d}t$ 到 $t_0+n\mathrm{d}t$ 时间段内的所有状态信息，即该 R 树所记录状态信息的观察时刻 $t$ 满足 $t_0+(n-1)\mathrm{d}t\leqslant t<t_0+n\mathrm{d}t$，其中 $n$ 是正整数。HR 树的每个叶子节点存储移动对象的 oid、该对象的某个状态信息及其对应的起始时间，结构形式为(oid，$t$，data)，非叶子节点则存储其对应的最小外包矩形以及指向其子节点的指针，结构形式为(MBR，$P_{\text{child}}$)。同时对每个时间片建立一个 Hash 表存储各移动对象的 oid 及其状态信息所处的叶子节点的位置，Hash 表中每个移动对象包含一组指向其不同状态的指针(Ptr)，按状态起始时间的先后顺序进行排序，提供对移动对象的快速检索及删除等操作。其结构如图 3.2 所示。

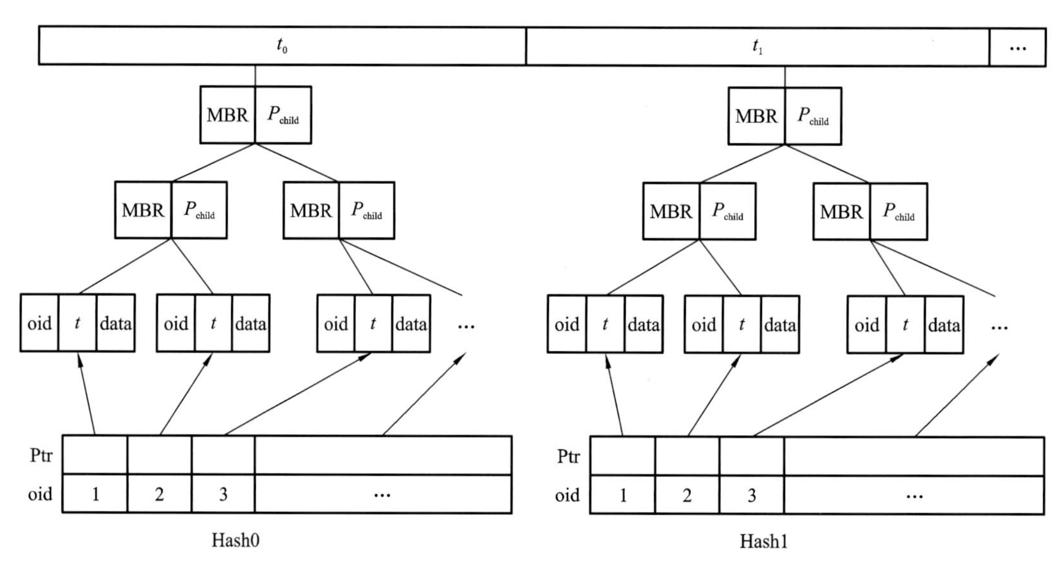


图 3.2　扩展的 HR 树结构

对于接入的实时数据，当有新的状态数据接入时，按照 R 树的规则进行插入，同时维护一个 Hash 表，如果是 R 树中已经存在的移动对象，则将该对象的原始状态存入 HR 树对应的时间片中，并删除 R 树中的原始状态，以当前接入的状态作为最新状态，更新 Hash 表。若某个对象的状态超过 d$t$ 时间仍未更新，则将其存入对应的 HR 树，并删除 R 树中的记录。

## 2. 时间点查询

当查询某个时间点 $t$ 的移动对象状态信息时，假定 $t_0$ 和 d$t$ 与 1 中所述具有相同的含义，如果 $t$ 满足条件 $t_0+(n-1)\mathrm{d}t \leqslant t < t_0+n\mathrm{d}t$，则检索第 $n$ 个时间片所对应的 R 树，找到空间过滤条件范围内的所有移动对象状态，按照 Hash 表中提供的顺序，检索到其中状态起始时间小于且最接近 $t$ 的状态用于显示，即满足条件 $t_i \leqslant t$ 且 $t-t_i$ 的值最小。HR 树索引时间片的编号 $n$ 可由式(3.3)确定：

$$n=\left\lceil \frac{t-t_0}{\mathrm{d}t} \right\rceil \tag{3.3}$$

其中：$\lceil\ \rceil$表示向上取整。

**3. 时间段查询**

当查询时间段$[t_i, t_j]$的所有状态信息时，若有一个或多个时间片完全包含在该查询时间段内，则根据空间过滤条件，找到这些 R 树中所有满足条件的移动对象状态。假定 $t_0$ 和 $\mathrm{d}t$ 与 1 中所述具有相同含义，若 $t_i$满足 $t_0+(n-1)\mathrm{d}t \leqslant t_i < t_0+n\mathrm{d}t$，则搜索第 $n$ 个时间片所对应的 R 树，根据空间过滤条件找到符合要求的移动对象状态，并找到其中状态起始时间大于 $t_i$ 的所有状态，即满足条件 $t_i \geqslant t$；若 $t_j$ 满足条件 $t_0+(m-1)\mathrm{d}t \leqslant t_i < t_0+m\mathrm{d}t$，则对第 $m$ 个时间片所对应的 R 树执行搜索，找到满足条件 $t_j \leqslant t$ 的状态，将所有得到的状态以对象为单位进行组织后返回查询结果。

## 3.2.3 实验

基于 3.2.2 节的时空索引方法，对三维虚拟地球平台 Geo Globe 进行实验。实验系统是在 Visual Studio 2010 环境下使用 C++进行开发的，操作系统为 Windows 7 32 位，硬件配置为 Intel® Core™ i3-2100 双核 3.10GHz CPU，NVIDIA Quadro 600 显卡，8 GB 内存。

实验采用武汉市出租车的 GPS 历史数据进行，包括三组不同时间段的出租车数据，分别为 2000 年数据、2010 年数据和 2014 年数据。三维虚拟地球平台建立了 1999 年、2009 年和 2013 年三个时相武汉地区影像数据集。实验效果图如图 3.3 所示。其中，图 3.3(a)所示为 2000 年的出租车对象可视化结果，影像为 1999 年影像数据；图 3.3(b)所示为 2010 年的出租车对象可视化结果，影像为 2009 年影像数据；图 3.3(c)所示为 2014 年的出租车对象可视化结果，影像为 2013 年影像数据，根据出租车对象的状态起始时间的不同，自动选取不同时相的影像数据进行显示。例如，图 3.3(c)中，2014 年出租车数据就可以与 2013 年影像中新通车的桥进行较好的匹配。

为了验证本节时空索引方法的效率，以 2014 年 4 月 27 日的出租车 GPS 数据进行查询实验，实验数据持续时间为 2014 年 4 月 27 日 10 点 13 分 16 秒至 2014 年 4 月 27 日 14 点 44 分 10 秒，共计 9 941 个出租车 GPS 对象，包含 3 159 421 条状态数据，采用时间点查询实时获得某一区域内的对象状态数据用于显示，查询的空间范围约为一个长宽各为 2 km的矩形框，查询时间点及查询结果见表 3.1。

(a)

(b)

图 3.3　以出租车为例,三维虚拟地球中移动对象数据组织与动态可视化效果图

(c)

图 3.3　以出租车为例，三维虚拟地球中移动对象数据组织与动态可视化效果图(续)

**表 3.1　时间点查询实验**

| 查询时刻 | 时空对象数目/个 | 查询用时/s |
| --- | --- | --- |
| 10:50:00 | 56 | 1.669 |
| 10:55:00 | 46 | 1.638 |
| 11:00:00 | 54 | 1.607 |
| 11:05:00 | 26 | 1.592 |
| 11:10:00 | 48 | 1.560 |

从表 3.1 可以看出，由于移动对象位置的改变，在指定区域内对象的数目随着查询时刻的不同发生变化。以同一组数据进行时间段查询实验，查询时间为 2014 年 4 月 27 日 10 点 50 分 0 秒至 2014 年 4 月 27 日 11 点 10 分 0 秒，每 5 min 为一个时间段进行查询。空间范围约为一个长宽各为 2 km 的矩形框，结果见表 3.2。

**表 3.2　时间段查询实验**

| 查询起始时刻 | 状态数据数目/个 | 时空对象数目/个 | 查询用时/s |
| --- | --- | --- | --- |
| 10:50:00 | 3 418 | 608 | 1.857 |
| 10:55:00 | 3 454 | 638 | 1.810 |
| 11:00:00 | 2 702 | 621 | 1.747 |
| 11:05:00 | 4 838 | 657 | 1.841 |
| 11:10:00 | 5 092 | 660 | 1.810 |

从图 3.3、表 3.1 和表 3.2 中可以看出，本节提出的方法能有效和三维虚拟地球进行集成，展现时空对象的动态特征，并且具有较好的时空查询效率。

### 3.2.4 小结

本节主要探讨了三维虚拟地球中移动对象的管理方法，提出了三维虚拟地球中移动对象的时空数据组织方法，实现了移动对象动态属性和静态属性的独立存储，构建了移动对象与虚拟地球瓦片金字塔之间的映射关系，保证了瓦片数据与时空数据在时相上的一致性，提出了基于 HR 树扩展的时空索引方法，实现了实时数据和历史数据的集成显示和时空检索，并通过实验进行了验证。下一步将探讨三维虚拟地球中移动对象的历史数据和实时观测数据集成的时空过程模拟方法，为智慧城市的分析和事件处理提供支持。

## 3.3 基于 GPU 的三维模型可视化方法

随着网络三维虚拟地球系统中对大范围、高密度复杂三维城市模型应用的精细化与真实化的迫切需求，已有的基于 CPU 运算的三维模型可视化方法通过细节层次(level of detail，LOD)算法(Kim et al.，2001)和三维模型简化技术(Hoppe et al.，1993)来实现多尺度海量三维模型随视点的动态调度和可视化，这些方法往往受到图形硬件几何和纹理信息吞吐量的限制，不利于高密度复杂三维模型的动态绘制。

随着多核 GPU 图形处理单元并行计算能力的提高以及 Shader Model 5.0 的普及，利用 GPU 的绘制能力，能够提高大范围三维场景的可视化效率(Dogett et al.，2000)。GPU 的三维模型绘制方式核心是在最少模型几何数据的前提下通过丰富的纹理信息来模拟出传统的通过增加大量顶点坐标才能凸显出的细节效果。在光照的参与下，通过扰动简化后三维模型表面的法向量及纹理，模拟原始三维模型对光线的反射，以达到相同的明暗效果，借助人眼视觉差异实现少量的平面几何坐标点渲染出真实建筑物细节的高低起伏视觉效果(Blinn，1978)。此外，GPU 具有小缓存多核的架构和快速高效的并行运算能力，适应 GPU 绘制的数据结构必须能够充分发挥 GPU 的高效数据处理和高速渲染能力，并且尽量避免计算机硬件的数据带宽冲突问题。已有的三维模型数据结构与数据组织方法由于缺乏必要的纹理信息，不能满足 GPU 绘制的要求。

为了探讨在三维虚拟地球中适合大范围、高密度复杂三维模型面向 GPU 的绘制方法，本节在设计面向 GPU 绘制的三维模型数据组织结构基础上，探讨面向 GPU 绘制的三维模型纹理烘焙和多尺度可视化方法，并实现复杂三维模型的高效绘制。

### 3.3.1 面向 GPU 绘制的三维模型数据结构

面向 GPU 绘制的三维模型数据结构是在保证能够重现几何模型外观的前提下，将复杂三维模型几何数据模型和纹理数据组织成能够充分利用 GPU 资源的各类纹理数据和少量几何顶点的数据结构，通过一次性加载多种纹理数据后并行实现 GPU 算法，从而模拟出三维模型的多尺度的几何细节层次。对此，本节提出了如图 3.4 所示的面向 GPU 绘制的三维模型数据结构。

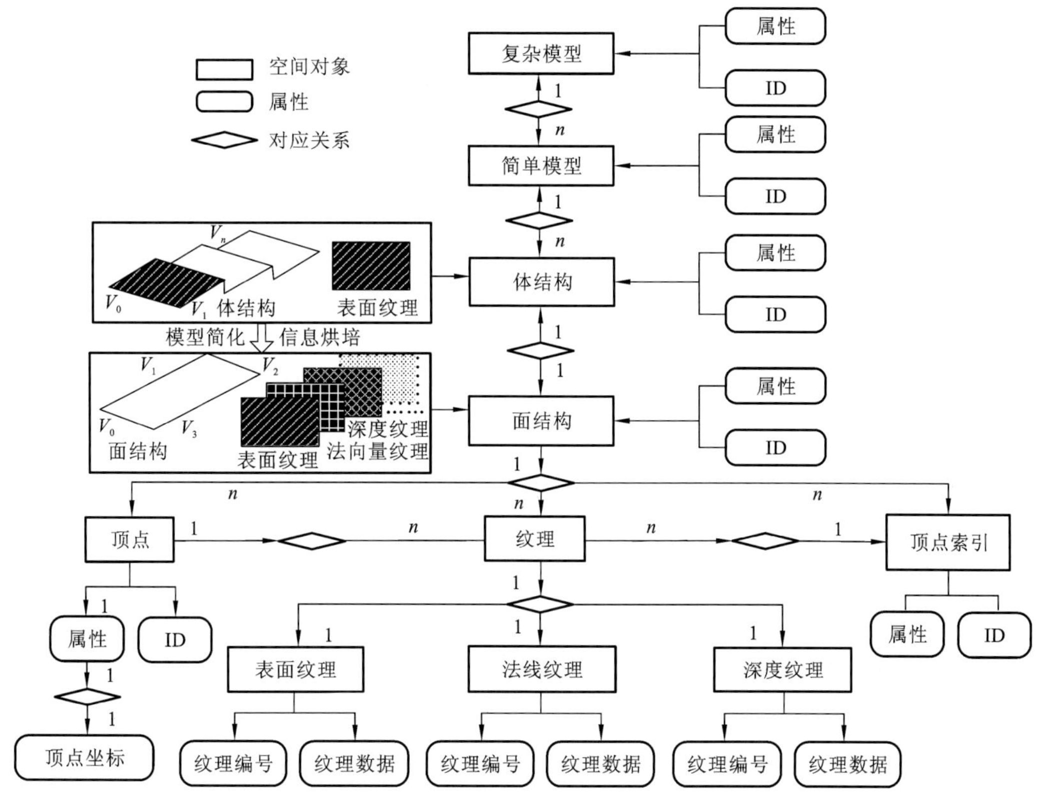


图 3.4　面向 GPU 绘制的三维模型数据结构

在上述数据结构中，对于一个具有复杂几何和纹理结构的复杂模型（complex model），按照内部的逻辑结构可以分解成若干个简单模型（simple model）；简单模型由体结构（solid）构成，任意简单模型可以使用三维空间的凸包聚类算法划分成不同尺度的体结构（Barber et al.，1996）。体结构经过三维模型简化和纹理信息烘焙生成了适合 GPU 绘制的面结构（surface），它包含顶点数据（vertex）、顶点索引数据（vertex index）和表现原始几何特征的纹理（texture）。纹理（texture）包括表面纹理（surface texture）、法线纹理（normal texture）和深度纹理（depth texture），上述三种纹理在加载时合成面结构的纹理，共同表现面结构原始几何特征。一个面结构至少包含上述一种纹理。面结构通过其顶点的属性，即顶点坐标（vertex coordinates）和顶点对应的索引（vertex index）构建简化后的面结构几何特征。

## 3.3.2　三维模型纹理烘焙方法

为了便于 GPU 数据加载，图 3.4 中体结构简化生成面结构时，必须将原始体结构中各个顶点的法向量（$N_x$，$N_y$，$N_z$）和高度差（$\Delta d$）等原始三维模型的空间向量信息存储到法线纹理或者深度纹理的像素中。定义需要存储到像素中的空间几何信息（如法向量）为烘焙信息，存储烘焙信息的法线纹理或者深度纹理为烘焙纹理，所以，纹理烘焙就是将烘焙信息按照一定的函数规则转换到纹理空间并储存到烘焙纹理中，如式（3.4）所示：

$$\xi(B,L,H)=(r,g,b) \tag{3.4}$$

其中：$(B,L,H)$分别表示体结构对象中顶点的经度、纬度和高程信息；$(r,g,b)$分别表示纹理像素中红、绿和蓝的值。

在三维虚拟地球中，三维模型真实的位置和姿态是通过其顶点大地坐标和高程$(B,L,H)$来描述的。当三维模型空间位置和姿态发生变化时，三维模型中顶点具有的空间特征的向量信息（如法向量）将发生变化，如图 3.5(a)所示。因此，针对三维虚拟地球中三维模型需要烘焙的顶点向量信息，必须存储到与大地直角坐标无关且与三维模型面结构表面相对不变的局部空间中，即 GPU 绘制要求的切空间中。对任意顶点而言，切空间选取其切面上平行于顶点纹理空间轴$(U,V)$的单位向量$(\boldsymbol{B},\boldsymbol{T})$作为切平面基准轴方向，顶点法向量的单位向量 $\boldsymbol{N}$ 作为垂直于切平面的基准轴方向，如图 3.5(b)所示。

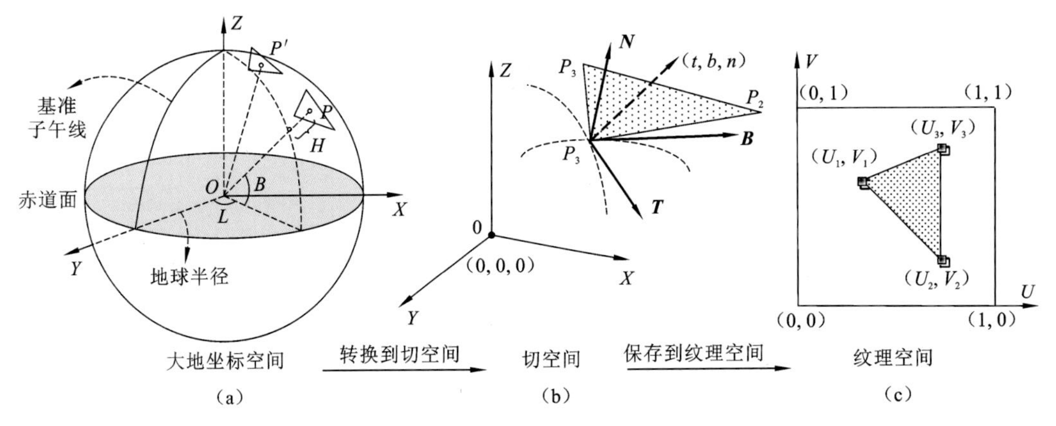


图 3.5　三维模型纹理烘焙

针对面结构表面任意点 $P_1$ 构建切空间，选取与 $P_1$ 共面的两个点$(P_2,P_3)$。那么这三个点的大地空间坐标分别为$(B_1,L_1,H_1)$，$(B_2,L_2,H_2)$和$(B_3,L_3,H_3)$，对应表面纹理坐标分别为$(U_1,V_1)$，$(U_2,V_2)$和$(U_3,V_3)$，如图 3.5(c)所示。则由切空间的定义可知，有如下公式成立：

$$\begin{cases}(B_1,L_1,H_1)=U_1\cdot\boldsymbol{T}+V_1\cdot\boldsymbol{B}\\(B_2,L_2,H_2)=U_2\cdot\boldsymbol{T}+V_2\cdot\boldsymbol{B}\\(B_3,L_3,H_3)=U_3\cdot\boldsymbol{T}+V_3\cdot\boldsymbol{B}\end{cases} \tag{3.5}$$

由式(3.5)变换可知，在已知三维模型任意面结构的大地坐标和纹理坐标的情况下，不难解出切空间坐标轴单位向量$(\boldsymbol{B},\boldsymbol{T})$如下：

$$\begin{cases}\boldsymbol{T}=\dfrac{V_3\times B_2-V_2\times B_3,V_3\times L_2-V_2\times L_3,V_3\times H_2-V_2\times H_3}{U_2\times V_3-V_2\times U_3}\\\boldsymbol{B}=\dfrac{U_2\times B_1-U_1\times B_2,U_2\times L_1-U_1\times L_2,U_2\times H_1-U_2\times H_2}{V_1\times U_2-U_1\times V_2}\end{cases} \tag{3.6}$$

法向量 $\boldsymbol{N}$ 就是 $\boldsymbol{T},\boldsymbol{B}$ 的外积：$\boldsymbol{N}=\boldsymbol{T}\times\boldsymbol{B}$，将其写成转换矩阵的形式如下：

$$\boldsymbol{M}_{\tan}=\begin{pmatrix}T_x & B_x & N_x\\T_y & B_y & N_y\\T_z & B_z & N_z\end{pmatrix} \tag{3.7}$$

那么,顶点 $P_1$ 基于大地坐标空间的任意向量信息都可以通过矩阵 $\boldsymbol{M}_{\tan}$ 变换到切空间中。以 $P_1$ 点的法向量为例,如式(3.8)所示:

$$\boldsymbol{V}_t=\boldsymbol{M}_{\tan}^{-1}\times\boldsymbol{V}_w=\boldsymbol{V}_w^{\mathrm{T}}\times\boldsymbol{M}_{\tan}^{-1\mathrm{T}} \tag{3.8}$$

其中:$\boldsymbol{V}_w$ 是 $P_1$ 点在大地坐标空间中已知的法向量;$\boldsymbol{V}_t$ 是求得的 $P_1$ 点在切空间中的法向量。

将经过切空间转换的烘焙信息按照与面结构表面纹理相同的纹理坐标值($U$,$V$)存储在烘焙纹理中,使其几何坐标信息和烘焙信息对应起来,如图 3.5(c)所示。如果面结构没有表面纹理数据,面结构顶点的烘焙信息按顶点顺序逐行存储到烘焙纹理的像素中,同时计算像素在图 3.5(c)中纹理空间中的归一化坐标,该坐标作为面结构顶点的烘焙信息所对应的纹理坐标。

### 3.3.3　三维模型多尺度可视化方法

三维虚拟地球中随着视点的变化,动态调度多尺度的分层分块的空间数据,来实现多源、多尺度空间数据的高效可视化(龚健雅 等,2010)。为了在三维虚拟地球中实现三维模型的无缝集成可视化,本节提出面向 GPU 绘制的三维模型多尺度可视化方法,如图 3.6 所示。

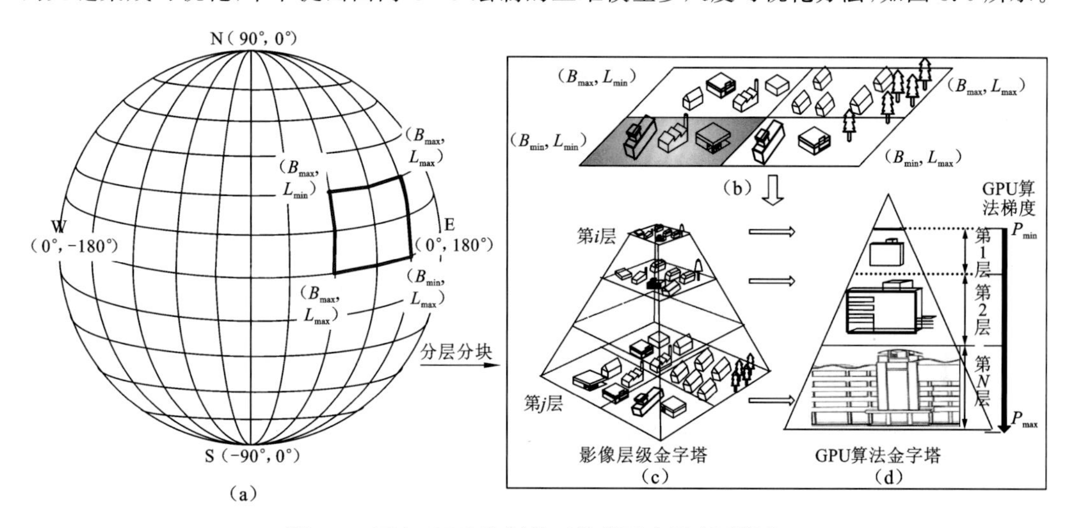


图 3.6　面向 GPU 绘制的三维模型多尺度可视化

首先,基于全球等经纬度四叉树结构金字塔数据模型(陈静 等,2011),将简单模型按照简化几何和纹理尺度生成多尺度的体结构,并分别存储在全球等经纬度四叉树金字塔数据结构不同层中,如图 3.6(a)、图 3.6(b)所示。

其次,基于上述数据组织和存储结构,将面向 GPU 绘制的三维模型尺度与全球影像、地形四叉树结构金字塔的尺度对应起来,建立视点当前显示的影像、地形和模型尺度的索引关系,通过视点动态调度的影像、地形尺度检索到需要加载的三维模型尺度,实现影像、地形和三维模型尺度一致的无缝集成,如图 3.6(c)所示。

最后,面向 GPU 的模型绘制中,不同的 GPU 算法可以控制光线的明暗、纹理的偏移,实现对三维模型表面不同层次的细节表现。例如:Bump Map、Normal Map、Parallax Map、Relief Map 等算法都可以不同程度的模拟模型的几何细节(Rossignac et al.,1993)。

因此，根据GPU绘制算法模拟几何细节程度的不同构建GPU算法梯度，按照梯度值由大到小依次进行排序，形成多尺度GPU算法金字塔结构。随着视点远近的移动，不同尺度三维模型将使用不同梯度的GPU算法模拟几何细节，从而实现三维模型的多尺度可视化，如图3.6(d)所示。

GPU算法金字塔的核心是构建与GPU模型显示尺度相对应的GPU算法梯度。GPU算法通过计算出体结构中的顶点法向量以及纹理偏移信息并加载进渲染管道，使得面结构实现对体结构几何细节的模拟，不同GPU算法计算出法向量以及纹理偏移信息略有差异。定义GPU算法计算出的原始三维模型法向量、纹理偏移信息为还原信息，体结构顶点的法向量、纹理偏移信息为原始信息，为了区分GPU模拟简化前三维模型几何细节的能力，将还原信息和原始信息差的长度取倒数定义为GPU算法权重值。例如，原始三维模型顶点的法向量是($\boldsymbol{N}_x$，$\boldsymbol{N}_y$，$\boldsymbol{N}_z$)，GPU算法模拟的法向量为($\boldsymbol{n}_x$，$\boldsymbol{n}_y$，$\boldsymbol{n}_z$)，原始三维模型纹理偏移为($T_U$，$T_V$)算法模拟出的纹理偏移为($t_u$，$t_v$)。则其对法向量和纹理的影响权重为

$$\begin{cases} P_{\text{nor}} = \dfrac{1}{\|\Delta \textbf{Nor}\|} = \dfrac{1}{\sqrt[2]{(\boldsymbol{N}_x - \boldsymbol{n}_x)^2 + (\boldsymbol{N}_y - \boldsymbol{n}_y)^2 + (\boldsymbol{N}_z - \boldsymbol{n}_z)^2}} \\ P_{\text{tex}} = \dfrac{1}{\|\Delta \textbf{Tex}\|} = \dfrac{1}{\sqrt[2]{(T_U - t_u)^2 + (T_V - t_v)^2}} \end{cases} \tag{3.9}$$

其中：$P_{\text{nor}}$为算法的法向量权重；$P_{\text{tex}}$为算法的纹理权重。将选取的$m$($m$属于正整数)种GPU算法按照算法的法向量权重值$P_{\text{nor}}$从小($P_{\min}$)到大($P_{\max}$)的规则进行排序，当$P_{\text{nor}}$相等时算法按照$P_{\text{tex}}$从小到大的顺序继续排序，构成如图3.6(d)所示的GPU算法梯度。$P$值越大，其模拟几何细节程度越强。假设当前三维模型存储在$n$($n$属于正整数)级尺度层级中，$n$值越大，其存储的三维模型的几何和纹理的分辨率越高。当$m \geqslant n$时，从GPU算法梯度表中最小权值GPU算法开始，按照权值由小到大的顺序选择$n$种算法，将$n$种算法按照梯度表中的排列顺序和尺度层级由小到大的模型尺度层级一一对应起来。当$m < n$时，将1～$m$级的三维模型尺度层级与$m$种GPU算法按照GPU算法梯度表的顺序由小到大依次一一对应起来，剩余三维模型尺度层级选择GPU算法梯度表中最大权重值的GPU算法进行可视化。上述GPU算法选择关系，可以在三维模型处理时预先构建，在进行三维模型可视化时，实时调用进行绘制。由此，可以根据三维模型的尺度选择合适的GPU算法来进行绘制，达到三维模型尺度与GPU绘制能力的一致性，从而实现面向GPU绘制的三维模型多尺度可视化。

### 3.3.4 实验

为了对3.3.3节提出的面向GPU绘制的三维模型方法进行验证，基于开放式虚拟地球集成共享平台GeoGlobe，从单个模型渲染效果及海量模型绘制效率两个方面和传统绘制方式进行对比实验。实验是在VC 6.0环境下使用C++和Direct3D完成的，使用HLSL语言进行GPU编程。硬件配置为Intel® Core™ 2Quad Q8300四核2.5 GHz CPU，NVIDIA GeForce GT 220显卡，512 MB显存，2 GB内存。实验选用按真实比例构建的某电视塔模型进行，原始三维模型拥有3 875个顶点、9 360个三角面和5张纹理贴

图，面向 GPU 绘制进行三维模型数据前期处理，将模型简化到 2 354 个顶点、6 248 个三角面，生成 5 张纹理贴图和 5 张法向量贴图。在 GeoGlobe 客户端中按照 GPU 数据组织形式和传统方式绘制效果对比如图 3.7、图 3.8 所示。

图 3.7　传统绘制方式

图 3.8　GPU 绘制方式

为了验证大范围复杂三维模型的绘制效率，以方阵形式将电视塔三维模型在GeoGlobe中重复绘制1 500次，如图3.9所示。将采用视点裁剪可视化技术与传统的基于固定管线的方式进行了对比实验，两种方式的绘制效率对比表见表3.3。

图3.9　大规模复杂三维模型绘制

**表3.3　相同模型数量两种方式绘制效率对比**

| 绘制方式 | 建筑物/个 | 顶点/个 | 三角形/个 | 纹理/(MB/个) | 绘制帧率/(帧/s) |
| --- | --- | --- | --- | --- | --- |
| 基于GPU绘制 | 1 500 | 3 531 000 | 9 372 000 | 4.4 | 50 |
| 固定管线绘制 | 1 500 | 5 812 500 | 14 040 000 | 2.2 | 27 |

从图3.9和表3.3中两种数据组织方式渲染的效果和效率上可以看出，基于GPU的模型数据组织方式可以在三维虚拟地球中更好地表现模型的三维空间立体感和细节，并且达到了比传统固定管线方式高出60%的渲染效率。

### 3.3.5　小结

本节主要探讨了面向GPU绘制的复杂三维模型的可视化方法，研究了适合GPU绘制的三维模型数据结构，实现了三维模型从大地坐标到纹理空间的信息烘焙，最后构建了三维模型尺度与GPU绘制算法梯度映射关系，实现了三维模型的多尺度高效绘制，并通过实验对该方法的有效性进行了验证。下一步将探讨三维虚拟地球中面向GPU绘制的地形、影像和三维模型的集成数据结构，实现影像、地形和三维模型的统一绘制，进一步提高三维虚拟地球系统的可视化效率。

## 3.4　矢量数据压缩与可视化方法

网络三维虚拟地球利用网络优势向用户提供全球多尺度、交互式、分布式的空间信息，使海量地理信息服务和处理的方式从原来的集中、独占走向分布、共享，现有网络三维虚拟地球系统对矢量空间数据的可视化多采用栅格化的方式，具有较好的符号特征表达，能够提供面向公众的三维可视化服务，但是，相对于几何绘制的机制，这种方式没有保留矢量数据的空间特征，难以实现矢量空间对象的拾取操作，也不利于矢量空间对象的查询和分析(孙敏 等，2008)。

基于几何绘制的相关研究主要集中在单机环境下矢量数据与多尺度地形数据叠加和可视化方法(Yang et al.，2010；Schneider et al.，2005)。在基于球面剖分模型将矢量数据与地形数据集成的研究方面，Wartell 等(2003)提出用三角裁剪有向无环图这种数据结构将二维矢量数据与多分辨率地形格网的关系记录下来，在绘制时将其解析以提高可视化的效率；孙文彬等(2012)和 Sun 等(2010)分别基于等经纬度球面剖分模型和球面退化四叉树格网模型将矢量数据无缝叠加到 DEM 格网中，主要侧重于矢量数据在球面上的绘制方法，没有将矢量数据与球面离散网格进行集成建模。关丽等(2000)基于球面三角四叉树剖分模型探讨了基于球面离散网格的三维矢量数据的组织，但是没有集成地形模型。王姣姣(2013)基于球面退化四叉树格网模型，针对几何叠加方法中插值相交计算复杂这一问题，提出了矢量线数据与地形数据集成的“漂移”算法，提高了可视化的效率，但是相关实验主要集中在本地客户端进行。

在应用方面，Google Earth 对矢量数据基于几何机制的可视化表达侧重于小比例尺，对于大比例尺矢量数据仍采用栅格化的表达方式；World Wind 基于插件机制，在客户端加载矢量数据；ArcGlobe 采用预先矢量数据栅格化方式，供客户端集成显示。

综上所述，相关研究侧重于单机环境下矢量数据与球面网格模型和地形数据的集成可视化，同时，矢量数据与地形数据内插生成的三维矢量数据具有一定的数据冗余，面向网络环境的高效可视化需要在保证可视化效果的前提下，减少数据传输量。对此，本节基于球面离散网格将矢量数据与地形数据叠加进行分块组织，针对可视化效果和网络传输要求，对分块数据进行压缩处理，探讨网络环境下面向虚拟地球的多尺度矢量数据可视化方法。

### 3.4.1　面向虚拟地球的矢量数据结构

在已有较多球面离散格网方法中，等经纬度球面离散格网模型易于对全球范围进行四叉树结构索引，检索效率高，适合全球多尺度地形数据、影像数据集成组织。基于上述因素，本节选择等经纬度的球面离散格网作为球面剖分模型。

基于统一的大地坐标系统，采用几何叠加的方法将全球二维矢量数据与多尺度地形数据叠加，构建面向虚拟地球的多尺度矢量数据结构，如图 3.10 所示。矢量数据按照图层进行组织，并与多层次等经纬度离散网格，以及网格对应尺度的全球地形数据进行无缝集成，形成不同尺度的矢量数据。每一个尺度的矢量图层都由全球等经纬度格网对象组成，格网对象封装了其格网范围内的矢量要素及其相关信息，包括格网编码、格网范围、要素类型、要素数量和要素数据等。矢量数据分为点、线和面这三类基本要素。每一个矢量数据从二维矢量数据进行扩展，具有二维矢量要素的地图比例尺的信息。同时每一个矢量数据也具有与二维矢量数据对象一致的 ID 标识、属性、纹理等特征，并且还具有全球离散网格编码的属性，一个要素可能跨多个离散网格，因此一个要素对象可能包含多个不同的网格编码。在此基础上，根据各个要素中不同特征，分为独立点、非独立点、线段、弧度和多边形 5 类对象。其中，依据非独立点与球面离散网格、地形集成的不同条件，又分为

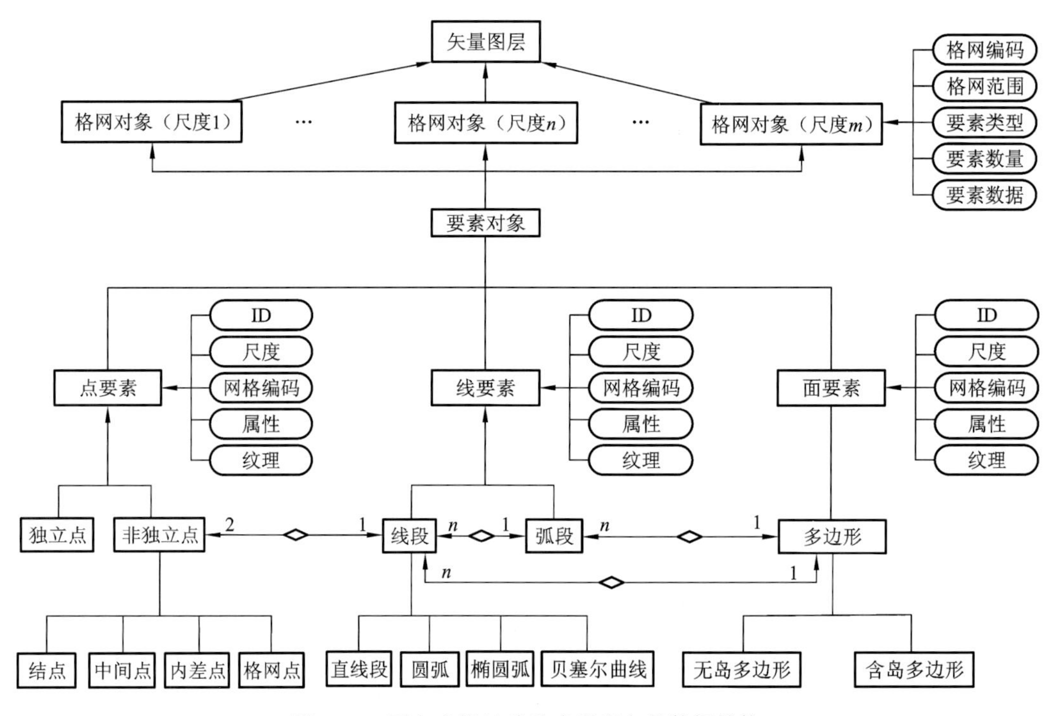


图 3.10　面向虚拟地球的多尺度矢量数据结构

格网点、内插点、结点和中间点 4 类。结点为线段或弧段的起点和终点，决定了它们的方向；中间点为构成弧段的点要素中除去起结点和终结点的点，它决定了弧段的形状。

上述面向虚拟地球的多尺度矢量数据结构具有以下特点：①面向虚拟地球。以全球离散格网为块单元，对传统二维矢量数据进行分块，并且对块中的要素进行分类和抽象，便于与虚拟地球中分块组织的影像、地形数据集成和表达。②多尺度特征。对于同一比例尺矢量数据，不仅对应于全球多层次离散格网，并且与格网对应多尺度的地形数据进行集成，从而具有多尺度特征。

## 3.4.2　多尺度矢量数据的分块构建与数据组织方法

本节基于上述面向虚拟地球的多尺度矢量数据结构，提出面向虚拟地球的多尺度矢量数据分块构建与组织方法。

矢量数据的分块构建是指以全球等经纬度离散格网为块单位，分别获取格网范围内的矢量数据与相应尺度的全球地形数据，然后进行叠加，构建面向虚拟地球的矢量数据。在矢量数据分块的过程中，对于点要素只需要根据经纬度判断所在的瓦片，而线要素和面要素则存在与球面离散格网相交的情况。将产生的交点定义为格网点，如图 3.11 所示，弧段 $N_1N_4$ 与全球等经纬度格网相交产生格网点 $I_1$、$I_2$、$I_3$、$I_4$ 和 $I_5$，被截为 6 段，分布于不同的格网中，类似地，多边形 $P_1$、$P_2$ 和 $P_3$ 也跨越多个格网。二维矢量数据与地形数据叠加时，点要素可以直接通过内插计算出高程，但是对于线要素和面要素，如果仅计算构成点的高程值，就会出现“悬空”或者“入地”的现象，使矢量数据不能贴附于地表，因此需要增加二维矢量数据与地形格网的交点，即内插点。基于这种方法，当同一个矢量数据与不同尺度的地形格网叠加时，就会产生不同详细程度的内插点，在可视化调度时，要确保对应矢量数据与地形数据的同步调度和无缝匹配。同时考虑到交互可视化过程中在相邻不同级别的瓦片接边处矢量数据有可能不连续，需要首先重构地形格网，再将矢量数据与重构后的地形网格求交，以保证矢量数据的连续性。

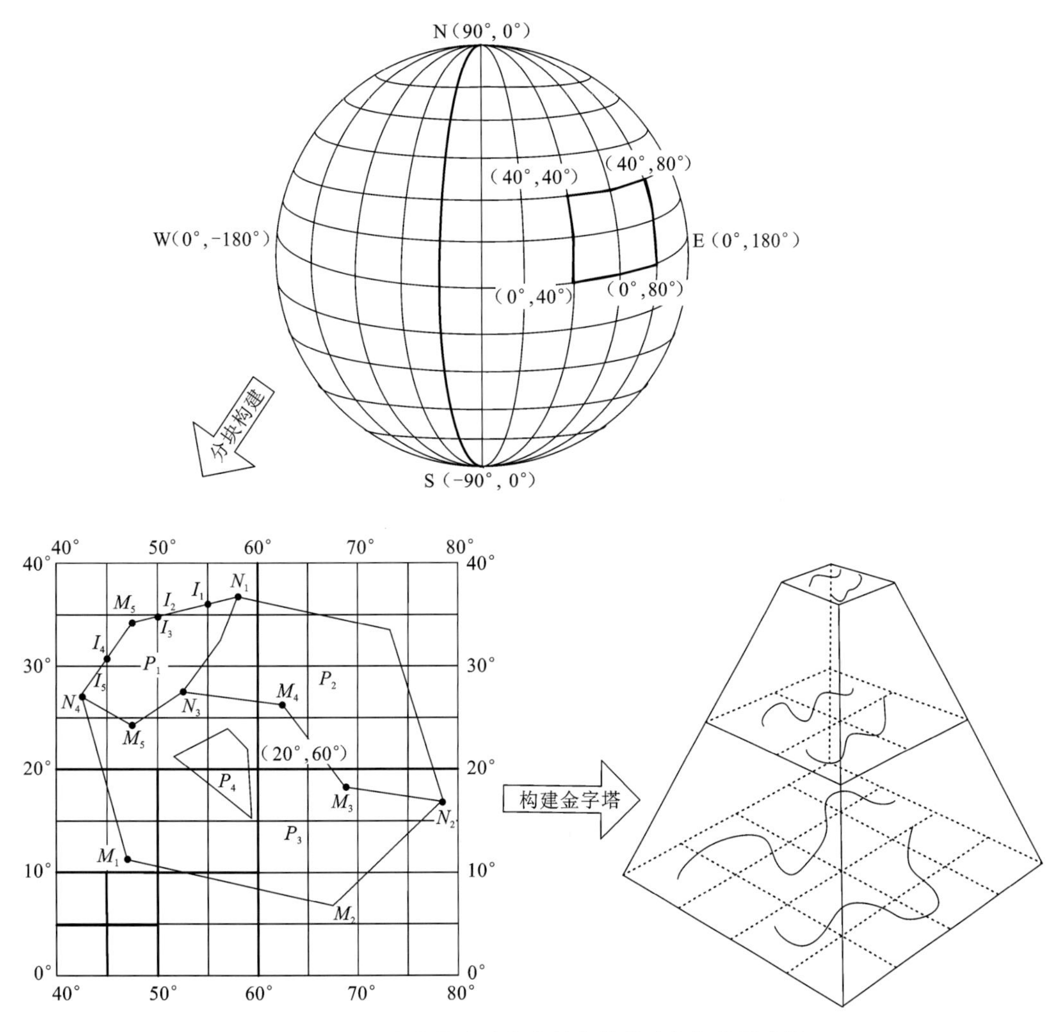


图 3.11　面向虚拟地球的矢量分块构建与组织示意图

矢量数据的分层组织通过将矢量与多尺度全球等经纬度离散格网集成来实现。将同一比例尺的矢量数据与多尺度全球等经纬度离散格网叠加，可以形成多尺度矢量数据，而多尺度全球等经纬度离散格网与全球地形模型的尺度一一对应的关系，从而面向虚拟地球的矢量数据的分层与全球地形模型尺度也一一对应，也就实现了面向虚拟地球的矢量数据的分层多尺度构建。

在此基础上，按照矢量图层的概念，以一个比例尺的图层为单元，将图层中的矢量数据进行分层分块组织，形成一个比例尺图层的面向虚拟地球的分层分块的金字塔结构矢量数据集，如图 3.11 所示。以此类推，可以构建多比例尺、多个图层的面向虚拟地球的分层分块的金字塔结构矢量数据集。

### 3.4.3 面向可视化的矢量数据压缩方法

构建矢量数据集之后，对于线要素和面要素，有些内插点分布非常密集，并且高程非常相近，甚至可能相等，造成数据冗余。同时，在场景渲染时，如果两个或者多个共面矢量数据同时绘制，将会在 Z-Buffer 中保存相同的 $Z$ 值(通常是浮点数取整数造成的)，从而出现 Z-Buffer 冲突现象。对此，设计了面向可视化的 Douglas-Peucker 矢量数据压缩算法，对线要素以及面要素的边界进行压缩。

Dauglas-Peucker 算法是一种常用而有效的矢量数据压缩算法，其使用的一个重要前提条件是所处理的矢量线对象位于同一个平面，而二维矢量线对象数据和地形数据叠加后形成三维空间中的矢量，不处于同一个平面上，因此不能直接对生成的矢量对象使用 Douglas-Peucker 压缩算法。如图 3.12 所示，二维矢量对象 $AZ$ 和地形叠加后生成空间矢量弧段 $A'Z'$，在 $X$ 轴和 $Y$ 轴构成的平面中 $A'Z'$ 不共面，但是在 $A'ABB'$ 平面上组成 $AZ$ 的直线段 $AB$ 生成的矢量弧段 $A'B'$ 共面，即 $A'B'$ 是一条平面曲线，于是像 $A'B'$ 这样的矢量弧段就可以用 Douglas-Peucker 算法来进行压缩，$A'B'$ 曲线段中 $C'$、$D'$、$E'$、$F'$、$G'$ 和 $H'$ 这些新增的内插点就是压缩的对象。

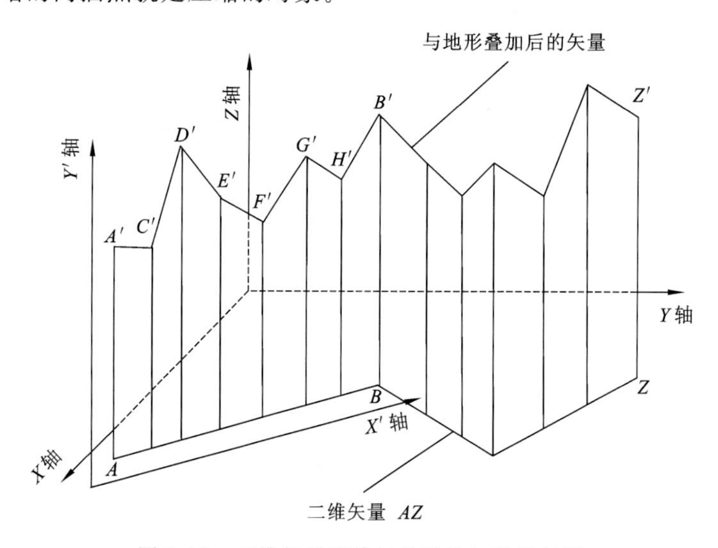


图 3.12 二维矢量及其与地形叠加后的矢量

考虑到弧段 $A'B'$ 具有高程信息，因此对 Douglas-Peucker 算法基于以下三点进行扩展：①采用点到线段的高程差作为限差，即多大的高程差内可以保证压缩后矢量可视化的效果，如图 3.12 中将点 $C'$ 到直线 $A'B'$ 的竖直距离而不是垂直距离与设定的限差比较。采用高程差作为限差，不仅比垂距容易计算，而且也使得该算法在地形平坦的地区压缩率较高，在地形起伏较大的地区压缩率较低，更能贴近实际情况。②为了避免出现 Z-Buffer 冲突现象，在设定限差时将矢量数据做适当的抬高处理，使矢量数据不会因为 Z-Buffer

冲突被遮挡。③在矢量数据压缩完以后，如果有被舍去的点位于弧段上方，则说明该弧段会有部分点被埋在地形格网之下，因此对这部分点需进行适当保留，从而避免矢量对象被地形遮挡。

根据以上三点，矢量数据压缩算法的基本步骤为：①以线状矢量数据中共面的弧段为单位，以该弧段在地面的投影为 $X$ 轴，高程方向为 $Y$ 轴，建立一个平面坐标系，如图 3.12 中的 $X'$轴和 $Y'$轴；②连接弧段的首尾两点，计算所有的中间点到首尾两点所确定的直线的竖直距离，即高程差；③选取其中高程差最大的点，如果该点的高程差小于给定的限差，则弧段上的所有中间点都舍去；④如果该点的高程差大于给定的限差，则该点作为第一个保留点，通过该点把弧段分成两个弧段，对每条弧段重复步骤①～步骤④直到完成压缩过程；⑤检查压缩后的弧段数据，看有没有被舍去的点位于压缩后的弧段之上，如果没有，算法结束，如果有，找出距离弧段高程最大的点，将其保留，通过该点将弧段分成两段，重复执行直到压缩后的弧段上方没有点。

根据面向可视化的 Douglas-Peucker 算法对图 3.13 中的数据进行压缩，图中弧段 $L_1$ 是按照算法的步骤①～步骤④进行压缩处理的结果，可以看到有部分点(实心点)位于 $L_1$ 之上，经过算法步骤⑤，得到弧段 $L_2$，避免了地形遮挡。弧段 $L_2$ 为没有将矢量数据高程值增加得出的结果，如果将矢量抬高 $R$，则处理后的结果为曲线 $L_3$，可以看出，矢量数据高程值增加后，矢量数据得到进一步简化，圈中的点在矢量数据高程值增加后被舍弃。

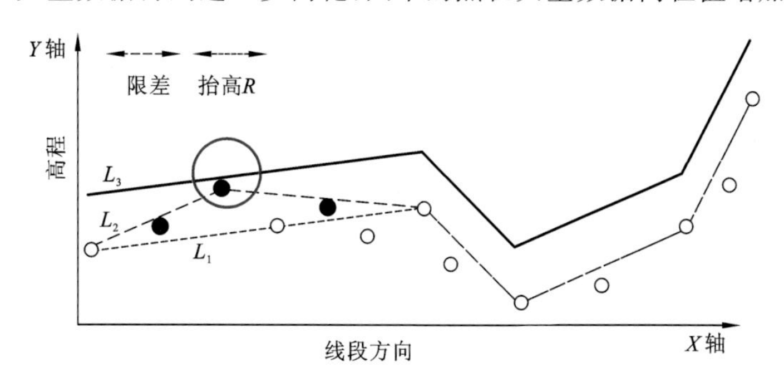


图 3.13　面向可视化的 Douglas-Peucker 算法示意图

经过反复试验，将矢量数据高程增加值区间设定为 0.5～1 m，就可以避免 Z-Buffer 冲突现象。面向可视化的 Douglas-Peucker 算法还存在限差如何确定的问题，这也是所有 Douglas-Peucker 算法共性的问题。限差的大小也应随着可视化中视点高度的不同而变化，在满足矢量可视化的效果下尽可能设得高一些。在视点较低时，限差值应该设置得较低；反之，视点较高时限差值也相应提高。

### 3.4.4　实验与分析

根据以上方法，采用 C＋＋开发了两个实验系统进行验证。实验数据为全球 1∶400 万国界矢量数据、中国 1∶100 万省界矢量数据、局部地区 1∶5万和 1∶1万宗地矢量数据。地形数据为全球 90 m 分辨率 SRTM 数据，构建了 10 层分辨率为 2 倍率关系的连续多尺度地形数据集，影像数据为局部 0.2 m 分辨率影像数据、全球 30 m 分辨率影像数据、全球 1 000 m 分辨率影像数据，构建了 20 层分辨率为 2 倍率关系的连续多尺度影像数据集。

第一个实验系统是面向虚拟地球的多尺度矢量数据分块构建与组织系统 Visual Vector Builder，主要实现二维矢量数据与地形数据、全球等经纬度离散格网的集成，矢量数据的分层分块数据组织。图 3.14 为面向虚拟地球的多尺度矢量分块与组织。

图 3.14 面向虚拟地球的多尺度矢量分块与组织

第二个实验系统是基于开放式虚拟地球集成共享平台 GeoGlobe 进行。图 3.15(a) 为 1∶100 万中国省界矢量数据与全球 SRTM 多尺度地形数据集第 1 层匹配下的可视化效果图，由于视点较高，地形数据分辨率较低，看不到矢量数据的可视化效果。图 3.15(b) 是同一矢量数据与全球 SRTM 多尺度地形数据集第 10 层匹配下，视点贴近地面时看到的矢量可视化的效果图，可以看到图中地形的起伏较大，矢量数据和地形叠加显示效果较好。

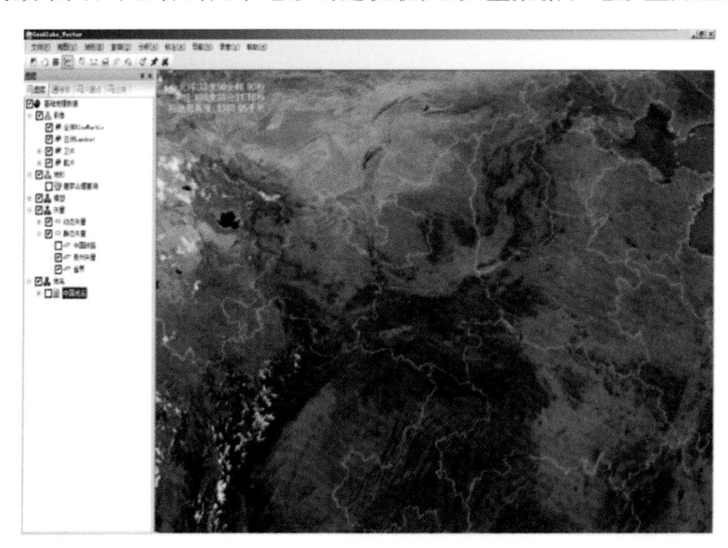

(a) 省界矢量数据效果图

图 3.15 矢量数据可视化效果图

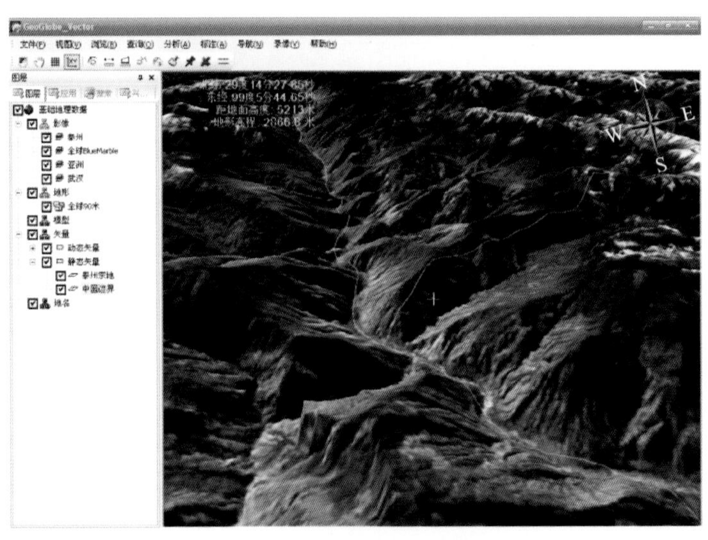


(b) 与地形数据叠加效果图

图 3.15　矢量数据可视化效果图(续)

图 3.16 是地块查询分析的效果图,可以拾取并高亮显示地块对象,并查询到地块 ID。

图 3.16　矢量对象拾取示意图

为了验证面向可视化的 Douglas-Peucker 算法的有效性,采用某地 48.8 MB 地块二维矢量数据,分别设置 3 组不同的参数进行对比实验,3 组实验数据结果见表 3.4。

表 3.4　面向虚拟地球的矢量数据压缩与可视化试验结果对比表

| | 第一组(无简化) | 第二组(限差 1 m) | 第三组(限差 1 m,抬高 1 m) |
|---|---|---|---|
| 数据集总数据量(B) | 95 369 989 | 65 249 965 | 46 138 501 |
| 点要素对象数量(个) | 8 736 | 5 927 | 4 573 |
| 数据量压缩比 | 1 | 1.46 | 2.07 |
| 绘制效果 | 有 Z-Buffer 冲突 | 无 Z-Buffer 冲突 | 无 Z-Buffer 冲突 |
| 绘制帧率 | 18 帧/s | 21 帧/s | 28 帧/s |

通过表 3.4 可以看出,采用面向可视化的 Douglas-Peucker 算法后,不仅实现了矢量数据的简化压缩,而且消除了 Z-Buffer 冲突,绘制帧率也相应地提高了。在限差 1 m、抬高 1 m 的参数下,压缩比达到 2.07。更改算法的参数,压缩率也会变化,这需要在综合考虑地形因素以及可视化效果后确定合适的限差值。

### 3.4.5　小结

本节主要探讨了网络环境下虚拟地球中基于几何绘制的矢量空间数据可视化方法,研究了面向虚拟地球的多尺度矢量数据结构,实现了多尺度矢量数据分块构建与组织,设计了面向可视化的 Douglas-Peucker 算法,在保证可视化效果条件下,实现了矢量数据的压缩。实验结果表明,该方法在达到约 2 倍的压缩率、提高约 50%的可视化帧率条件下,能够实现三维虚拟地球中多尺度矢量数据可视化,同时易于实现矢量空间对象的拾取和查询操作。下一步将探讨矢量分块多尺度组织后空间对象拓扑关系的重建以及空间分析方法。

## 3.5　面向虚拟地球的三维气象场可视化方法

三维气象场数据是一种复杂多种类的地理空间数据,分为矢量场和标量场,不同场的地理属性信息不同,可视化方法也不同。三维气象数据通常是 TB 级的"空间维+时间维+要素维"的多维数据,时空上存在从全局到局部及不同时间跨度的多尺度特征(严丙辉,2013)。虚拟地球(龚健雅 等,2010)是建立在海量地理空间数据基础上的虚拟平台,具有海量数据组织能力及多维、多尺度展示能力,可为解决三维气象场这种时空跨度多样的数据可视化提供新思路。科学可视化技术(唐泽圣,1999)可以将人无法直接观察的数据转变为容易接受的视觉信息,并可对其模式和相互关系进行可视化分析。

在国内相关研究中,沈震宇等(2006)结合 OpenGL 和可视化算法实现了二维、三维气象场数据可视化,李旭东等(2009)基于 AVS/Express 可视开发工具设计气象数据可视化系统,取得了较好的仿真效果。但这些研究主要侧重于可视化效果的实现,缺乏对气象场的多维动态特性的考虑,无法真正应用于气象场的时空分析。徐敏等(2009)利用 Java 可视化分析组件库 VisAD 设计海洋大气环境的多维动态可视化系统,王洪庆等(2004)结合北京大学的气象信息科学视算环境 PC-vis5D 对典型的天气系统进行可视化和数值模拟分析。但这些成果只局限于小尺度内的仿真,无法表达气象场时空上的全球多尺度特征。陈润强等(2014)基于ArcEngine的三维开发平台研究二维、三维气象场数据在虚拟地球上的表达方法,但其采用的图标和等值线映射法不够直观且可视化数据不够密集。国际上相关应用中,传统三维气象场可视化系统(如NCAR Graphics、GrADS等)主要停留于二维平面或三维静态展示,缺少多时相的考虑。成熟的三维动态展示系统(如Vis5D)也大都停留在规则几何空间内的仿真,可视化数据量有限,无法满足当前海量、大范围气象场数据的可视化需求。近几年的相关研究中,Liang等(2014)提出一种基于泰森多边形的球面包围盒构造方法以适应气象场数据的球面表达,同时在可视化方法上对场数据进行三通道融合渲染,取得了很好的可视化效果。Du等(2015)在研究中国沿海碳通量随时间变迁的同时,利用着色器语言和半角切片绘制方法改进体绘制的可视化效果。但上述研究大部分是基于特定事件和区域,偏重于可视化效果的实现,关于全球气象场的组织、时空查询方法涉及较少。

本节将三维气象场集成到三维虚拟地球中进行可视化表达。基于三维虚拟地球的气象场科学可视化能有效结合其他基础空间地理信息,直观表达全球范围内气象场的宏观动态变化并可进行时空分析。为了探讨虚拟地球中适合的大范围、高密度三维气象场数据可视化方法,本节在设计基于体元对象的数据模型和多级体元时空索引的基础上,探讨三维气象场的可视化、时空检索方法。

### 3.5.1 基于体元对象的数据模型

受硬件纹理空间、内存容量、计算性能等限制,动态可视化时不可能将TB级海量气象场数据一次性从外存装入。因此面向三维气象场的数据模型需要将复杂的场数据离散化成多层次的数据单元,以实现在视点调度时可视域内的数据快速装载,从而提高动态可视化效率。对此,本节提出基于体元对象的数据模型(图3.17)。

该模型的核心是构建多级体元包围时空上离散动态分布的三维场数据点,用体元的空间大小和变化频率描述三维场的时空尺度。体元是连续时间变化下的一定空间范围,是三维场数据的存储、管理和操作单元。体元包括三维场值、空间立体块及时间点信息三部分。三维场值包括基本的气象场数据及其空间点位数据;空间立体块对应虚拟地球中相邻尺度的等经纬度格网构成的空间范围,依照八叉树全球等经纬度立体剖分方法(Yu et al.,2009)生成,并基于椭球八叉树进行分层分块组织;时间点信息按不同时间跨度进行尺度划分,同一尺度时间间隔相等,上下层互为包含关系,构建尺度从大到小的$R^+$树结构。空间立体块和时间点信息都是以编码形式存储为体元对象的属性字段,二者的键值共同构成体元的唯一标识。

在上述数据模型的基础上,本节基于$Q^+R$树索引和空间信息多级格网索引(李德仁等,2003;Xia et al.,2003)设计了面向三维气象场的多级体元时空索引。如图3.18所示,多级体元时空索引是一个先时间索引后空间索引的二级索引结构。图3.18中,$T$表示R树的节点(时间);$A$、$B$、$C$、$D$表示八叉树节点(空间体元),它们是大的时间尺度下的粗级体元,时间树带动空间树更新。如果某个时刻时间尺度发生了变化,那么时间节点$T_1$重建生成了细的时间节点,对应的空间树发生变化,变成$D_1$,$D_2$,$D_3$,$D_4$甚至更多,$D_1\sim D_4$这些树在同一视点下空间层级与$D$是一致的,只是用于表示变化更快的时间尺度下的场数据。

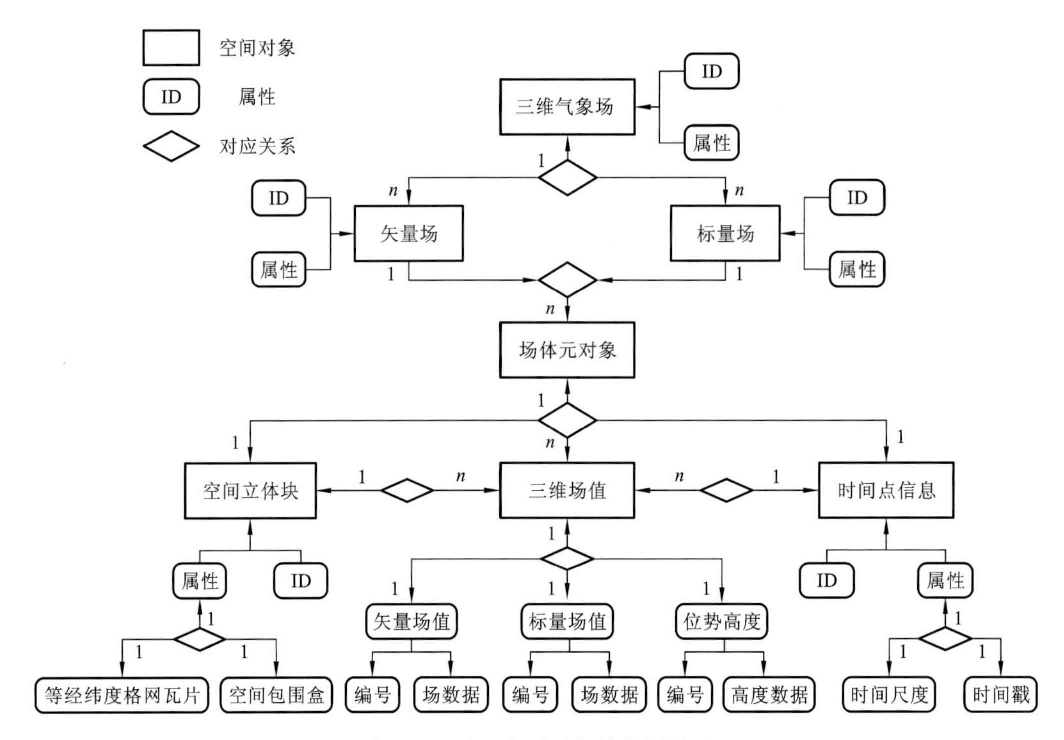


图 3.17　基于体元对象的数据模型

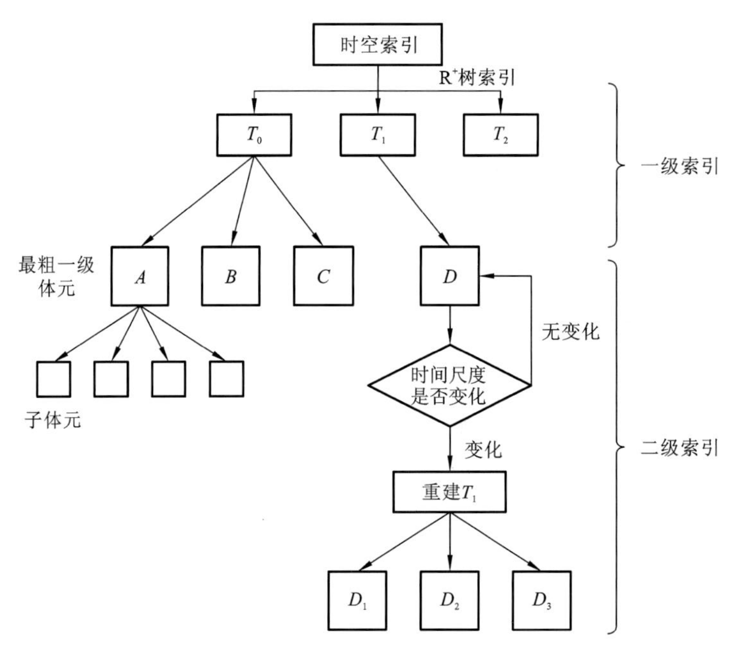


图 3.18　多级体元时空索引检索机制

在进行检索时，首先判断时间尺度是否变化，如果发生变化，需要先对索引树的时间节点进行重建。若无变化，则根据时间点索引，并依照视点调度和椭球八叉树去定位最粗一级的体元,然后按空间索引向子层检索,直到满足所需的空间尺度为止。

### 3.5.2　面向三维场的多尺度动态可视化方法

**1. 基于箭头模型的三维矢量场可视化**

矢量场可视化方法包括图标法、流线法、流面法、流管法等,其核心是将矢量数据映射成通用的、可通过图形直观显示的几何数据(李海生 等,2001)。其中,图标法是一种典型的逐数据点模拟矢量场的方法,其快速高效,能保留数据所有细节信息并且很好地承载场的方向信息。由于传统二维箭头和流线在三维空间中不同视角中存在二义性,本节以能自由旋转的三维箭头模型作为映射方式,长度代表场值大小,箭头指向场的三维方向。

矢量场可视化的关键是场模型的方向在空间里应始终平行于该经纬点处球体切线方向。因此每当时相发生变化时,就需要对当前的场模型的姿态、长度进行调整。场模型的姿态调整是空间坐标系($X_{model}$,$Y_{model}$,$Z_{model}$)与世界坐标系($X_E$,$Y_E$,$Z_E$)两个坐标系之间的变换过程。如图 3.19 所示,变换矩阵的求解分为三步。首先将场模型从合方向校正为正北方向,将场模型的 $Z$ 轴变换为世界坐标 $Z$ 轴,将场模型的 $X$ 轴、$Y$ 轴校正为世界坐标的 $X$ 轴、$Y$ 轴。

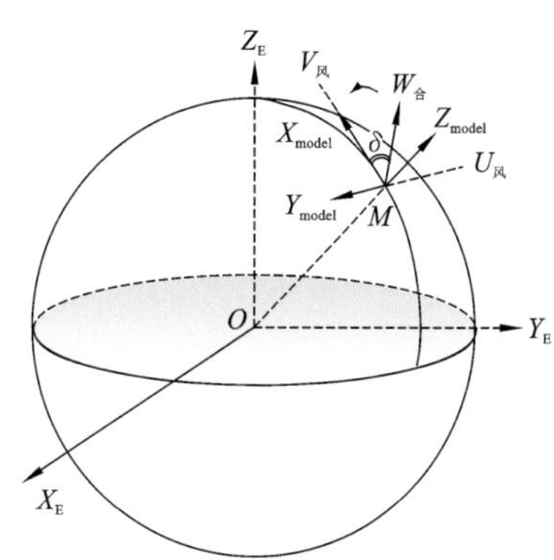


(a) 将场模型从合方向校正为正北方向

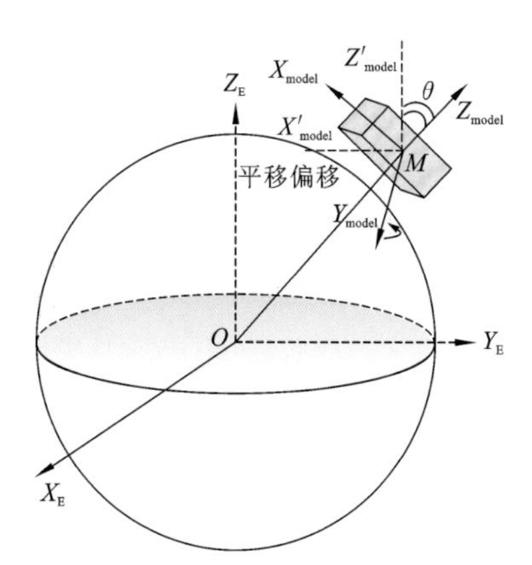


(b) 将场模型的Z轴变换为世界坐标Z轴

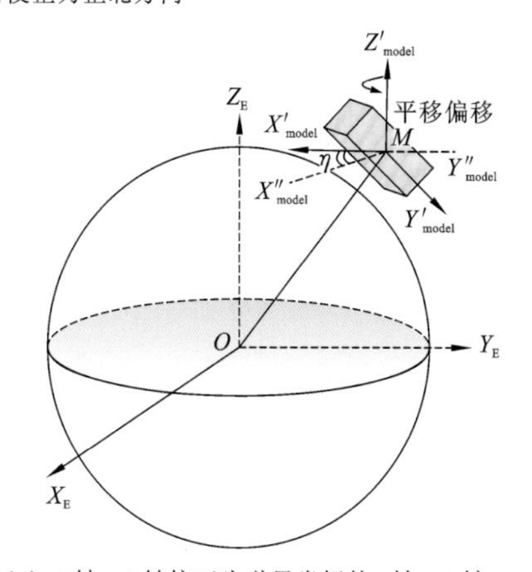


(c) X轴、Y轴校正为世界坐标的X轴、Y轴

图 3.19　场模型姿态自动校正

### 2. 基于三维纹理映射直接体绘制的三维标量场可视化

基于体绘制的标量场可视化方法包括光线投射法、抛雪球法、错切-变形法和三维纹理映射法等。其中三维纹理映射法由于具备硬件支持及对密集体数据的高效绘制能力而成为当今较实用的体绘制方法(尹学松 等,2004)。

基于三维纹理映射体绘制的三维标量场可视化大致流程(童欣 等,2000)如下:首先,从硬盘中把体元数据装载到内存中;然后,通过对体元数据分类和图像特征映射生成纹理缓存,再装入图形硬件的纹理内存生成三维纹理;最后,随着系统视点调动对体元进行实时纹理面重采样,采样面与三维纹理合成结果图像。

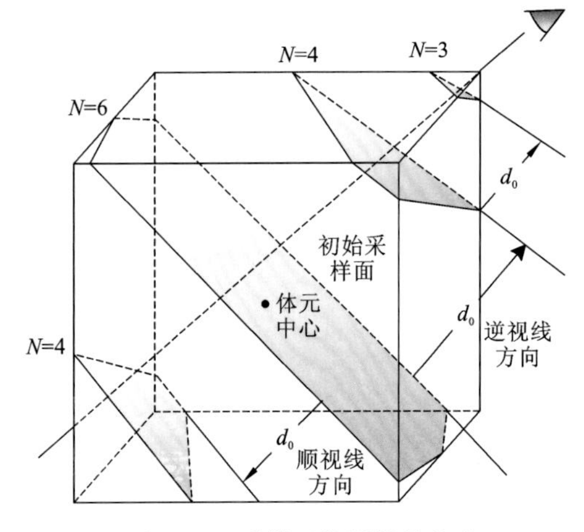


图 3.20 采样面等距增量生成

该流程中最重要的是纹理面的重采样。本节采用的是图像空间纹理重采样法,采样面垂直于视线方向并等间距分布在体元内。为了方便采样面方程的求解,本节设定初始采样面垂直视线方向并经过了体元中心点,其他采样面以初始采样面为基准沿视线方向和逆视线方向按等间距增量生成,采样面与体元的交点个数存在 3 个、4 个、5 个、6 个共 4 种不同情况,如图 3.20 所示。图 3.20 中 $d_0$ 为采样面之间的间距。

采样面与体元交点的坐标是由采样面与体元边的方程求解得到的。本节规定交点在体元点上或体元边外视为无交点。在不影响最终结果的前提下,该方法排除了极少量的正常采样面,但也避免采样面为一个点、一条线或体元面的错误情况,在上述条件下,当采样面与某一条体边相交时,其必与该边所在的左右两个体面的边相交。夏冰心(2008)根据这一特性,将如图 3.21(b)所示的邻边结构作为体边遍历顺序。图 3.21(a)中数字表示体元点编号,带下划线数字表示体元边编号,图 3.21(b)中的粗线代表体边 0 的邻边。规定邻边的遍历为先右平面后左平面,且在左右平面中平行边优先于起始点和终止点的邻接边。

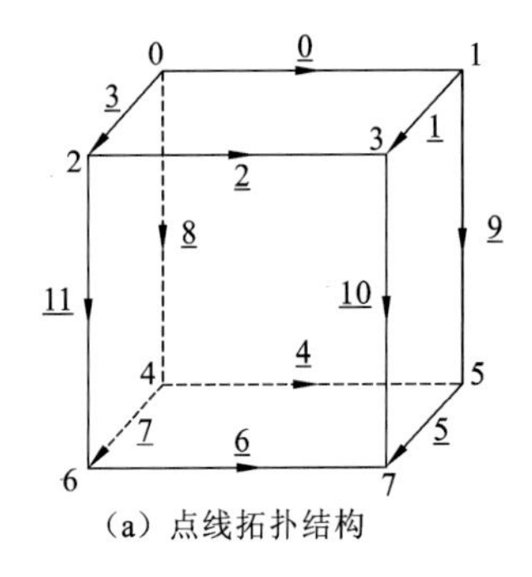

(a) 点线拓扑结构

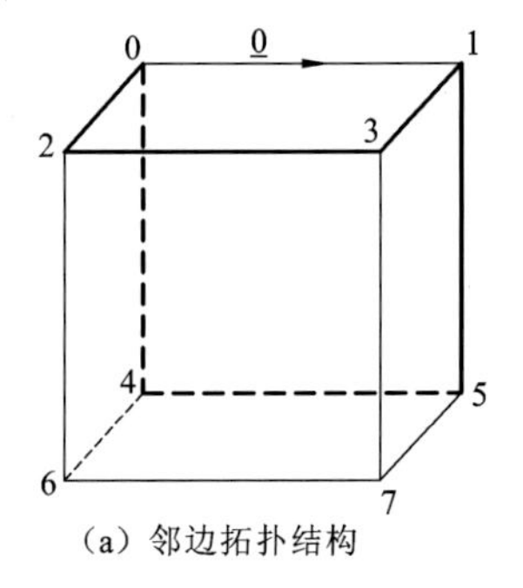

(a) 邻边拓扑结构

(c) 根据视线方向确定体边遍历优先顺序

图 3.21 体元拓扑结构

由于该算法存在盲目遍历和重复遍历的不足，本节在其基础上作进一步改进。

改进一：如图 3.21(c)所示，由于采样面是沿视线方向及其逆方向生成的，假设有一个垂直于视线方向的采样面 K 随视线方向移动，则按其经过的体元顶点顺序可以推知体边遍历优先顺序。设体元顶点 $P_j$ ($j=0,1,2,\cdots,7$)与体元中心点 $O$ 组成向量 $\boldsymbol{P_jO}$。首先计算 $\boldsymbol{P_jO}$ 与视线向量的点积，点积值越小，表明该顶点越先被采样面 $K$ 经过，该顶点的邻接体边也就越早被遍历。然后把点积最小和最大的体元顶点的邻接体边分别设为优先度最大和最小，其余顶点的邻接体边也按顶点点积值由小到大依次设置优先度，但其与最大最小优先度的公共体边的优先度保持不变。最后将所有体边按优先度从大到小排列，同一优先度的多条体边按编号大小排列，构成体边遍历优先序列。这样，当采样方向为逆方向时，只需将优先序列倒过来使用即可。在图 3.21(c)中，当前视线方向下的优先序列为红色体边(2、3、11)＞蓝色体边(6、7)＞黄色体边(8、10)＞紫色体边(0、1)＞绿色体边(4、5、9)。

改进二：由于不同体边的邻边之间存在很大的交集，会导致有的体边会被重复遍历。对此，可以定义一个全局变量用于记录遍历过的体边编号，每次进行求交点算法前，对体边是否遍历过进行判断。另外，该全局变量应排除记录首个与采样面相交的体边，因为该边是判断遍历结束的重要条件，需要多次遍历。

采样的过程中，首先遍历体边找到第一个交点(初始交点)，然后对该交点所在体边的邻边进行遍历求交找到下一个交点，继续遍历新交点的邻边寻找新交点……如此循环，直到求得的新交点等于初始交点为止，此时采样多边形已经闭合，可继续下一个采样面。如果没有交点存在则说明采样已经结束，退出算法。

由于已知体元的顶点的空间坐标(存储在体元数据缓存中)和纹理坐标(存储在三维纹理内存中)，交点的空间、纹理坐标是由体元顶点的坐标线性插值得到的。交点存在情况判断方法及其空间坐标、纹理坐标的求解如图 3.22 所示。

在图 3.22 中，$P_0$ 为当前所求采样面上的点，其位置由体元中心坐标加上其在视线方向上的相对偏移量求得，$P_1P_2$ 表示体元空间当前需要判断是否相交的边，$\overrightarrow{\mathrm{Dir}}$为当前视线方向(已单位化的)，$P_x$ 为交点，$P_{j1}$、$P_{j2}$ 为 $P_0$ 和 $P_2$ 在视线方向上的投影。设 $D$ 等于向量 $\boldsymbol{u}$ 与$\overrightarrow{\mathrm{Dir}}$的点乘，$N$ 为向量 $\boldsymbol{v}$ 与$\overrightarrow{\mathrm{Dir}}$的点乘，$T=N/D$。则存在如下几种情况($\delta$ 为极小值)。

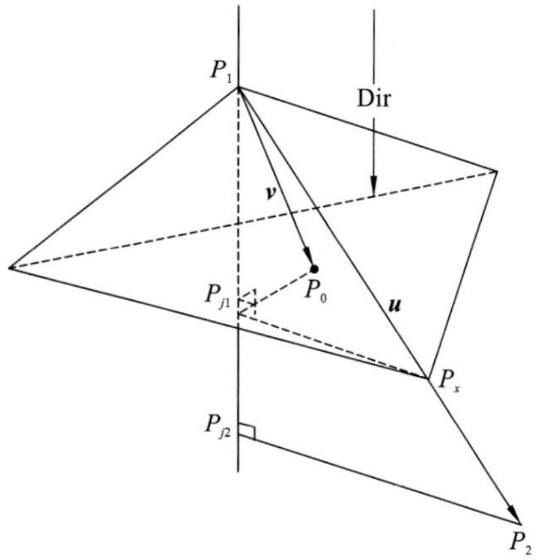

步骤 1：如果 $D$ 的绝对值小于 $\delta$，则此时采样面与线段 $P_1P_2$ 平行或重合，执行步骤 2。否则执行步骤 3。

步骤 2：如果 $N$ 的绝对值小于 $\delta$，则体元顶点为交点或线段 $P_1P_2$ 在采样面内。如果 $N$ 的绝对值大于或者等于 $\delta$，则采样面与线段 $P_1P_2$ 无交点。

步骤 3：如果 $T>1$ 或者 $T<0$，则交点 $P_x$ 存在，但不在线段 $P_1P_2$ 内。否则交点 $P_x$ 存在且在线段 $P_1P_2$ 内。因此，由相似三角形的关系得

图 3.22　交点判断及交点空间坐标、纹理坐标求解

$$\frac{P_1P_x}{P_1P_2}=\frac{P_1P_{j1}}{P_1P_{j2}}=\frac{\boldsymbol{v}\cdot\overrightarrow{\text{Dir}}}{\boldsymbol{u}\cdot\overrightarrow{\text{Dir}}}=\frac{N}{D}=T \tag{3.10}$$

因此 $P_x$ 的坐标(pos)、纹理坐标(tex)为

$$P_x\cdot\text{pos}=P_1\cdot\text{pos}+T\cdot(P_2\cdot\text{pos}-P_1\cdot\text{pos}) \tag{3.11}$$

$$P_x\cdot\text{tex}=P_1\cdot\text{tex}+T\cdot(P_2\cdot\text{tex}-P_1\cdot\text{tex}) \tag{3.12}$$

### 3.5.3 实验

为了对上述方法进行验证，本节基于开放式虚拟地球集成平台 GeoGlobe，对海量气象场数据的可视化效率进行实验。实验采用的三维气象场数据是由美国国家海洋大气局(National Oceanic and Atmospheric Administration，NOAA)提供的 NCEP/NCAR 再分析数据中的 1948 年至今的月平均，2009～2013 年全年日平均和一日 4 次的等压面通量数据。数据存储在全球 144×73 个网格点，共 17 层等压面上。其中矢量场使用的是约 16 GB 的风场数据，标量场使用的是约 7GB 的比湿数据。实验是在 Visual Studio 2010 环境下用 C＋＋和 Direct3D 编写的。硬件配置为 Intel® Core™ i3-2100 双核 3.1 GHz CPU，NVIDIA Quadro 600 显卡，1 GB 显存 8 GB 内存。

此外，本节针对矢量场各异性、标量场聚类性的特点分别设计不同的时空查询方法。

矢量场由于具有方向性，每个场模型代表独一无二的场状态，时空查询需要定位到每一个场模型。由于虚拟地球中一次绘制的场模型高达几千个，为了能快速定位到目标，本节采取先定位体元对象，再进行模型拾取的策略。通过视线与球面的交点反算出体元的行列号，再与当前层次、时间点信息构造键值去定位体元，然后对体元内的场模型进行拾取。

标量场可视化时对所有采样点的场值进行了统计分类，并分别赋予不同的光学属性(颜色、不透明度)，因此标量场时空查询到的是范围值，结果是以可视化图像和统计图的形式显示。本节设计的标量场时空查询包括三种，即根据场值查询其空间分布，根据空间范围查询场值分布，根据时相变化查询场值分布变化。

三维场绘制效果和时空检索效果如图 3.23～图 3.26 所示。

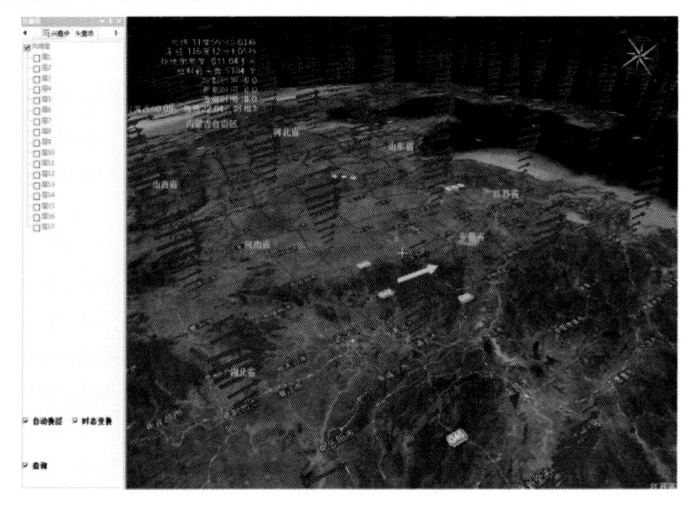

图 3.23　矢量场可视化效果和查询效果(黄色模型)

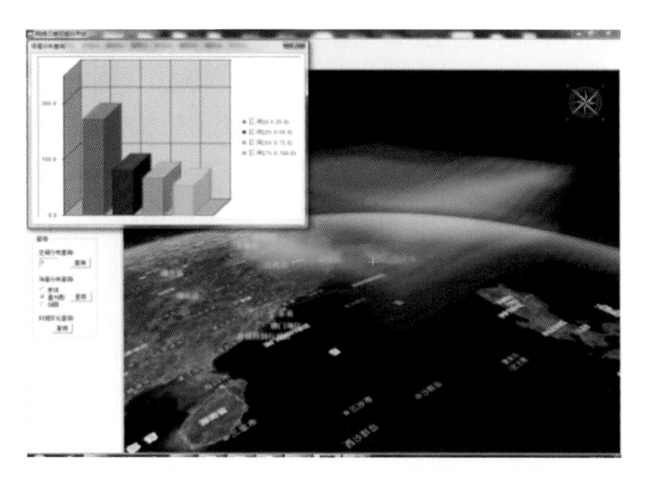

图 3.24　标量场的可视化效果及场值分布查询

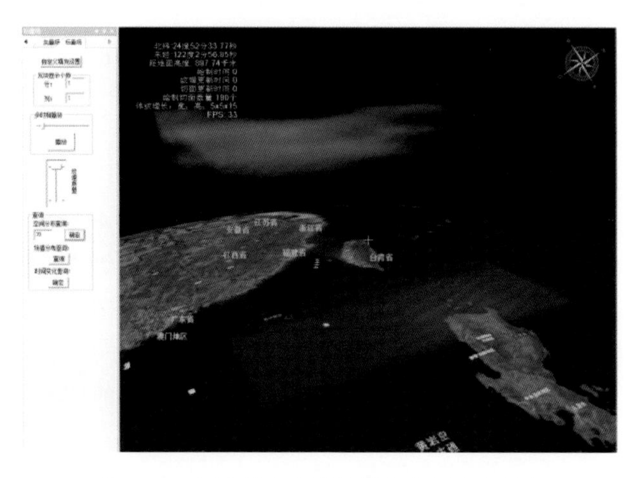


图 3.25　标量场中指定场值的空间分布查询

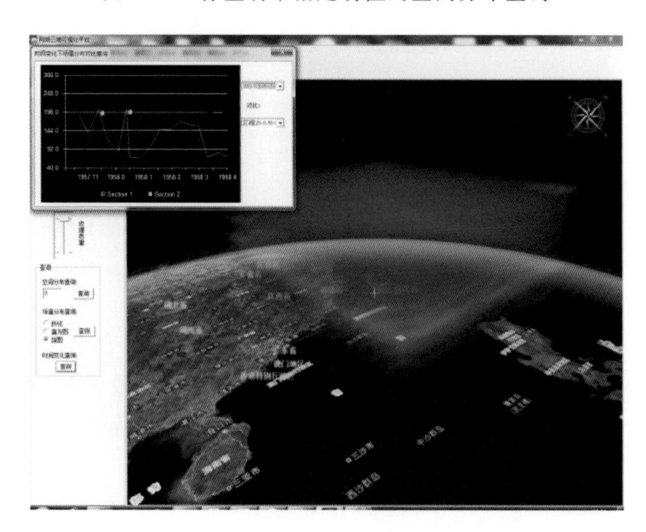

图 3.26　时相变化下查询场值分布的变化

本节设定时相变化的最小时间尺度为 2 s。矢量场在 17 层约 5 000 个场模型同时进行时态变换的情况下，动态可视化帧速能达到 33～34 帧/s。标量场在保证较佳的图像质量(150～200 个纹理采样面)下，动态可视化帧速达到 36～38 帧/s，漫游流畅度较佳，证明了快速可视化算法的有效性。另外，矢量场标量场的时空检索时间用时 15～16 ms，证明了基于体元时空模型的高效性。此外，本节针对标量场动态可视化中提出的采样面计算改进算法，同时与原算法进行效率对比实验。具体见表 3.5。

**表 3.5　改进算法与原算法遍历交点计算次数对比**

| 采样面数/个 | 邻边拓扑算法/次 | 邻边拓扑算法速率/(帧/s) | 改进算法/次 | 改进算法速率/(帧/s) |
|---|---|---|---|---|
| 150 | 2 270 | 35 | 1 536 | 39 |
| 190 | 2 874 | 30 | 1 950 | 36 |
| 300 | 4 435 | 19 | 3 031 | 24 |

由表 3.5 可知，改进后的三维纹理映射体绘制算法减少了约 32%的采样面交点计算，提高了约 18%的绘制效率。

### 3.5.4　小结

本节主要从三维气象场的时空特征出发，在全球多尺度空间数据模型基础上拓展时间尺度，形成基于体元对象的数据模型并构建时空一体化的多级索引机制，然后基于这种数据组织方式和索引方式实现了海量三维气象场数据的流畅动态可视化和高效时空检索，并通过实验对方法的有效性进行了验证。下一步研究工作主要包括 GPU 加速以实现对更高密度场数据的绘制，设计多特征传输函数以实现更好的体绘制效果，以及引入时空分析算法实现三维气象场的时空分析等。

## 参考文献

陈静，向隆刚，朱欣焰，2011. 分布式异构栅格数据的集成管理研究. 武汉大学学报(信息科学版)(9)：1094-1096.

陈碧宇，陈晓玲，陈慧萍，等，2007. 网络中移动对象的 2 维时空数据模型. 测绘学报，36(3)：329-334.

陈润强，许丽人，孙海洋，2014. 基于三维数字地球的大气环境仿真可视化表达. 中国体视觉与图像分析，19(1)：29-34.

龚健雅，2013. GIS 的发展：从系统到服务从静态到动态. 地理信息世界，20(6)：3-4.

龚健雅，陈静，向隆刚，等，2010. 开放式虚拟地球集成共享平台 GeoGlobe. 测绘学报，39(6)：551-553.

关丽，程乘旗，吕雪峰，2000. 基于球面剖分的矢量数据模型研究. 地理与地理信息科学，25(3)：23-27.

李德仁，朱欣焰，龚健雅，2003. 从数字地图到空间信息网格：空间信息多级网格理论思考. 武汉大学学报(信息科学版)，28(6)：642-649.

李海生，牛文杰，杨钦，等，2001. 矢量场可视化的研究现状与发展趋势. 计算机应用研究，17(8)：11-14.

李旭东，孙济洲，张凯，2009. 基于 AVS/Express 的气象数据可视化系统. 天津大学学报，42(4)：357-361.

廖巍，熊伟，景宁，等，2006. 支持频繁更新的移动对象混合索引方法. 计算机研究与发展，43(5)：888-893.

马林兵，张新长，2008. 面向全时段查询的移动对象时空数据模型研究. 测绘学报，37(2)：207-211.

苗蕾，2008. 移动对象时空数据建模的研究. 测绘通报(7)：47-49.

沈震宇，范茵，陶俐君，等，2006. 可视化技术在气象数据场分析中的运用. 系统仿真学报，18(1)：336-442.

孙敏，赵学胜，赵仁亮，2008. Global GIS 及其关键技术. 武汉大学学报(信息科学版)，33(1)：41-45.

孙冬璞，郝晓红，郝忠孝，2013. 频繁更新移动对象的索引方法. 计算机工程，39(11)：52-56.

孙文彬，胡佰林，王洪斌，等，2012. 基于球面 DQG 的矢量与地形数据无缝集成. 地理与地理信息科学，28(1)：39-42.

唐泽圣，1999. 三维数据场可视化. 北京：清华大学出版社：1-8.

陶留锋，刑廷炎，吕建军，等，2013. 实时 GIS 体系结构与关键技术研究. 计算机工程与设计，34(9)：3302-3306.

童欣，唐泽圣，2000. 基于纹理硬件的大规模体数据快速绘制算法. 清华大学学报(自然科学版)，40(1)：72-75.

王洪庆，张焱，郑永光，等，2004. 气象信息科学视算环境及其若干问题. 气象学报，62(5)：708-713.

王姣姣，2013. 基于球面 DQG 的地形与矢量数据自适应集成建模. 北京：中国矿业大学(北京).

夏冰心，2008. 基于纹理映射的三维地震数据可视化方法研究. 南京：南京理工大学：33-42.

徐敏，方朝阳，朱庆，等，2009. 海洋大气环境的多维动态可视化系统的设计与实现. 武汉大学学报(信息科学版)，34(1)：57-59.

严丙辉，2013. 结合地理信息的气象数据可视化平台设计与实现. 杭州：浙江大学.

尹学松，张谦，吴国华，等，2004. 四种体绘制算法的分析与评价. 计算机工程与应用，16：97-100.

BARBER C，DOBKIN P，HUNDANPAA H，1996. The quickhull algorithm for convex hulls. ACM Transactions on Mathematical Software，22(4)：469-483.

BLINN J F，1978. Simulation of wrinkled surfaces. Computer Graphics，12(3)：286-292.

DOGETT M，HIRCHE J，2000. Adaptive view-dependent tessellation of dislacement maps. ACM Siggraph/eurographics Workshop on Graphics Hardware：59-66.

DU Z H，FANG L，BAI Y，et al.，2015. Spatiotemporal visualization of air-sea $CO_2$ flux and carbon budget using volume rendering. Computer&Geosciences，77：77-86.

GOODCHILD M F，2011. Looking forward：five thoughts on the future of GIS. http://www.esri.com/news/arcwatch/ 0211/future-of-gis.html.[2011-02-11].

HOPPE H，DEROSE T，DUCHAMP T，et al.，1993. Mesh Optimization. ACM Siggraph Computer Graphics，27：19-26.

KIM S S，CHOE S K，LEE J H，et al.，2001. Level-Detail-Based Rendering and Compression for 3D GIS//IEEE International Geoscience and Remote Sensing Symposium，Sydney，Australia：1942-1944.

LIANG J M，GONG J H，LI W H，et al.，2014. Visualizing 3D atmospheric data with spherical volume texture on virtual globes. Computers&Geosciences，68：81-91.

ROSSIGNAC J，BORREL P，1993. Multi-Resolution 3D Approximations for Rendering Complex Scenes. Modeling in Computer Graphics：Methods and Applications. NewYork：Springer-Verlag：5-18.

SCHNEIDER M，GUTHE M，KLEIN R，2005. Real-Time Rendering of Complex Vector Data on 3D Terrain Models//The 11th International Conference on Virtual Systems and Multimedia，Ghent，

Belgium:573-582.

SUN W B,SHAN S G,CHEN F,et al.,2010. Geometry-Based Mapping of Vector Data and DEM Based on Hierarchical Longitude/Latitude Grids//The Second Lita International Conference on Geoscience and Remote Sensing,Qingdao:215-218.

WARTELL Z,KANG E,WASILEWSKI T,et al.,2003. Rendering Vector Data over Global Multiresolution 3D Terrain. The Symposium on Data Visualization,Grenoble,France:213-222.

WOLFSON O, SISTLA A P, CHAMBERLAIN S, et al., 1999. Updating and querying databases that track mobile units. Distribute and Parallel Database,7(3):257-387.

XIA Y,PRABHAKAR S,2003. $Q^+$ Tree:Efficient Indexing for Moving Object Databases. Proceedings of the Eighth International Conference on Database Systems for Advanced Applications,175-182.

YANG L,ZHANG L Q,KANG Z Z,et al.,2010. An efficient rendering method for large vector data on large terrain models. Science China,53(6):1122-1129.

YU J Q, WU L X, 2009. Spatial Subdivision and Coding of A Global Three-dimensional Grid: Spheoid Degenerated-Octree Grid//IEEE International Geoscience and Remote Sensing Symposium, Cape Town,South Afica:361-364.

# 第 4 章　面向虚拟地球的分析方法

## 4.1　引　　言

三维虚拟地球平台在多尺度影像数据的组织管理、地形三维可视化、全球海量信息快速浏览查询等方面取得了较好的成果，但对空间分析功能的支持却非常有限。在专业 GIS 应用方面，由于缺乏三维空间分析功能，通常三维虚拟地球软件的实用性还不够。

对此，本章主要针对面向虚拟地球的分析方法进行讨论，选择两个典型的应用进行讨论。主要包括：①面向虚拟地球的通视分析；②面向虚拟地球的有源洪水淹没分析。

## 4.2　三维虚拟地球中通视分析

三维虚拟地球软件推动了地理信息大众化发展，当前的三维虚拟地球在影像数据的组织管理、地形三维可视化、快速浏览查询等方面取得了较好的成果，但对空间分析功能的支持却非常有限。在专业 GIS 应用方面，由于缺乏三维空间分析功能，通常三维虚拟地球软件的实用性还不够。

通视分析作为重要的空间分析方法，应用广泛，小至旅游中的风景评价、房地产中的视线遮挡判断，大至通信中的信号覆盖或军事上的火力覆盖等多方面(Floriani et al.，1999)都离不开通视分析。同时，我国是一个洪涝灾害频繁的国家，每年因洪水淹没造成的社会经济、人员损失难以估计。因此，在三维虚拟地球中进行通视分析和洪水淹没分析，有其必要性和社会价值，同时可极大程度地增强三维虚拟地球软件的实用性，便于三维 GIS 的普及。

但是，面对日益增长的海量空间数据，无论是本节讲的通视分析，还是 4.3 节将要讲到的洪水淹没分析，传统基于二维平面的分析方法，都难以取得有效的分析结果。一方面空间数据广度变大，另一方面空间数据分辨率尺度也在变多，对这样的空间数据进行有效分析，需要依赖特定的空间数据组织方式。首先，受计算机内存限制，无法将海量空间数据一次性装入内存，而需要采用分块加载的方式；其次，所有的空间分析，包括通视分析和洪水淹没分析，不仅仅在一个分辨率尺度上数据进行，而且要在多尺度数据上进行分析。

目前三维虚拟地球采用分层分块的方式组织空间数据，正好可以满足这种通视分析和洪水淹没分析的数据要求。同时，采用这种数据组织方式在三维虚拟地球中进行空间分析，一方面可以提供十分直观的分析结果，便于应用普及；另一方面基于三维球面基准，避免了地球曲率的问题，并且空间数据分辨率也是多尺度组织的，可以面向不同精度的应用需求，调用合适的分辨率尺度数据进行通视分析或洪水淹没分析，并在三维虚拟地球平台中将分析结果实时渲染出来，分析精度与效率都有保障，而不存在数据海量瓶颈，可以为空间决策分析提供及时可靠的支持。

## 4.2.1 通视分析方法概述

在 GIS 软件中，通视分析通过判断给定对象与一组目标点之间的通视性，从而获得指定对象的视域可见范围。考虑到效率问题，通视分析一般基于规则格网 DEM 进行。国内对这方面的研究起步也较早，易敏等(1999)对 4 种通视性方法进行了实验与比较，分别是点到区域法(point to region algorithm，PRVA)、快速点到三角形法、次快速点到三角形法和消隐法，实验结论是 PRVA 效果最好，速度也最快。刘旭红等(2005)利用最大仰角插值技术进行了通视分析研究，对 PRVA 算法又进行了改进，更加稳定与精确。目前国外基于规则格网的通视分析算法主要有以下 4 种：JANUS 算法、DYNTACS(dynamic tactical simulation)算法、ModSAF 算法和 Bresenham 算法(王智杰 等，2004)。以上方法都是基于平面基准，未考虑地球曲率的影响。而基于三维虚拟地球空间的通视分析，地球曲率对分析结果影响很大。例如，美军“宙斯盾”系统的核心 SPY-1 相控阵雷达，最大探测距离超过 300 km，由于地球曲率的影响，对低空掠海 10 m 飞行目标的探测距离却只有约 31 km(刘占荣，2004)。

通视分析是飞行航路规划的基础，对于选择一条安全的航路具有重要意义。通视性分析的主要任务是找出能够躲避给定的观察者，如雷达站、空中预警飞机和拦截飞机等的区域。在这些区域中，飞行器具有最小被发现概率。选择那些使飞行器具有最小被发现概率的航路，可大大增强飞行器的生存概率(陈俊 等，1998)。

通视分析基于通视分析进行。通视分析是确定一个目标点是否能在观测点可见的方法，它依靠对视线(line of sight，LOS)进行分析(陈俊 等，1998)。如图 4.1、图 4.2 所示，$V$ 与 $T$ 分别为观察点和目标点，LOS 为对视线，分别表达了通视与否的信息。

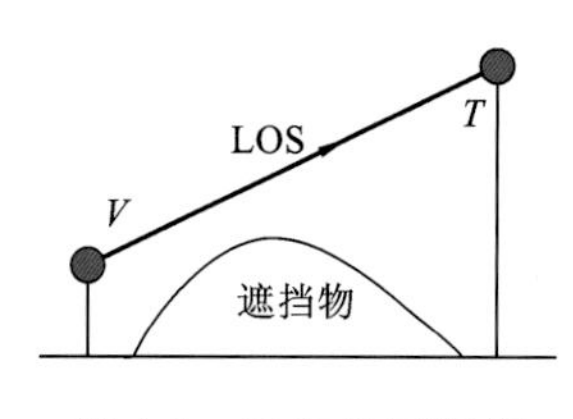


图 4.1　$V$ 与 $T$ 可通视

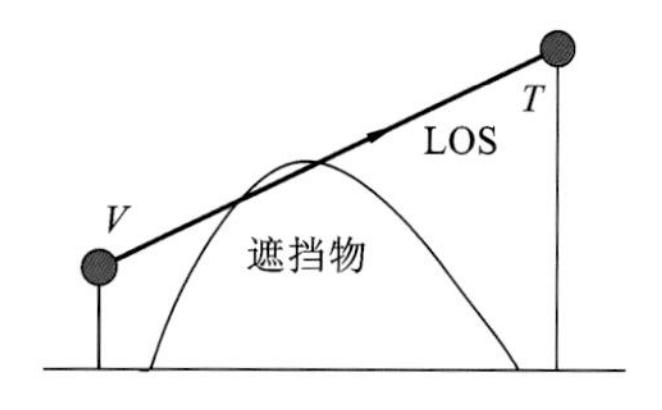


图 4.2　$V$ 与 $T$ 不可通视

目前关于通视性计算的算法较多，如点到三角形算法、点到区域算法、基于消隐计算通视性的方法(陈俊 等，1998)等。

PRVA(易敏 等，1999)是一种建立在射线可视性算法(ray-visibility)基础上的方法。射线可视性算法是通过判断从视点到目标点的连线间是否有点遮挡来判断目标点的可视性，若无点遮挡则目标点可视，否则不可视。点到区域算法运算时间少，但是这种算法需要产生一个射线结构，而且算法实现复杂。如图 4.3、图 4.4 所示，分别表示观察点 $V$ 在观察目标区外部与内部的两种情况。

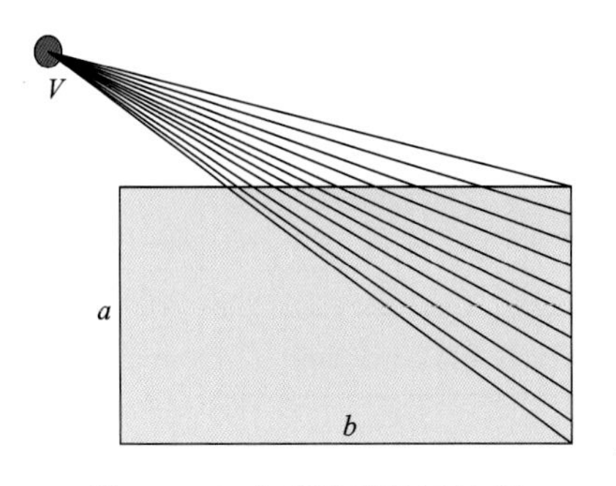


图 4.3　$V$ 在观察目标区外部

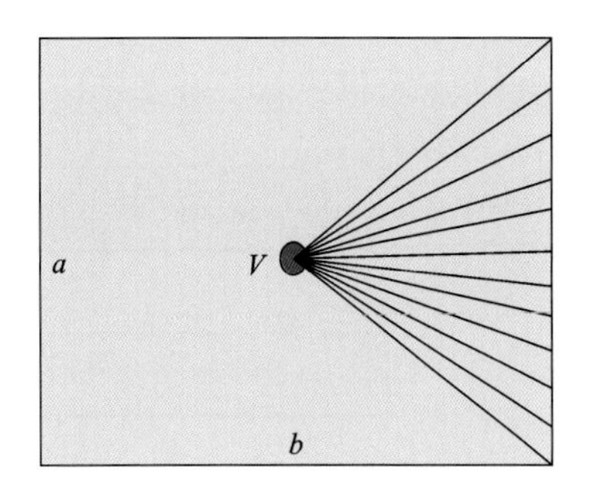


图 4.4　$V$ 在观察目标区内部

以图 4.3 为例，要计算出 $a \times b$ 大小的目标区域中相对于 $V$ 的可视与非可视区域，最简单的做法是生产 $a \times b$ 条射线(ray)，射线起点为 $V$，终点为 $a \times b$ 区域中任一点，再利用射线可视性算法计算终点的可视性。事实上，考虑到它们之间的冗余性，如采用一定的数据结构存储每一射线通视性分析过程中已判别的结果，即所谓的 PRVA 算法，则可以大大减少计算量。分析结果表明 PRVA 算法可以产生最少的射线(易敏 等，1999)。

点到三角形算法是一种很直观的方法。这种算法将三维地形视为由三角形组成的三维曲面(易敏 等，1999)。如果视点到目标点的连接直线与其中一个三角形平面相交，并且交点位于该三角形内，则表示该目标点被遮挡，是非可视点。如果直线与其中一个三角形平面无交点或交点不在此三角形内，则表示此目标点没有被遮挡，是可视点。图 4.5、图 4.6 分别表达了 $V$ 与 $T$ 可视与否的信息。点到三角形算法虽然直观，但是算法时间太长。

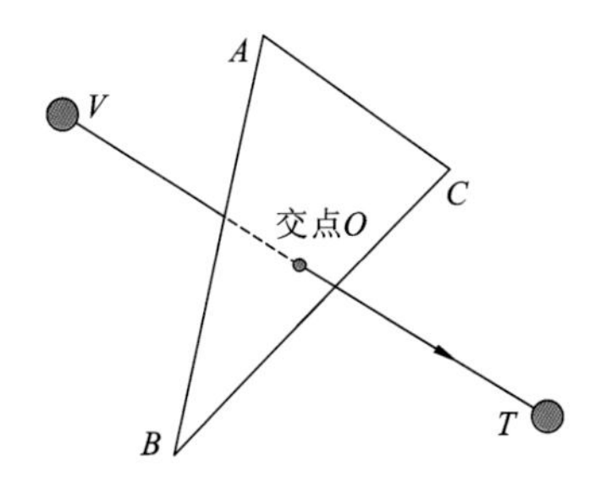


图 4.5　$V$ 与 $T$ 不可通视

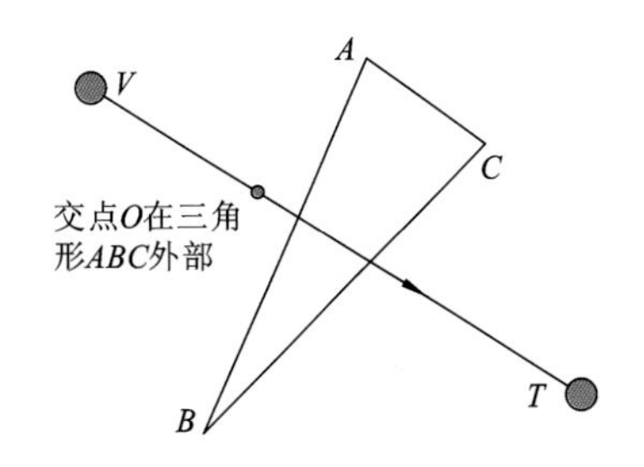


图 4.6　$V$ 与 $T$ 可通视

消隐法是计算机图形学中，根据光照模型等产生具有真实感图像时常用的一种方法(易敏 等，1998)。所谓消隐是指图像显示中，为了保证物体显示的真实感，必须在显示立体图像时消去由于物体自身遮挡或相互遮挡而无法看见的线条和表面。同样，采用消隐方法也可以算出对应物体的数字图形中哪些点是可被看见的，哪些点是不能被看见的。

三维地形可视为由一个个三角形组成的三维曲面，物体中任意一个三角形上的任意一顶点经过三维投影后，可影射到像平面上。然后看此三角形投影区域中是否已经存在其他三角形投影顶点。如果存在,则比较这个顶点到视点的距离和此三角形重心到视点距离,如果前者大于后者,表示此三角形重心离视点较近,并且遮挡了这个顶点。否则,此三角形没有遮挡这个顶点。当每一个三角形都经过这些计算后,就可以求出哪些点是可视点,哪些点不是可视点。其分析流程如图 4.7 所示。

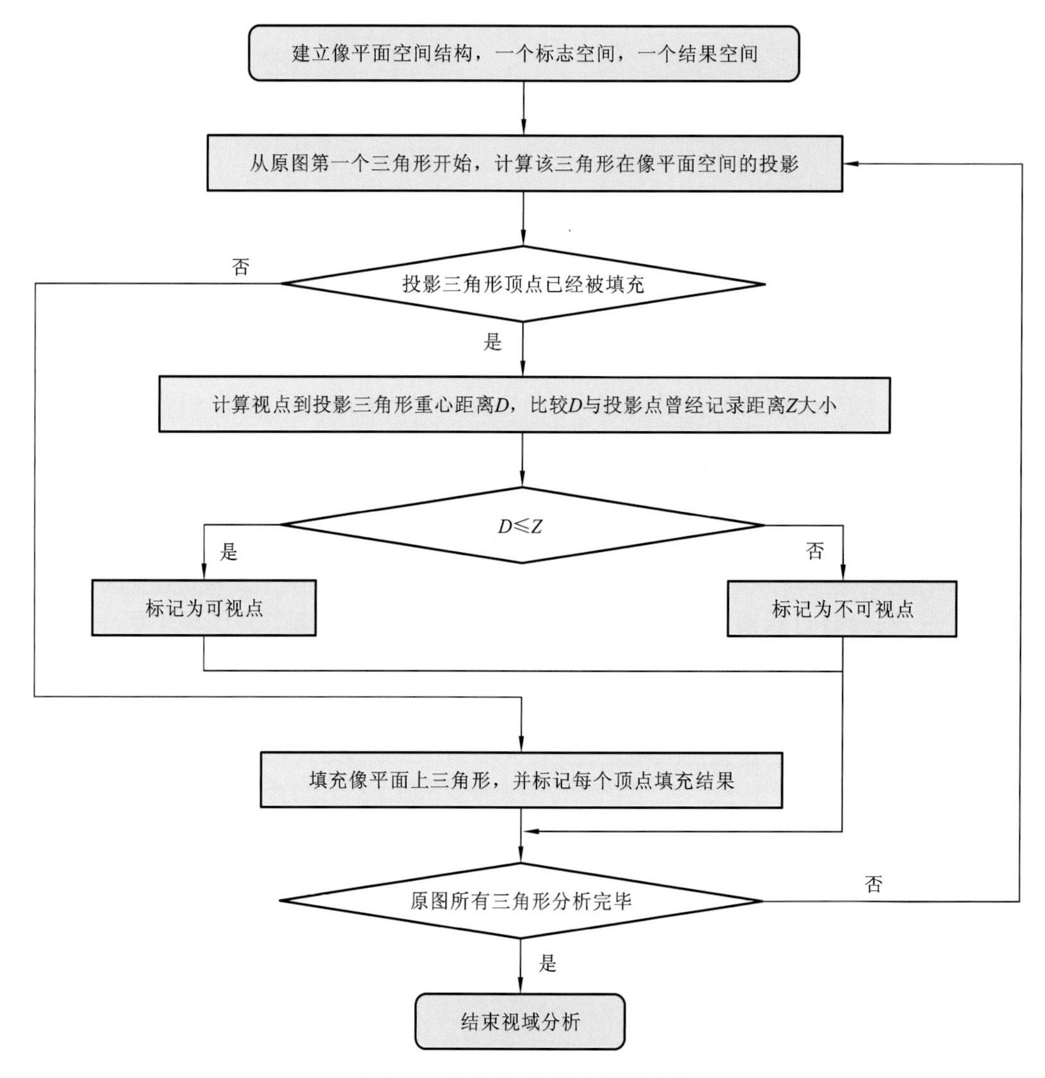


图 4.7　消隐法通视分析流程图

### 4.2.2　球面基准下多尺度的通视分析方法

利用通视分析,可以计算视点的视域,图 4.8、图 4.9 分别简单表示了视点 $V$ 的视域信息。

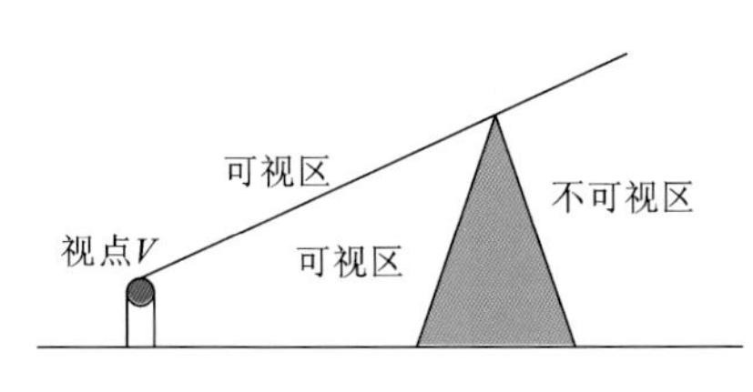


图 4.8　视点 V 视域信息

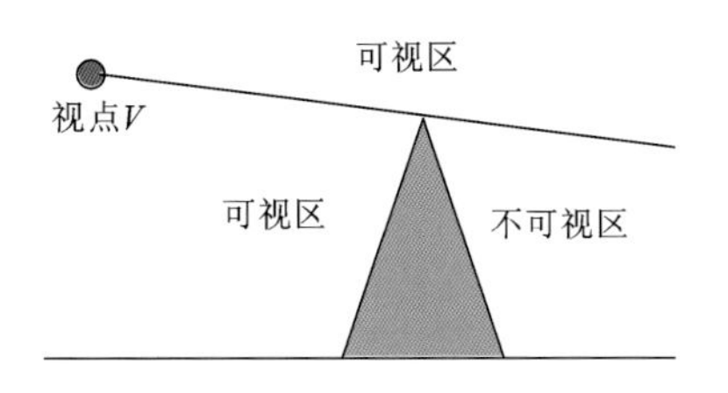


图 4.9 视点 V 视域信息

而在实际应用中，视域的计算还需考虑视力的最大距离 $d$，即大于 $d$ 的所有目标都位于不可见视区中，如图 4.10 所示。

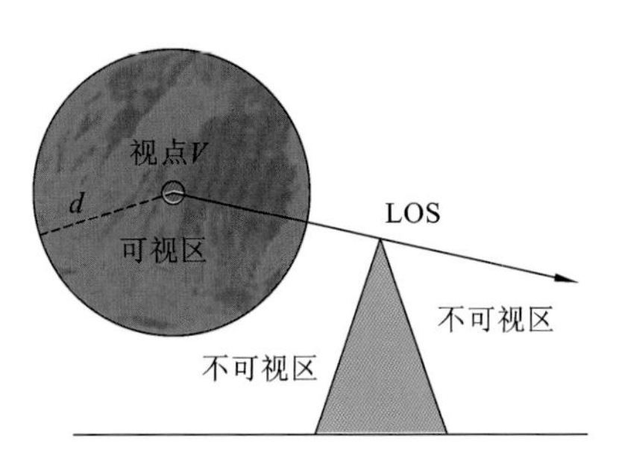


图 4.10　视距为 $d$ 时 $V$ 的视域信息

在传统基于平面基准的通视分析方法中，无须考虑地球曲率的影响。但在三维虚拟地球中进行大范围通视分析，受到地球曲率影响明显。按照传统方法，以平面基准进行分析，在全球大范围条件下，将导致球面下不可见的目标点判断成可见点，如图 4.11、图 4.12 所示。

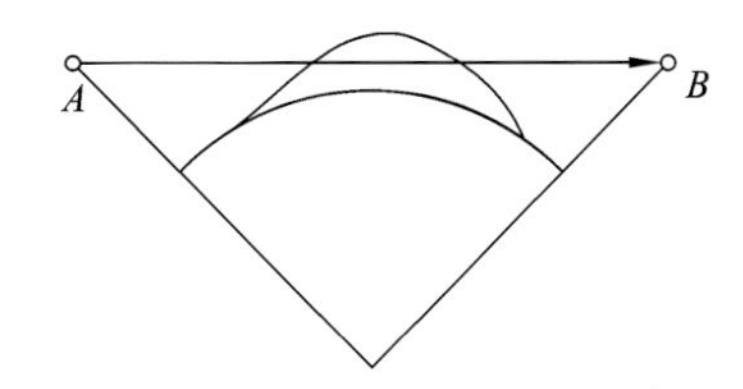


图 4.11　球面下 $A$ 与 $B$ 不可通视

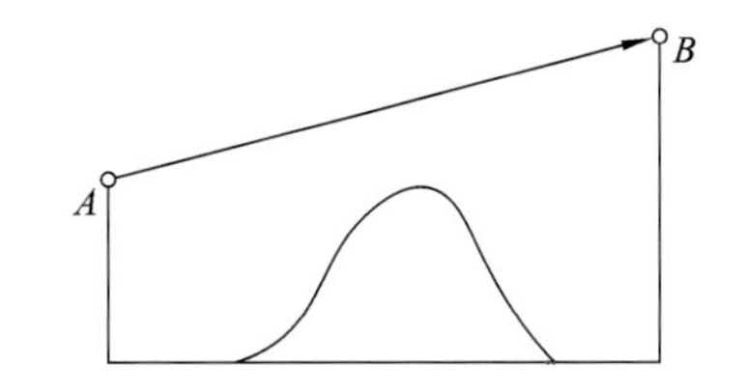


图 4.12　展成平面后 $A$ 与 $B$ 可通视

有分析结果表明，在 4.4.1 节所述的各种通视分析模型中，PRVA 效果最好，速度最快。

#### 1. 平面基准下 JANUS 分析模型

JANUS 算法示意图如图 4.13 所示。分析过程如下：

(1) 基于三维平面基准坐标，计算视点 $L(X_L, Y_L, Z_L)$ 到观察目标点 $T(X_T, Y_T, Z_T)$ 的距离 $d$。

(2) 计算 $L$ 与 $T$ 之间的横向距离 $X$ 和纵向距离 $Y$。

(3) 分别用 $X$ 除以格网地形分辨率，取整数得到 7；用 $Y$ 除以格网地形分辨率，取整数得到 5，如图 4.13 中灰色色点所示。

(4) 对得到的两个整数 7 与 5，取较大者 7。

(5) 将 $d$ 等分为 8(7+1)等分，如图中视线段 LOS 上白色小点即为等分点。在 JANUS 算法中取 7 等分，这里取 8 等分是为了避免 $d$ 过小，两个整数都是 0，出现 $d$ 除以 0 的情况。

(6) 根据格网点高程值对 8 个等分点进行双线性内插得到每个等分点的实际高

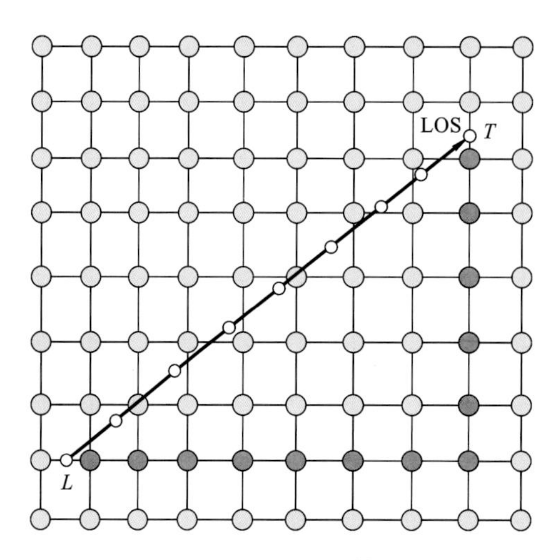


图 4.13 JANUS通视性算法示意图

程 $H_0$。

(7) 基于三维平面基准坐标，根据三维空间共线方程，计算每个等分点三维空间坐标，得到每个等分点的可视高程 $H$。

(8) 将每个等分点的高程 $H_0$ 与可视高程 $H$ 进行比较，若除视点 $L$ 外的所有等分点都满足可视高程 $H \geqslant$ 实际高程 $H_0$，则 $L$ 与 $T$ 可通视；否则不可通视。

**2. 球面基准下JANUS扩展通视分析模型**

建立三维球面基准通视分析模型，如图 4.14 所示，在三维坐标空间中，原点为地心 $O(0,0,0)$，地球半径为 $R$。视点 $V$ 球面地理坐标为纬度 $B$、经度 $L$ 和高程 $Z$，观察目标点 $T$ 球面地理坐标为纬度 $B_1$、经度 $L_2$ 和高程 $Z_2$，分别转换为以地心为原点的空间直角坐标系统中 $V(x_0,y_0,z_0)$ 和 $T(x,y,z)$。$V$ 到 $T$ 的视线段为 LOS，根据 JANUS 算法，将 LOS 等分成 $k$ 段后，$P_i(x_i,y_i,z_i)$ 为 LOS 上第 $i$ 个等分点，其高程值为 $h_{pi}$。$M$ 点为空间线段 $OP_i$ 与地形表面交点，其高程值为 $h_m$。$V_i(V_{ix},V_{iy},V_{iz})$ 为 $M$ 点在不带高程属性的三维地球模型上投影点。判断 $V$ 与 $T$ 是否通视，即判断每个等分点(如 $P_i$)高程 $h_{pi}$ 是否不小于对应地形点(如 $M$)的高程 $h_m$。

现在的关键问题就是计算得到 $h_{pi}$ 与 $h_m$，按如下步骤进行。

1) 第一步：计算 $h_{pi}$

(1) 根据等分点的共线方程，计算出 $P_i$ 点坐标，如式(4.1)所示：

$$\begin{cases} x_i = x_0 + i \cdot (x - x_0)/k \\ y_i = y_0 + i \cdot (y - y_0)/k \\ z_i = z_0 + i \cdot (z - z_0)/k \end{cases} \tag{4.1}$$

(2) 根据空间距离公式计算出 $OP_i$ 长度 dis，如式(4.2)所示：

$$\text{dis}=\sqrt{(x_i-0)^2+(y_i-0)^2+(z_i-0)^2} \tag{4.2}$$

(3)计算 $h_{pi}$，如式(4.3)所示：

$$h_{pi}=\text{dis}-R \tag{4.3}$$

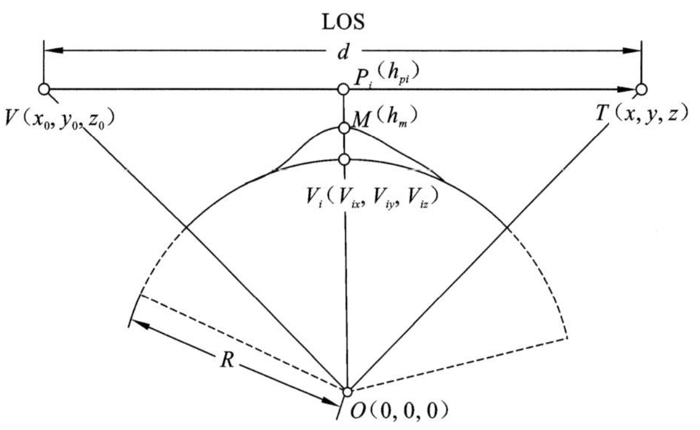


图 4.14　球面基准下通视分析模型图

2）第二步：计算 $h_m$

(1) 根据共线关系式(4.4)：

$$\frac{v_{ix}-0}{x_i-0}=\frac{v_{iy}-0}{y_i-0}=\frac{v_{iz}-0}{z_i-0}=\frac{R}{\sqrt{x_i^2+y_i^2+z_i^2}} \tag{4.4}$$

得到 $V_i$ 点坐标：

$$\begin{cases} v_{ix}=\dfrac{R}{\sqrt{x_i^2+y_i^2+z_i^2}}\cdot x_i \\ v_{iy}=\dfrac{R}{\sqrt{x_i^2+y_i^2+z_i^2}}\cdot y_i \\ v_{iz}=\dfrac{R}{\sqrt{x_i^2+y_i^2+z_i^2}}\cdot z_i \end{cases}$$

(2) 利用空间直角坐标与空间球面坐标转换公式，计算 $V_i$ 点经纬度地理坐标，如式(4.5)所示：

$$\begin{cases} \text{lat}=\arcsin(v_{iz}/R) \\ \text{lon}=\arccos\{v_{iz}/[R*\cos(\text{lat})]\} \end{cases} \tag{4.5}$$

(3) 利用 $V_i$ 点经纬度地理坐标，根据 GeoGlobe 中等经纬度的全球空间数据索引，检索到相应地形数据文件，通过该 DEM 格网点高程值双线性内插得到 $M$ 高程 $h_m$。如图 4.15 所示，灰色点为 $DEM$ 格网点，$h_1$、$h_2$、$h_3$、$h_4$ 分别为其高程值。

约定相邻格网点横向、纵向距离都为 1，黑色点为 $M$ 点在球面投影 $V_i$ 点，根据经纬度确定 $V_i$ 点与邻近格网点横向、纵向距离，如其与左下角 DEM 点的横向距离为 $v$，纵向距离为 $u$，则 $M$ 点高程由式(4.6)计算：

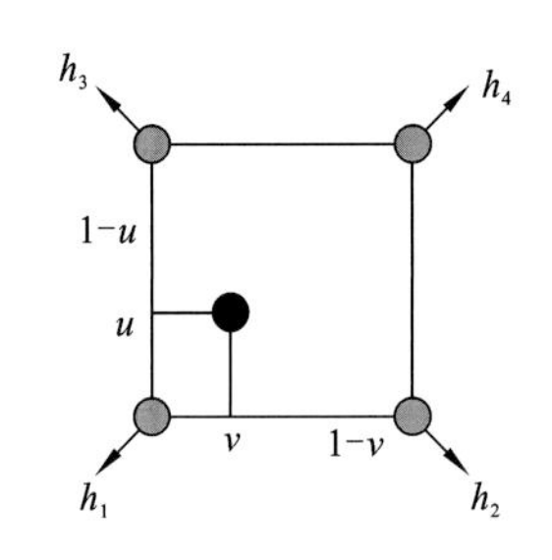


图 4.15 双线性内插计算 $h_m$

$$h_m=(1-u)\cdot(1-v)\cdot h_1+v\cdot(1-u)\cdot h_2+u\cdot(1-v)\cdot h_3+u\cdot v\cdot h_4 \tag{4.6}$$

最后，比较 $h_m$ 与 $h_{pi}$ 大小，若 $h_{pi}\geqslant h_m$，则 $V$ 与 $T$ 可通视；否则不可通视。

### 4.2.3 虚拟地球中实时通视分析

有了三维球面基准下的通视分析模型，就可以在三维虚拟地球中进行通视分析。在大范围条件下，相对于平面基准的通视分析模型难以提供高可靠性通视分析而言，球面基准的通视分析模型为大范围的相关应用提供了有效的解决方案。本节主要讨论在三维虚拟地球中实时的通视分析方法。

(1) 第一步：输入通视分析初始条件。通视分析初始条件包括观察点位置（在球面基准下以经纬度坐标（lat，lon）和高程值表示）和分析半径（以空间直线段距离 $R$(Analysis) 表示）。在三维虚拟地球中，随时随地用鼠标选取观察视点 $V$，输入非负的分析半径 R (Analysis)。

(2) 第二步：计算需要分析的 DEM 块。分析的实时性即所见即所得，就是在当前三维场景下选择最合适的空间数据进行分析并可视化。即根据当前渲染的影像数据分辨率，计算影像所在虚拟数据集中的唯一层号 Level_ID，如式(4.7)所示。该层号与需要加载的 DEM 层号相对应，有了 DEM 层号，就可以计算出瓦片跨度 TileSize（瓦片跨度是三维虚拟地球的每一层（分辨率）中单个瓦片的地理经纬度的经度方向和纬度方向的范围），如式(4.8)所示：

$$\text{Level\_ID}=\log_{0.5}\left(\frac{\text{Resolution}}{\text{LevelZero\_Resolution}}\right) \tag{4.7}$$

$$\text{TileSize}=\text{R(LevelZero)}\cdot 0.5^{\text{Level\_ID}} \tag{4.8}$$

其中：Resolution 为当前显示瓦片影像分辨率；LevelZero_Resolution 为顶层瓦片影像分别率。然后计算需要分析的 DEM 起止经、纬度范围，如式(4.9)～式(4.12)所示：

$$\text{LonBegin}=\text{lon}-R(\text{Analysis})/R(\text{Earth}) \tag{4.9}$$

$$\text{LonEnd}=\text{lat}+R(\text{Analysis})/R(\text{Earth}) \tag{4.10}$$

$$\text{LatBegin}=\text{lat}-R(\text{Analysis})/R(\text{Earth}) \tag{4.11}$$

$$\text{LatEnd}=\text{lat}+R(\text{Analysis})/R(\text{Earth}) \tag{4.12}$$

其中：$R$(Earth) 为地球半径，将经纬度范围转换为起止行、列号编码，如式(4.13)～式(4.17)所示：

$$\text{RowBegin}=(90^\circ-\text{LatBegin})/\text{TileSize} \tag{4.13}$$

$$\text{RowEnd}=(90^\circ+\text{LatBegin})/\text{TileSize} \tag{4.14}$$

$$\text{ColBegin}=(90^\circ-\text{LonBegin})/\text{TileSize} \tag{4.15}$$

$$\text{ColEnd}=(90^\circ-\text{LonEnd})/\text{TileSize} \tag{4.16}$$

则地形块索引编码为 TileIndex，其表达式如式(4.17)：

$$\text{TileIndex}=\text{Level\_ID\_Row\_Col} \tag{4.17}$$

其中：Row∈[RowBegin，RowEnd]；Col∈[ColBegin，ColEnd]。

(3) 第三步：逐瓦片进行通视分析。实时根据第2章中数据组织方式对地形瓦片索引编码，将地形瓦片逐块载入内存进行通视分析。对每个地形瓦片进行通视分析时，遍历瓦片中各地形点，依次作为目标点 $T(x,y,z)$ 按照第2节中方法进行通视分析。瓦片内所有 DEM 点都分析完毕后，该瓦片的可视域即可计算出来。

通视分析的结果数据一般为 JPEG 或 BMP 格式的图片，在虚拟地球中通视分析结果的可视化就是将这些图片与对应的三维场景叠加渲染。理论上来说，应该对整个金字塔四叉树节点进行通视分析，生成对应的图片，以供三维渲染时叠加调用。但是，从实际出发，通视分析只需生成符合当前渲染场景的分辨率尺度的结果图片即可，而不必额外对其他分辨率尺度下的空间数据进行分析计算。原因有两个：其一是当前计算机设备无法有效实现，需要等待分析完成的时间过长而丧失了实时性；其二是根本没有必要对所有尺度的空间数据进行分析计算，因为基于三维虚拟地球的所有空间分析，不独包括通视分析，都是基于其应用特点，有特定的空间应用尺度。因此，进行通视分析时，应根据其应用特点采用不同尺度的地形，既不影响分析精度，还可以提高分析处理的效率。例如，对于地面火炮系统，采用较高分辨率的地形有利于精确打击。而对于那些与细节模型关系不大的应用中，高分辨率模型反而会影响分析处理效率。而对于离地 10 000 m 以上作战的飞机，分析其火力覆盖的视域时就可以采用较低分辨率的地形，以便火力覆盖的实时计算。

同时，由于受当前计算机软硬件水平限制，不能一次性将所有空间数据载入内存进行分析计算，为了将实时分析的结果在三维虚拟地球中实时可视化，必须以地形瓦片为单元，逐瓦片进行分析并表达。在瓦片内部又是通过逐个对各 DEM 点进行。按照 3.3.1 节中编码方法，通视分析的结果生成了一个以层号、行号、列号编码的 BMP 或 JPEG 文件集。每个图片中每个点对应 DEM 中一个格网点。若地形点可见，则像素设置为蓝色，否则设置为透明。与 4.3 节中式(4.20)与式(4.21)三维虚拟地球中空间数据组织方式一样，对这些分析结果图片也进行相同的组织编码。每个图片编码对应三维虚拟地球中一个影像、地形编码。

具体来说就是由瓦片所在层号 Level、行号 Row、列号 Col 进行组织编码。编码号 CodeNumber 形式如式(4.18)所示：

$$\text{CodeNumber}=\text{Level\_Row\_Col} \tag{4.18}$$

在渲染三维场景时，计算并记录当前渲染瓦片的层号、行号、列号，按式(4.18)计算编码号 CodeNumber，判断该编码的分析结果图片是否存在，若存在，则加载该图片，做成第2层纹理，与当前瓦片纹理叠加做成新的纹理，渲染到三维场景中。

综上所述，分析结果可视化流程如图 4.16 所示，实时性的视域流程如图 4.17 所示。

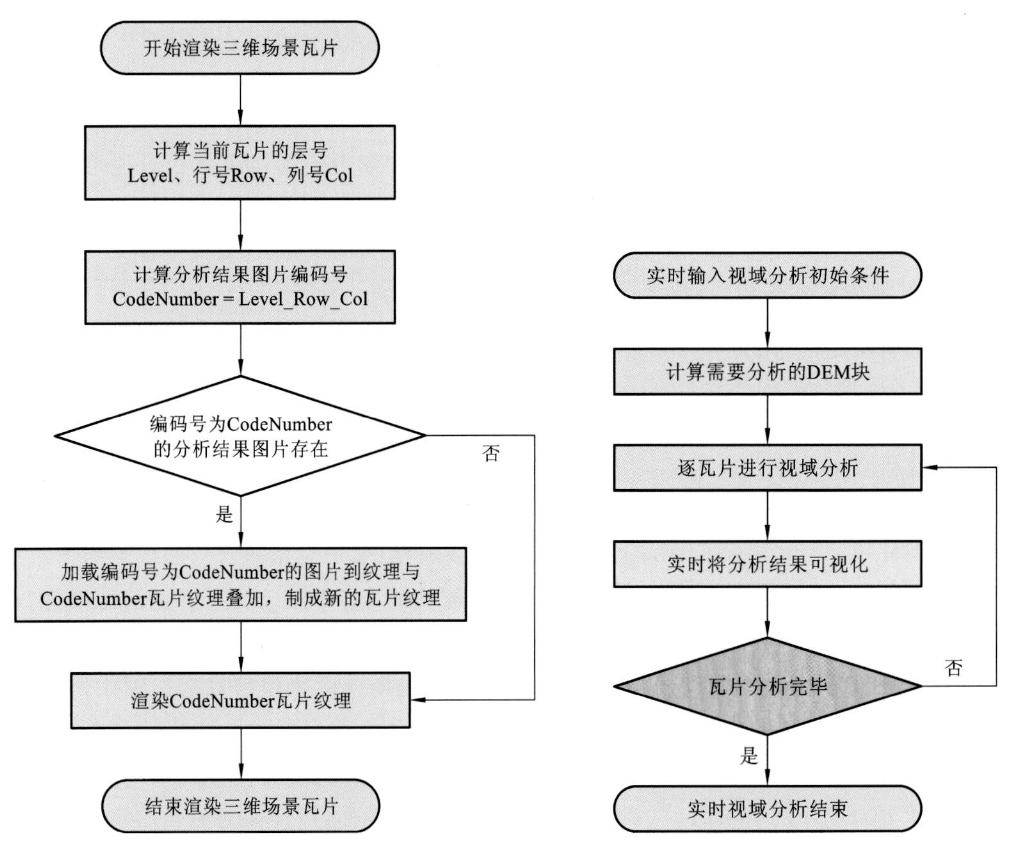


图 4.16　通视分析结果的可视化

图 4.17　三维虚拟地球中实时通视分析流程

实时性和多尺度是互相依赖的关系，多尺度通过分析过程中实时加载适当的 DEM 层数据体现出来，实时性需要依赖空间数据的多尺度组织。基于上述实时通视分析方法，本节采用全球 90 m 分辨率中国地区 STRM 地形数据，构建 8 层金字塔结构地形数据集，进行多尺度地形通视分析。实验中在初始条件相同情况下，计算多尺度地形通视分析可见点百分比 $K$，并与单个尺度地形通视分析中可见点百分比进行比较，$K$ 由式(4.19)计算得到。分别基于不同的通视分析半径进行实验，得到实验结果见表 4.1。可以看出多尺度与单尺度分析结果一致，而多尺度所耗时间远远小于单尺度所耗时间，即多尺度通视分析在保障了分析精度的同时，分析效率得到了显著提高。

$$K = \text{可视通视点数}/\text{总地形分析点数} \tag{4.19}$$

**表 4.1　多尺度地形通视分析实验**

| 分析半径/m | 单尺度地形分析结果 $K$/% | 多尺度地形分析结果 $K$/% | 单尺度地形分析时间/s | 多尺度地形分析结果/s |
|---|---|---|---|---|
| 5 000 | 41.00 | 40.80 | 2.272 | 0.380 |
| 10 000 | 34.71 | 34.71 | 16.500 | 1.828 |
| 20 000 | 34.80 | 34.80 | 133.641 | 15.828 |
| 500 000 | 20.20 | 20.20 | 1 468.611 | 174.984 |

## 4.2.4 实验与讨论

基于4.2.3节中的方法，本节采用全球90 m分辨率中国地区STRM地形数据进行视域分析，分析流程如图4.18所示。

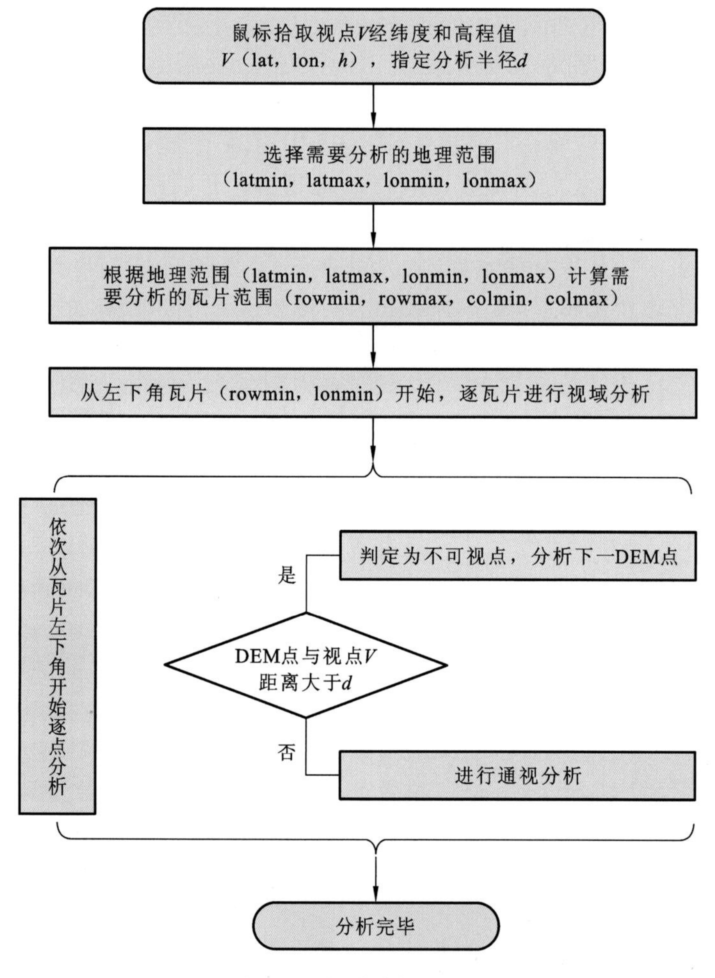


图4.18　视域分析流程图

实验中在初始条件相同情况下，计算多尺度地形视域分析可见点百分比，并与单个尺度地形视域分析中可见点百分比进行比较。分别基于不同的视域分析半径进行实验，实验结果表明多尺度与单尺度分析结果一致，而多尺度所耗时间远远小于单尺度所耗时间，即多尺度视域分析在保障了分析精度的同时，分析效率得到了显著提高。

分析结果图中，在分析半径内，蓝色像素点代表可监测覆盖点，其他颜色代表不可视点。实验对雷达监测覆盖进行模拟，雷达海拔1 000 m，监测半径20 km，监测覆盖如图4.19所示。

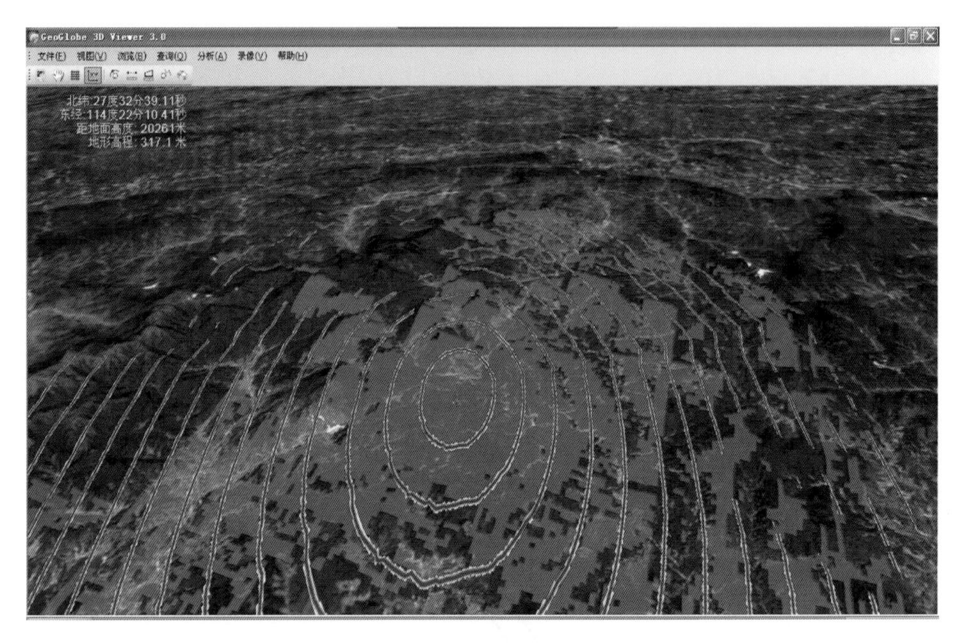


图 4.19　雷达监测覆盖分析

对电视塔信号覆盖进行模拟，电视塔高 100 m，在有效半径 5 000 m 条件下，其信号可覆盖范围如图 4.20 所示。

图 4.20　电视塔信号覆盖可视域分析效果图

## 4.3　三维虚拟地球中有源洪水淹没分析算法

三维虚拟地球通过全球无缝剖分、空间信息多尺度传输和可视化等技术构建虚拟地球环境(龚健雅 等,2010)，适合大范围专业 GIS 空间分析与可视化，如大尺度空间范围内的洪水淹没分析。洪水淹没可分为无源淹没和有源淹没(刘仁义 等,2001)，其中无源淹没算法比较简单，而有源淹没适用于局部突发的洪水向周边蔓延的情况，需要顾及地形的连通性，分析算法较为复杂。

有源洪水淹没分析一般采用种子蔓延算法（刘仁义 等，2001），姜仁贵 等（2011）基于瓦片金字塔模型生成了研究区域的三维地形，当研究区域地形数据量继续增大时，洪水淹没分析过程会比较复杂。罗中权（2012）提出了基于流域 DEM 遍历的三维淹没分析算法，能够在流域特征明显的地形条件下取得很好的效果，但需要先对流域范围进行确定。吴迪军等（2008）进行了应急平台中一维洪水演进模型的研究，探讨了运用水力学方法进行一维洪水演进模型的建立。孙海等（2009）研究了利用 DEM 的“环形”洪水淹没算法，国外学者也对洪水淹没进行了研究（Kia et al.，2012；Lodhi et al.，2012；Sarkar et al，2011）。

综上所述，现有的有源洪水淹没分析算法不能满足三维虚拟地球中的大范围有源洪水淹没分析的要求。对此，本节基于三维虚拟地球中地形数据组织方法，提出一种以地形瓦片为单元的有源洪水淹没分析种子蔓延算法，实现三维虚拟地球中有源洪水淹没分析。

## 4.3.1　全球地形数据组织方法

地形数据模型有规则格网模型（GRID）以及不规则三角网模型（TIN），其中 TIN 进行洪水淹没分析精度不高（肖志刚 等，2004），因此，本节采用 GRID。

基于规则格网地形数据模型，对全球范围进行等经纬度离散网格划分，以经纬度坐标为[－180°，90°]的经纬点为原点，同时规定全球地理坐标经度有效范围为[－180°，180°]，纬度有效范围为[－90°，90°]。构建全球离散网格的坐标系统。在此基础上，经度范围为[－180°，180°]，将纬度范围扩展到[－270°，90°]，由此构成一个跨度为 180°的四叉树结构范围，第 0 层根节点为扩展的经纬度范围，第 1 层有 4 个子节点，其中两个节点分别为实际东西半球范围，另外两个节点为扩展的经纬度范围，设置为空，如图 4.21 所示。在此基础上，按四叉树结构进行全球离散网格的进一步剖分，形成全球多尺度的离散网格结构，按照网格结构的范围，存储规则格网的地形数据，定义为地形瓦片数据。

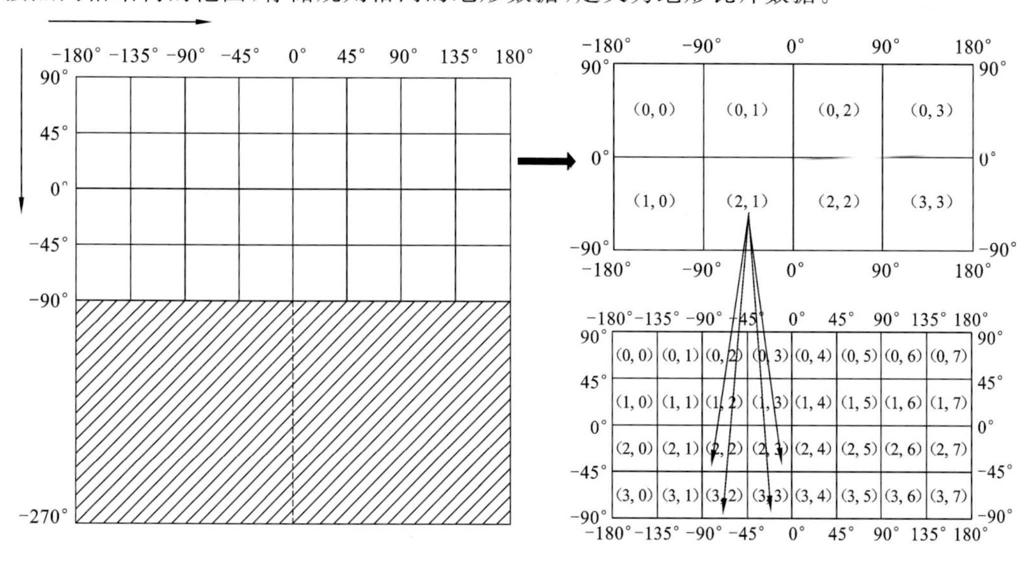


图 4.21　基于四叉树结构的全球地形数据组织

可得到全球四叉树结构第 $k$ 层瓦片经纬差为 $0°/2^k$，有效行号最大值 $i_{\max}$ 为 $2^{k-1}-1$，列号最大值 $j_{\max}$ 为 $2^{k-1}-1$（$k>0$，且 $k$ 为整数）。

若已知第 $k$ 层地形点 $a$ 的经纬度坐标为 $(B_a, L_a)$，则其所处全球离散网格中地形瓦片的行列号 $(i,j)$，$(i,j\geqslant 0$ 且 $i,j$ 为整数）为

$$i=\left\lfloor\frac{(90°-L_a)\cdot 2^k}{360°}\right\rfloor \quad (k>0，且 k 为整数) \tag{4.20}$$

$$j=\left\lfloor\frac{(B_a+180°)\cdot 2^k}{360°}\right\rfloor \quad (k>0，且 k 为整数) \tag{4.21}$$

其中：$\lfloor\ \rfloor$表示向下取整。

反之，由行列号 $(i,j)$，$(i,j\geqslant 0$ 且 $i,j$ 为整数）可以计算出该瓦片左上角经纬度坐标 $(B,L)$：

$$B=\frac{360°\cdot j}{2^k}-180° \quad (k>0，且 k 为整数) \tag{4.22}$$

$$L=90°-\frac{360°\cdot i}{2^k} \quad (k>0，且 k 为整数) \tag{4.23}$$

那么，对于第 $k$ 层某瓦片 $A$，若已知其行列号为 $(i,j)$，则可以知道其 8 个邻域瓦片的行列号，一般情况下，同一级的瓦片 $A$ 有 8 个方向上的邻接瓦片，而当瓦片 $A$ 位于全球地形数据的边界位置时，若计算出的某些邻接瓦片行列号超出该层行列号最大范围，则表示瓦片 $A$ 在该方向上没有邻接瓦片。

### 4.3.2 大范围有源洪水淹没分析算法

#### 1. 总体思路

算法的总体思路是通过两次遍历来进行大范围有源洪水淹没分析：第一次遍历分析区域内的所有地形瓦片，搜索每个瓦片的邻接瓦片，找出那些位于瓦片边界位置且高程低于当前水位的地形高程点，定义其为淹没种子点；第二次遍历瓦片内所有地形高程点，以搜索到的淹没种子点为起点，对每个瓦片进行独立搜索，通过种子点蔓延方法找出每个瓦片内的高程低于当前水位的所有地形高程点，即淹没点，获得淹没区域。完成两次遍历之后，所得到的淹没点的集合即构成分析区域内的洪水淹没区域。

#### 2. 地形瓦片间遍历

有源洪水淹没分析的过程实际上是从淹没种子点开始搜索全部淹没点的过程，因此找出分析区域内的淹没种子点是分析的关键。在有源洪水淹没中，造成淹没的主要原因是大坝决口或者漫堤导致下游区域被淹没，因此可以选择区域内溃坝或漫堤发生处的地形高程点作为初始淹没种子点。现假定分析区域内存在溃坝点 $o$，通过 $o$ 点经纬度计算得知 $o$ 点位于地形瓦片 $A$ 内，以 $o$ 点作为初始淹没种子点，根据式(4.20)和式(4.21)，由 $o$ 点的经纬度坐标可以计算出瓦片 $A$ 的行列号 $(i_A, j_A)$，也可以确定瓦片 $A$ 的邻接关系和邻接瓦片的行列号。同时每个瓦片都定义 8 个布尔型的邻域标记符，分别对应 8 个相邻

方向，开始分析前需要将邻域标记初始化条件为假(FALSE)。

算法过程如下：

1）由初始种子点 $o$ 的经纬度坐标($B_o$,$L_o$)计算出 $o$ 点所在地形瓦片 $A$ 的行列号($i_A$,$j_A$)。

2）建立用于存储地形瓦片 $A$ 的淹没点的临时数据集，由 $o$ 点沿 8 个相邻方向进行邻域高程点的搜索，对搜索过程中某个高程点 $d$，若其高程值 $h_d$ 小于当前水位 $h_水$，则将点 $d$ 加入该临时记录集，并对点 $d$ 进行邻域高程点搜索，否则直接返回。

3）在 $A$ 中沿一个方向 dir(dir 表示 8 个相邻方向中的一个，其反方向为 op_dir)进行搜索，当搜索到瓦片 $A$ 中 dir 方向边界上的淹没点 $p$ 时，找到 $A$ 的 dir 方向上的邻接瓦片 $B$，判断该邻接瓦片 $B$ 中 op_dir 方向的邻域标记，如果为真，则返回；否则在该邻接瓦片 $B$ 中找到点 $p$ 的 dir 方向的邻域高程点 $q$，判断点 $q$ 是否符合淹没条件，若是，则将点 $q$ 加入该邻接瓦片 $B$ 的淹没种子点集合，否则返回。

4）对 $A$ 中 dir 方向边界上的所有淹没点都进行过邻域搜索之后，将该邻接瓦片 $B$ 中 op_dir 方向的邻域标记置为真。同时以 $B$ 的淹没种子点为起点向 $A$ 沿 op_dir 方向进行搜索，找出 $A$ 在 dir 方向边界上的淹没种子点，并加入 $A$ 的淹没种子点集合，搜索完后将 $A$ 中表示 dir 方向的邻域标记置为真。

5）沿顺时针方向改变 dir 所表示的方向，重复步骤 3)、步骤 4)，当 $A$ 中 8 个相邻方向的邻域标记全部为真时清空临时记录集，此时即得到 $A$ 的全部淹没种子点。

6）以瓦片 $A$ 的邻接瓦片 $B$ 为待搜索瓦片，淹没种子点为初始种子点，执行步骤 2)～步骤 5)。

7）遍历完区域内所有瓦片之后，结束搜索。

瓦片 $A$ 的淹没种子点集合的搜索过程如图 4.22 所示。由初始种子点 $o$ 开始在 $A$ 内沿 8 个方向搜索淹没点，假定 $A$ 的东边邻接瓦片为 $B$，当搜索到 $A$、$B$ 的边界时，找到瓦片 $A$ 内的边界淹没点 $p$，判断 $B$ 的西边邻域标记 $W$ 以确定 $p$ 点是否可以继续向东进入到瓦片 $B$ 进行搜索。若为真，则表示之前已经从 $B$ 的西边邻接瓦片 $A$ 进入 $B$ 中搜索过，不需

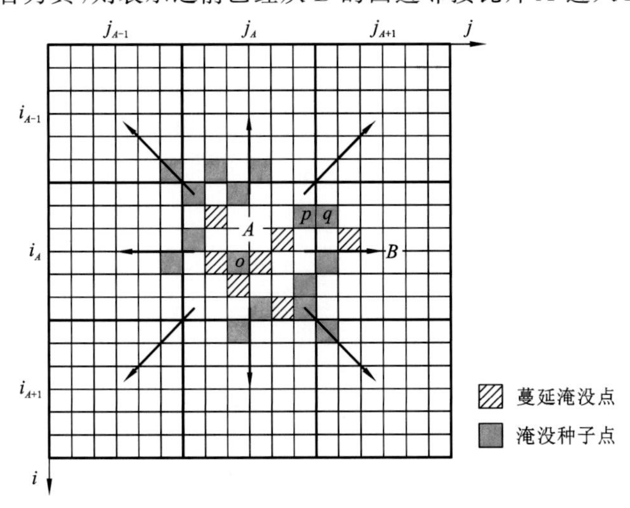


图 4.22　淹没种子点搜索

要再进入 B 中搜索；否则由点 p 继续向 B 内搜索，找到 B 内与点 p 直接相邻的边界点 q，若 $q$ 符合淹没条件，将点 $q$ 加入瓦片 $B$ 的淹没种子点集合中，否则返回，搜索完所有种子点后将 $W$ 标记设置为真。同时由 $B$ 向 $A$ 反向搜索。需要注意的是，在搜索过程中，只需要记录找到的淹没种子点，而除此之外的蔓延淹没点并不需要额外记录，这是因为在之后进行单个瓦片的淹没分析的时候，可以通过淹没种子点进行搜索，找出 $A$ 的完整淹没区域。

在瓦片间的搜索过程中，可以通过设置递归步长以达到控制搜索深度的目的。当从某个瓦片 $A$ 开始搜索时，设置搜索深度变量 nDepth 为 1，进入瓦片 $A$ 的相邻瓦片 $B$ 时 nDepth 变为 2，由瓦片 $B$ 进入 $B$ 的非 $A$ 邻接瓦片时，nDepth 变为 3，而由瓦片 $B$ 返回瓦片 $A$ 时 nDepth 恢复为 1。由于搜索瓦片 $A$ 时，只需搜索到与它直接相邻的 8 个瓦片即可通过邻接瓦片的反向搜索计算出瓦片 $A$ 的所有淹没种子点，所以可以将搜索步长控制为 1，控制搜索深度 nDepth 的最大值为 2，将对瓦片的递归遍历转换为迭代遍历，避免搜索扩散到瓦片 $B$ 的非 $A$ 邻接瓦片进而造成内存的大量消耗。

### 3. 地形瓦片内遍历

地形瓦片内遍历主要是在获得地形瓦片的淹没种子点基础上，搜索瓦片内蔓延淹没点的过程。算法步骤如下：①取待搜索瓦片 $A$ 中的一个淹没种子点，沿 8 个方向进行邻域高程点的搜索，当搜索到某个高程点 $d$ 时，判断 $d$ 点是否已经被搜索过，若是则返回；否则判断 $d$ 点是否满足淹没条件，如果满足则将 $d$ 点标记为可淹没，同时标记为已搜索，若不满足则返回；②继续搜索下一个淹没种子点，执行步骤①，直到搜索完成，并获取瓦片内的所有蔓延淹没点。如图 4.23 所示，得到每个瓦片的淹没种子点集合后，即可独立地在瓦片内部以淹没种子点为起点对格网 DEM 高程点进行递归遍历，找出瓦片内所有连通的淹没点。图 4.23(a)显示了瓦片 $A$ 的淹没种子点集合，经过搜索，$A$ 的 8 个邻域标记全部为真，表示 $A$ 的淹没种子点集合搜索完成。然后对 $A$ 进行独立的淹没分析，分别从每个种子点开始，沿 8 个方向搜索邻域内的高程点，当搜索到某个邻接点 $d$ 时，先判断 $d$ 是否被搜索过，若已搜索过，则直接返回，再搜索下一个高程点；否则判断 $d$ 的高程 $h_d$ 是否低于水位高度 $h_{水}$，若是则将 $d$ 点标记为可淹没，继续搜索 $d$ 的 8 个邻域内的高程点，否则将 $d$ 标记为已搜索后返回并搜索下一个高程点。对 $A$ 中的所有淹没种子点完成搜索之后，可以得到由种子点蔓延产生的一系列蔓延淹没点，在图 4.23(b)中以斜线单元格表示，这些蔓延淹没点和淹没种子点一起构成了 $A$ 的完整淹没区域。

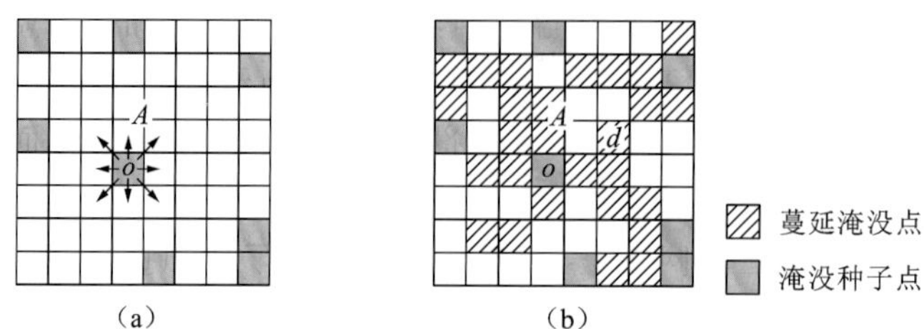


图 4.23　单个瓦片淹没区域搜索

### 4.3.3　实验

为了对 4.3.2 节中的算法进行验证，基于开放式三维虚拟地球集成共享平台软件 GeoGlobe 进行了实验，实验数据采用了全球 90 m 分辨率 STRM 地形数据，构建了 8 级连续分辨率全球地形数据集，根据分析精度，选择了第 7 级，分辨率 180 m 的地形瓦片分别进行了无源淹没和有源淹没分析的实验。

表 4.2 显示了在相同的分析范围下有源淹没分析与无源淹没分析的差异。随着洪水水位的上涨，两种分析方法中的淹没种子点都在增加，但是有源淹没分析中的淹没种子点增长率要低得多。此外，定义具有连通性的淹没范围为淹没区域，有源淹没分析保持了淹没区域数目为 1，而无源淹没分析的淹没区域数目从 2 增加到了 9。

**表 4.2　有源淹没分析与无源淹没分析的比较**

| 洪水水位/m | 淹没种子点数目/个 | | 淹没区域数目/个 | |
|---|---|---|---|---|
| | 有源淹没 | 无源淹没 | 有源淹没 | 无源淹没 |
| 128 | 52 144 | 58 253 | 1 | 2 |
| 256 | 75 986 | 87 985 | 1 | 5 |
| 558 | 86 953 | 105 294 | 1 | 9 |

从图 4.24 中可以明显地看出，在 256 m 的相同洪水水位下和分析范围内，有源淹没的淹没范围要比无源淹没的淹没范围小得多。无源淹没的淹没范围中包含了许多彼此不连通的独立区域，而有源淹没的淹没范围是一个整体。这说明有源淹没相比于无源淹没体现出了连通性的特征。

(a) 无源淹没

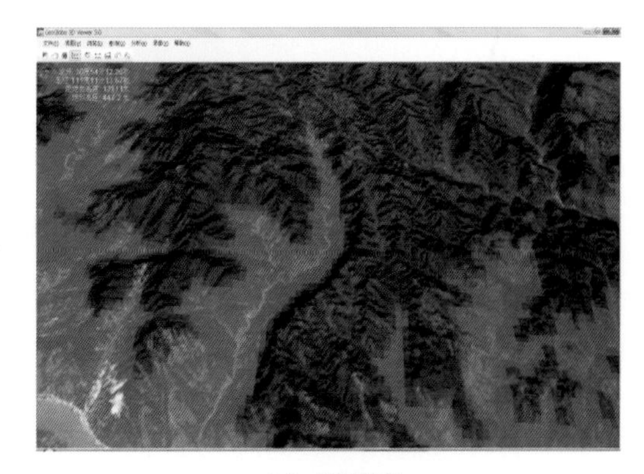

(b) 有源淹没

图 4.24　洪水淹没模拟效果图

在此基础上，使用相同实验数据，对本节提出的有源淹没分析方法与传统的有源淹没分析方法进行了实验比较，结果见表 4.3。

从表 4.3 可知，在同一个分析范围内，本节提出的有源淹没分析的方法计算时间要少于传统方法。随着分析范围的扩大，传统方法的计算时间的增长速度要快得多。同时，当分析区域扩大到一定范围后，传统方法就会造成堆栈溢出，而改进的方法却能够很好地运行。

**表 4.3　改进的有源淹没分析方法与传统方法的比较**

| 分析范围/$km^2$ | 淹没种子点数目/个 | 计算时间/s | |
|---|---|---|---|
| | | 改进的有源淹没分析方法 | 传统方法 |
| 12.823 1 | 52 144 | 2.433 | 5.865 |
| 24.676 4 | 103 484 | 4.324 | 13.436 |
| 53.865 7 | 215 968 | 8.915 | 堆栈溢出 |

### 4.3.4　小结

本节提出了三维虚拟地球下有源洪水淹没分析算法，并且在 GeoGlobe 上通过一系列实验证明了该方法的有效性。该方法弥补了传统方法只能分析小范围或特定区域的不足，为在三维虚拟地球上进行洪水淹没分析和洪水演进仿真模拟奠定了基础，为防洪预警和灾后评估提供决策支持。下一步将结合水文模型，研究三维虚拟地球中洪水演进仿真模拟的方法。

## 参考文献

陈俊，宫鹏，1998. 实用地理信息系统：成功地理信息系统的建设与管理. 北京：科学出版社.

龚健雅，陈静，向隆刚，等，2010. 开放式虚拟地球集成共享平台 GeoGlobe. 测绘学报，39(6)：551-553.

姜仁贵，解建仓，李建勋，等. 基于数字地球的洪水淹没分析及仿真研究. 计算机工程与应用，47(13)：219-222.

刘仁义，刘南，2001. 基于 GIS 的复杂地形洪水淹没区计算方法. 地理学报，56(1)：1-6.

刘旭红，刘玉树，张国英，等，2005. 利用最大仰角插值技术的通视性分析算法研究. 计算机辅助设计与图形学学报，5 (17)：971-975.

刘占荣，2004. 宙斯盾作战系统结构分析. 情报指挥控制系统与仿真技术，26(1)：22-31.

罗中权，2012. 基于流域 DEM 遍历的 3 维淹没分析算法. 测绘与空间地理信息，35(2)：163-165.

孙海，王乘，2009. 利用 DEM 的“环形”洪水淹没算法研究. 武汉大学学报(信息科学版)，34(8)：948-951.

王智杰，邱晓刚，李革，2004. RSG 地形通视性快速算法设计. 计算机仿真，21(12)：92-95.

吴迪军，孙海燕，黄全义，等，2008. 应急平台中一维洪水演进模型研究. 武汉大学学报(信息科学版)，33(5)：542-545.

肖志刚，朱翊，田丽芳，2004. 淹没分析方法研究的探讨. 2004 年电子政务与地理信息系统应用研讨会，昆明.

易敏，丁明跃，周成平，等，1998. 一种用消隐计算通视性的算法. 武汉：华中理工大学图像识别与人工智能研究所.

易敏，丁明跃，周成平，等，1999. 四种通视性分析方法研究与比较. 数据采集与处理，1(14)：122-127.

KIA M B, PIRASTEH S, PRADHAN B, et al., 2012. An artificial neural network model for flood simulation using GIS:Johor River Basin,Malaysia. Environment Earth Sciences,67(1):251-264.

FLORIANI L D,MAGILLO P,1999. Intervisibility on Terrains//Longley P A,GOODCHILD M F,D J MAGUIRE D J, et al. , eds. Geographic Information Systems: Principles, Techniques, Managament and Applications. New York:John Wiley & sons:543-556.

LODHI M S, AGRAWAL D K, 2012. Dam-break flood simulation under various likely scenarios and mapping using GIS: case of a proposed dam on River Yamuna, India. Journal of Mountain Science, 9(2):214-220.

SARKAR S,RAI R K,2011. Flood inundation modeling using nakagami-m distribution based GIUH for a partially gauged catchment. Water Resources Management,25(14):3805-3835.

# 第5章　三维虚拟地球软件平台

## 5.1　引　　言

通过第2～4章对三维虚拟地球相关技术和方法探讨，本章主要讨论自主研发三维虚拟地球软件平台，包括桌面版和面向移动终端版本的三维虚拟地球软件平台的研发，为基于三维虚拟地球软件平台的典型应用奠定基础。

## 5.2　面向桌面版的三维虚拟地球软件平台

在突破第2～4章所阐述的理论、方法与关键技术基础上，基于地理信息服务规范和标准，设计了开放的服务体系架构，用C++从底层研制开发了开放式虚拟地球集成共享平台软件GeoGlobe。它不仅是网络三维虚拟地球的浏览系统，而且是地理信息共享与集成服务平台软件，具有以下鲜明特点：①具有与异构虚拟地球数据共享的能力，能够集成Google Earth、World Wind等多种类型的虚拟地球数据；②具有与专业地理信息系统集成和互操作的能力，可以实现与各种网络或者桌面GIS平台的无缝集成，广泛用于地理信息系统的专业应用部门；③与空间信息处理服务无缝集成应用，通过对空间信息服务注册中心的访问，实时获取服务元信息，在虚拟地球环境下实现空间信息服务链的构建、执行与集成应用，拓宽了地理信息应用服务的能力。

GeoGlobe由规范化处理子系统、建库与管理子系统、分布式服务子系统、空间信息服务注册中心、球面三维可视化子系统共5部分组成，其中，分布式服务子系统可以进一步细分为瓦片服务、查询服务和目录中心三部分，如图5.1所示。空间数据经规范化处理之后，按全球统一网格进行分层分块，在此基础上构建多分辨率的瓦片金字塔。分布式服务子系统连接建库与管理子系统和客户端，它从前者请求瓦片，以响应后者发出的瓦片请求。

球面三维可视化子系统从分布式服务子系统获取瓦片，并进行球面三维绘制，此外，它还提供查询处理功能，并能够连接到空间信息服务注册中心的服务，访问其中的空间信息服务。

### 5.2.1　规范化处理子系统

按照GeoGlobe应用的建库要求，规范化处理子系统对进入本子系统的数据进行必要的规范化处理，包括正射处理、投影变换、格式转换和边缘处理等，从而为空间数据入库做好准备。本子系统包括正射处理、统一投影、格式变换、边缘处理和栅格化5个模块，各

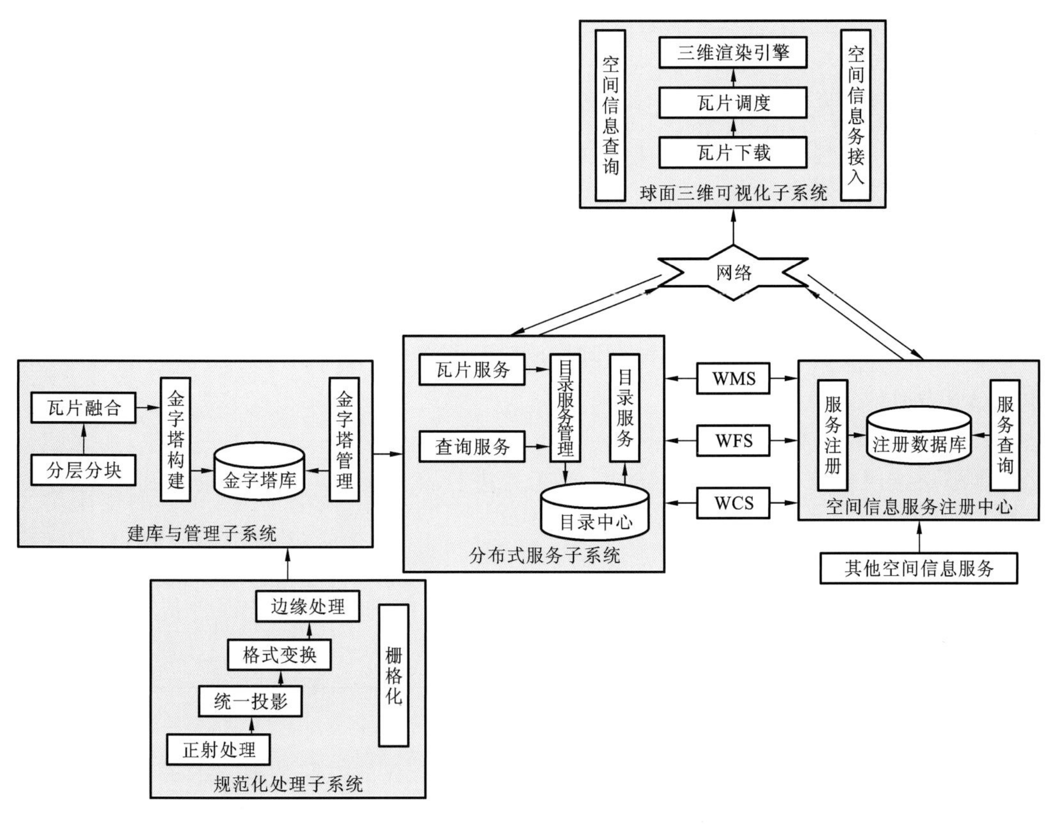


图5.1　三维虚拟地球软件平台GeoGlobe系统架构

模块的功能如下。

（1）正射处理模块

本模块使用成熟的遥感数据处理软件，如Erdas等，对遥感数据进行正射处理，使之成为正射数据。

（2）统一投影模块

本模块使用成熟的投影变换工具，如Erdas等，将空间数据从其他投影系统投影到WGS-84投影系统，使之具有统一的空间坐标系。

（3）格式变换模块

本模块使用成熟的格式转换软件，如Erdas等，对空间数据进行格式变换，转换成软件支持的常用遥感数据格式。

（4）边缘处理模块

本模块使用可视化技术，通过无效色或者有效多边形，对遥感数据的边缘部分进行处理，以标识出无效部分。

（5）栅格化模块

本模块使用矢量栅格化技术，如WMS服务等，将矢量数据栅格化为图片，使得其组织、调度与渲染方法与影像完全一致。

### 5.2.2 建库与管理子系统

建库与管理子系统负责构建金字塔库，并进行管理，包括删除、更新和重组等操作。该子系统包括瓦片切割、瓦片融合、金字塔构建和金字塔管理四个模块，各模块的功能如下。

（1）瓦片切割模块

本模块根据输入（顶层瓦片分辨率和层数），对空间数据进行分层分块处理，得到包括多个分辨率级别的等尺寸瓦片，一般取 256×256，并对瓦片进行全球统一编号。

（2）瓦片融合模块

本模块对具有相同编号的瓦片进行融合处理，将多个瓦片融合为一个瓦片，其依据是无效色或者有效多边形。

（3）金字塔构建模块

本模块按照多分辨率金字塔结构，对瓦片进行高效组织，并提供读写瓦片的访问接口。

（4）金字塔管理模块

本模块对已构建的金字塔进行管理，包括删除、更新、抽取和合并四种基于金字塔的操作。

### 5.2.3 分布式服务子系统

分布式服务子系统基于网络，为客户端提供瓦片形式的空间数据。本子系统借助目录中心，支持服务的分布式部署，而这对于用户来说是完全透明的。通过负载均衡策略，网络请求被均衡地分布到多个服务节点，从而允许大规模用户的并发访问。本子系统包括瓦片服务、查询服务、目录服务和目录服务管理四个模块，各模块的功能如下。

（1）瓦片服务模块

本模块的主要功能是提供瓦片服务，它监听来自客户端的瓦片请求，从金字塔结构中读出瓦片数据，并将其发送到客户端。

（2）查询服务模块

本模块的主要功能是提供地名与点位查询服务，以响应客户端对于地名与点位信息的查询请求。

（3）目录服务模块

本模块的主要功能是提供目录服务，以响应客户端对于服务目录（包括服务地址与金字塔列表）的请求，并在响应过程中进行负载均衡处理。

（4）目录服务管理模块

本模块主要提供服务注册和登录管理两项功能，允许瓦片服务和查询服务在目录中心注册，以及对权限进行管理，包括用户身份的验证。

### 5.2.4 球面三维可视化子系统

球面三维可视化子系统基于网络，以球面三维方式对影像、DEM、矢量与三维模型等空间数据进行可视化，并负责查询处理，以及空间信息服务的接入。本子系统包括瓦片下载、瓦片调度、三维渲染引擎、空间信息查询和空间信息服务接入五个模块，各模块的功能如下。

(1) 瓦片下载模块

本模块与分布式服务子系统的瓦片服务模块对接，从下载队列依次取出下载任务，在下载完成后，通知瓦片调度模块。

(2) 瓦片调度模块

本模块依据用户操作，实时计算相机参数(高度、中心点、角度)，并据此计算出参与渲染的瓦片，并将其推入下载队列(在配置本地缓存后，只需下载那些本地未有缓存的瓦片)。

(3) 三维渲染引擎模块

本模块遍历图层配置树，对每一个叶子节点(即金字塔)，为其中每一个与视景体相交的瓦片构建拟合地球表面的三角网，并交由 D3D(Direct 3D)渲染。

(4) 空间信息查询模块

本模块通过 WFS 服务对矢量、地名与三维模型进行查询，并负责查询结果的可视化。为了减小网络传输量，WFS 查询结果以压缩形式传回。

(5) 空间信息服务接入模块

本模块与空间信息服务注册中心对接，浏览其中所注册的空间信息服务，调用空间信息服务，并对服务结果进行可视化。

### 5.2.5　空间信息服务注册中心

空间信息服务注册中心作为一个独立软件存在，基于 ebRIM 技术实现，它为空间信息服务提供注册场所，注册信息包括服务名、服务地址与服务方法等，据此，网络用户可以进行空间信息服务。空间信息服务注册中心包括服务注册和服务查询两个模块，各模块功能如下。

(1) 服务注册模块

本模块提供空间信息服务的注册界面。依据用户提供的 WSDL 文件，在注册数据库中完成空间信息服务的注册。

(2) 服务查询模块

本模块按照用户提交的查询语句，返回空间信息服务中心注册的空间信息服务信息。这里主要基于服务分类技术来实现空间信息服务的查询。

### 5.2.6　桌面版三维虚拟地球软件平台效果图

GeoGlobe 已成功应用于“国家地理信息公共服务平台”建设中，并建立了黑龙江等省级地理信息公共服务平台和齐齐哈尔等市级“数字城市”运行系统，形成了国家、省、市三级地理信息公共服务体系框架。GeoGlobe 中集成海量影像、地形、地名和处理服务信息的效果图如图 5.2～图 5.6 所示：

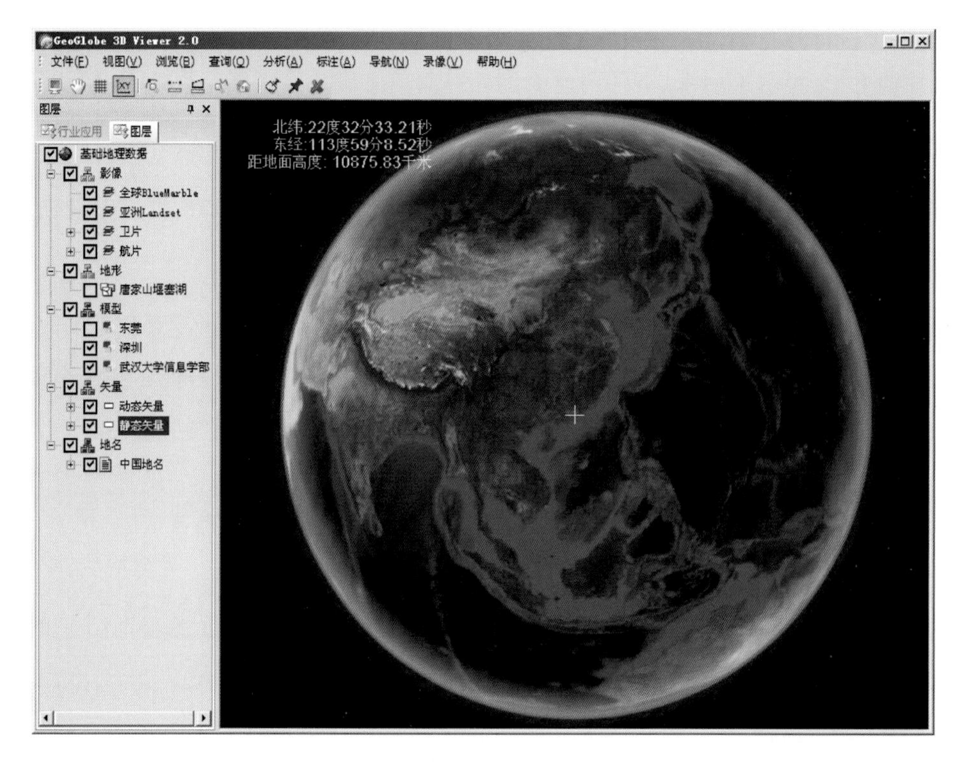


图 5.2　三维虚拟地球软件平台 GeoGlobe

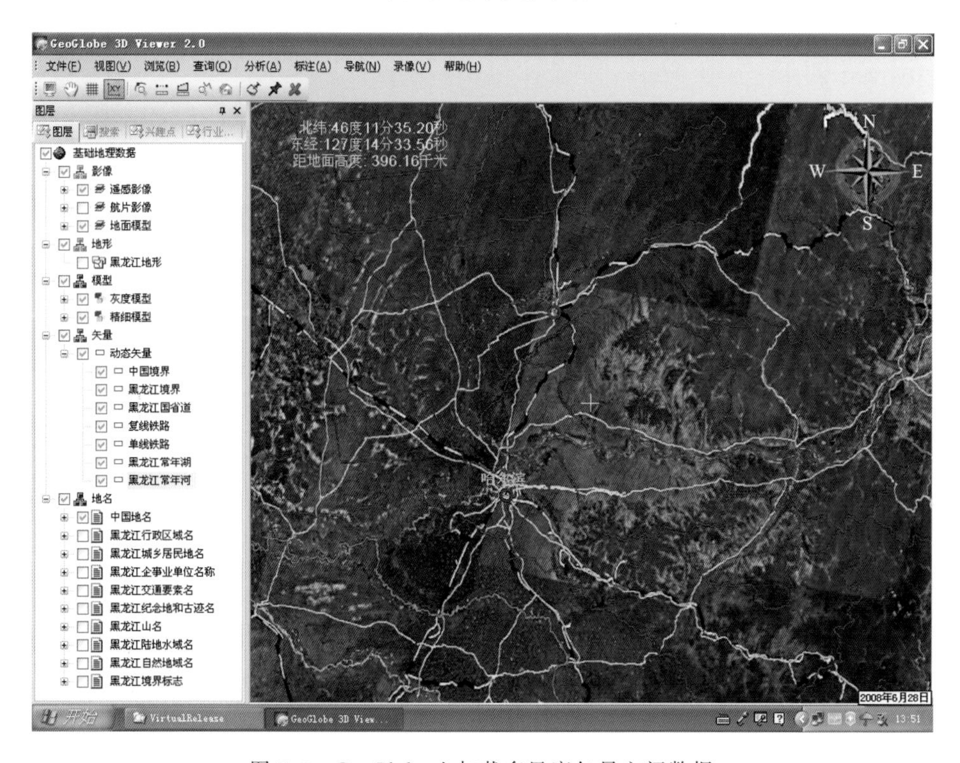


图 5.3　GeoGlobe 上加载多尺度矢量空间数据

图 5.4　GeoGlobe 上加载影像和地名数据

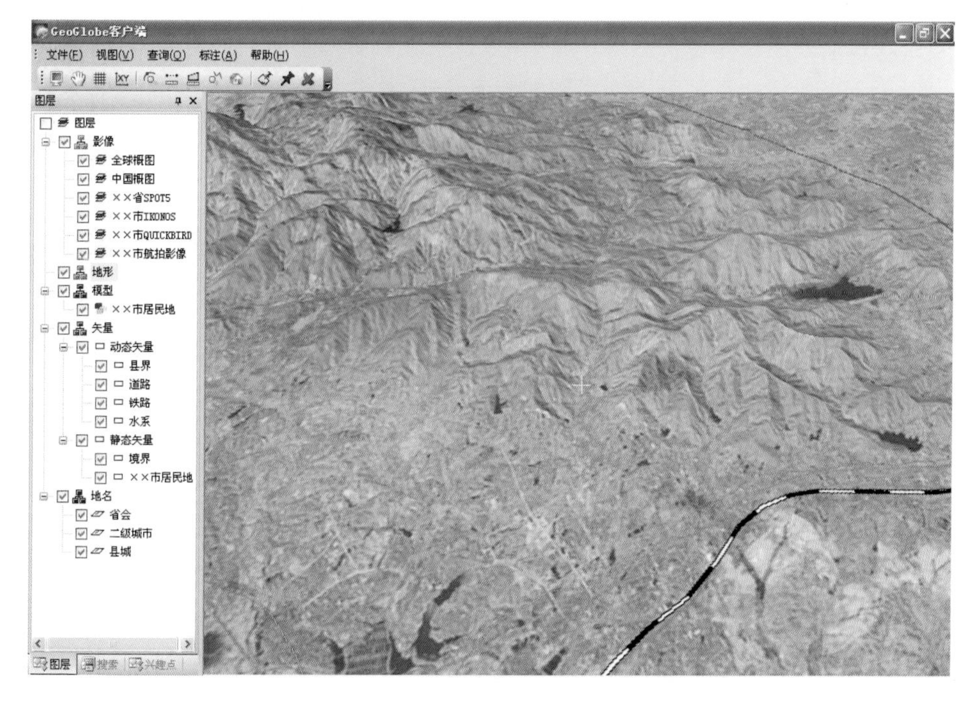


图 5.5　GeoGlobe 上加载地形数据

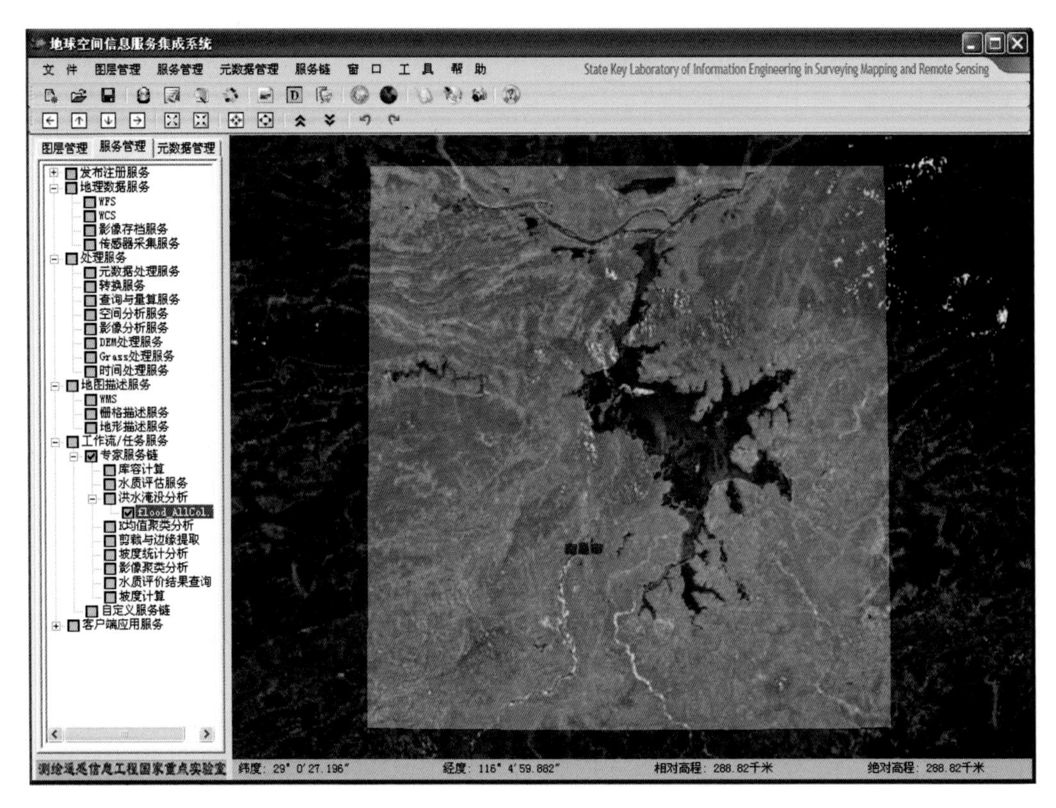


图 5.6　GeoGlobe上加载洪水淹没服务链处理后的信息

## 5.3　面向移动终端的三维虚拟地球平台

伴随着智能移动设备的迅猛发展，人们使用手机、平板电脑等手持式移动终端进行网页浏览、即时聊天、监控定位、导航等多种信息服务的活动日益频繁，据统计，人们日常活动中的信息70%～80%与地理信息相关(李彬，2009)。移动三维虚拟地球作为地理信息服务的共享平台相较于传统二维地图形式能够更真实、直观地为公众呈现地理实体间的空间关系和方位，为导航、智能交通等提供基础地理信息。

移动三维虚拟地球要求在移动终端有效的集成、显示全球范围内的地理空间数据，通过用户触控操作实时动态改变和更新需要预览的地理数据范围和空间尺度。现阶段，移动终端较于传统PC(个人电脑)资源受限，已有的虚拟地球技术无法在移动终端正常运行。此外，交互方式、渲染API、系统平台的差异更使得已有虚拟地球算法无法实现更好的用户体验。

移动终端(mobile terminal)，是指可以在移动中使用的计算机设备。广义上来说，包括寻呼机、各类手机、掌上电脑、平板电脑、笔记本电脑、甚至车载电脑。但是大部分情况下是指具有多种应用功能的智能手机及平板电脑。

现阶段，移动终端代指具有多种应用功能的智能设备。相较于广义的移动终端，智能设备具独立的开放式操作系统，用户可以自行安装第三方拓展软件，实现除通信以外的其他任意功能。此外，智能终端具备多种通信方式，支持GSM、CDMA、WCDMA、EDGE、4G、WIFI以及红外、蓝牙等通信方式。通过安装的拓展软件，用户可以快速获取资源数据，并实现相对较复杂的运算，一定程度上代替了计算机的部分功能。

移动终端系统平台种类繁复，其中最著名的是谷歌公司推出的开源操作系统Android系列以及苹果公司推出的针对苹果移动设备的IOS操作系统。截至2013年1月，Android、IOS在全世界移动终端市场份额分别为65.74%、20.16%，余下市场份额为Java ME、BlackBerry、Symbian、Windows Phone、Windows Mobile等系统共同占有。

Android操作系统是谷歌公司和开放手机联盟领导开发的基于Linux的自由及开放源代码的手机系统。自2008年推广以来，Android操作系统被宏达国际电子股份有限公司(HTC)、高通公司、摩托罗拉公司、三星集团以及中国移动通信集团公司等在内的30多家大型企业联合采用和推广，迅速成为当今最流行的两大操作系统之一(杨丰盛，2010)。Android操作系统自顶而下包括以下四个层次：应用层、应用框架层、系统运行库层、Linux内核层，如图5.7所示。第三方拓展软件主要是针对应用层并使用Java语言设计实现，应用层提供大量的针对移动平台特殊应用的工具包Android SDK(software development kit)。此外，为提高Android第三方拓展程序效率，谷歌公司提供Android NDK(native development kit)工具并运用开发者在系统运行库层面使用C++语言进行原生开发，直接调用系统运行库或者Linux内核库进行Android系统程序底层开发。

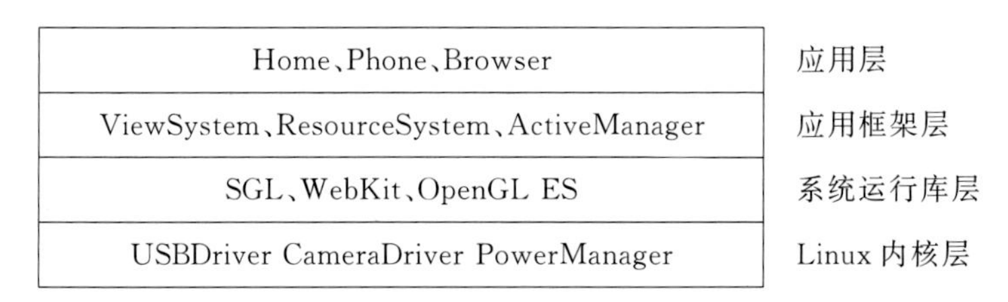


**图5.7　Android操作系统框架**

IOS操作系统是苹果公司于2007年针对iPhone设计使用的，后来陆续套用到iPod touch、iPad以及Apple TV等苹果产品上。苹果公司将IOS系统与其硬件设备iPhone、iPad绑定推广，借助其人性化的系统设计和超强性能的硬件设备迅速占领了全球移动终端高端市场，使得IOS系统成为当前主流移动系统平台之一(马克 等，2009)。IOS操作系统自顶向下包括以下四个层次：Cocoa Touch、Media Services、Core Service、Core OS，如图5.8所示。开发人员针对IOS系统的第三方拓展软件大多使用Objective-C语言(主要是Mac OS X和GNUstep这两个使用Open Step标准的系统)借助Cocoa组件进行应用开发，其也可以采用C++语言和Objective-C混编的形式开发IOS软件，进一步提高了对开发语言的支持程度。

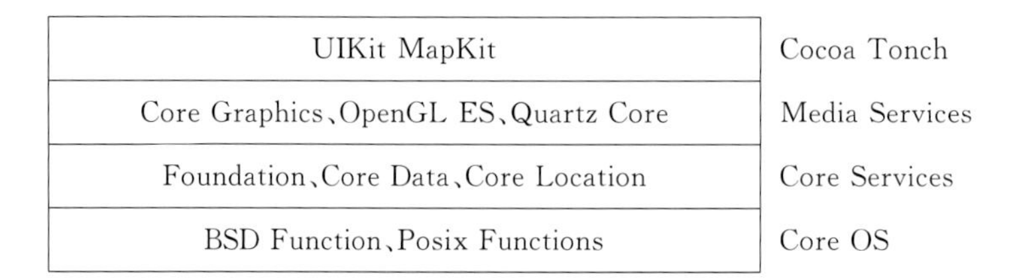


图 5.8 IOS 操作系统框架

移动终端不仅仅操作系统日新月异，其硬件配置性能的提高也突飞猛进。处理器 CPU 主频的提高、内存 RAM 的增加、图形处理器 GPU 性能的改善，再加上 3G 网络的全国范围覆盖以及 GPS 定位精度的提高，使得移动终端综合性能大幅度提升，运行传统 PC 复杂程序算法成为可能。表 5.1 列举了几款实验中使用的移动终端设备的硬件配置。

表 5.1 移动终端配置

| 移动终端 | 品牌型号 | 操作系统 | 主频 CPU | 内存 RAM | 图形处理器 GPU |
|---|---|---|---|---|---|
| 智能手机 | iPhone 5 | IOS 6 | 双核 1 GHz | 1 GB | PowerVR SGX 543MP3 |
| | 三星 Note II | Android 4.1 | 四核 1.6 GHz | 2 GB | Mali-400MP |
| 平板电脑 | iPad ME406CH | IOS 6 | 双核 1 GHz | 1 GB | PowerVR SGX 554MP4 |
| | 华硕 PadFone2 | Android 4.1 | 四核 1.5 GHz | 2 GB | Adreno320 |

移动终端 CPU、RAM、GPU 性能的提高，使得大范围三维场景数据的加载和渲染成为可能。此外，移动终端配置相机像素的提高、GPS 模块精度的改善使得移动终端能够更好地实现数据采集、定位、导航等功能，为移动三维虚拟地球系统的实现提供了硬件基础。

从技术的角度出发，移动终端已经构成了一个微缩版计算机，从硬件层面来看，移动终端包括了微处理器以及外围硬件，从软件层面来看，包含了操作系统和协议栈。因此，移动终端已经构成了一种典型性嵌入式系统。

OpenGL ES(OpenGL for embedded systems)是业界公认的针对手机、掌上电脑、平板电脑等嵌入式系统研发并实现的一套开放的、跨平台的、功能完善的 2D 和 3D 图形应用程序接口。不同硬件厂商参照这一公用程序接口设计针对不同终端的硬件驱动，从而实现软件和图形硬件之间灵活强大的底层交互。该 API 是由科纳斯组织(Khronos Group)定义并在全世界计算机图形软、硬件制造商之间推广使用(Rost，2004)。

OpenGL ES 免授权费、跨平台特性以及完善的图形接口设计使其能够在全世界嵌入式设备(如控制台、汽车、智能移动终端)中推广使用。其中，OpenGL ES 主体接口定义了计算机图形学中常见的图形学算法，并且支持不同平台的浮点数-定点数运算转换，使得软件能够和嵌入式终端硬件底层实现快速交换。EGL 接口针对不同的嵌入式平台设计了 OpenGL ES 接口和系统本地窗口之间的转换接口，使得 OpenGL ES 主体库函数描述的图形学内容能够在嵌入式设备窗体中正常显示。

OpenGL ES 相对于传统 PC 中跨平台图形接口 OpenGL 去除了不适合移动终端硬件计算效率的 glBegin/glEnd、四边形/多边形、显示列表、double 型数据等非绝对必要特性，见表 5.2。为此，OpenGL ES 函数操作更加复杂，很多特定功能从硬件性能的角度出发无法使用常规方法实现，对嵌入式程序的开发带来了很多不便。

**表 5.2　OpenGL ES 发生的改变**

| 变化类型 | 变化参数 |
| --- | --- |
| 数据类型 | i GLint 整数型<br>fGLfixed 定点小数<br>xGLclampx 限定型定点小数 |
| 删除功能 | glBegin/glEnd/glArrayElement/glRect/glPushAttrib/glPopAttribglPolygonMode/glDrawPixels/glPixelTransfer/glReadBuffer/glDrawBuffer/glCopyPixels<br>GL_QUADS/GL_QUAD_STRIP/TEXTURE_1D/TEXTURE_3D/TEXTURE_RECT/GL_CLAMP/GL_CLAMP_TO_BORDER/GL_COMBINE<br>显示列表/求值器/索引色模式/自定义裁剪平面/图像处理/反馈缓冲/选择缓冲/累积缓冲/边界标志自动纹理坐标生成/纹理边界/消失纹理代表/纹理 LOD 限定/纹理偏好限定/纹理自动压缩、解压缩 |

经过多年完善，从嵌入式程序所需要完成的功能角度出发，OpenGL ES 分化出两个比较独立的版本 OpenGL ES 1.X 和 OpenGL ES 2.X。其中，OpenGL ES 1.X 面向功能固定的硬件设计并提供相应的硬件加速支持、图形质量和性能标准。OpenGL ES 2.X 针对可编程管线硬件并提供针对遮盖器技术在内的可编程 3D 开发。

OpenGL ES 在移动终端扮演着和 OpenGL 在 PC 上一样的角色，为移动终端提供底层显示函数以供调用。OpenGL ES 1.0 和 OpenGL ES 1.1 分别是以 OpenGL 1.3 规范和 OpenGL 1.5 规范为基础编写完成的，分别支持 Common 和 Common Lite 两种情况。其中 Common Lite 只支持定点小数，而 Common 则支持定点数和浮点数运算。OpenGL ES 2.0 则参照 OpenGL 2.0 标准规范定义的，引入了可编程管线，用户可以通过自定义 Shader 实现对光照、色彩等特殊效果的算法级操作，实现针对移动终端的粒子、蒙皮等特殊效果。

目前，OpenGL ES 1.X 和 OpenGL ES 2.X 无法相互兼容，在单一系统中只能采用单一 API 规范来实现三维图形化显示。Android 操作系统自 2.2 版本以后开始支持 OpenGL ES 1.X 和 OpenGL ES 2.X，针对不同的硬件厂商只有极少数厂商还没有从硬件层面完成 OpenGL ES 2.X 系列驱动。IOS 操作系统则是从 iphone 3 开始同时支持 OpenGL ES 1.X 与 OpenGL ES 2.X 编程规范，并且针对 OpenGL ES 开发提供了单独的三维开发框架，集成了常见的多媒体、二维图像等在内的多种影音函数库，为移动三维开发提供了极大的便利。

### 5.3.1　面向移动终端的三维虚拟地球人机交互技术

三维虚拟地球是将多源多尺度的卫星影像、航空影像、数字 DEM 等海量空间数据进行集成管理而构建的覆盖全球的“数字地球”(龚健雅 等,2007),为三维地理信息的快速显示和高效检索提供了一个协同服务与在线共享平台(龚健雅 等,2010)。随着近年来移动通信技术与 GIS 集成应用的发展,基于 IOS、Android 为代表的新一代移动终端的地理信息服务表现出广阔的应用前景。作为移动 GIS 技术(康铭东 等,2008)和三维 GIS 技术(祖为国 等,2008)的有效集成,基于移动终端的三维虚拟地球实现了以 4A(anytime、anywhere、anybody、anything)(陈飞翔 等,2006)的方式获取、存储、检索、分析和显示三维空间信息。

相较传统的移动二维地图服务,移动三维虚拟地球服务将从不同视角和高度逼真地再现从球面到平面、宏观到微观的地球场景(刘琨,2006)。与传统的以键鼠输入为主要交互模式的桌面终端不同的是,移动终端的触控操作以其交互的便捷性、舒适性及人性化的特点,大大缩短了用户与终端设备之间的交互距离,与三维虚拟地球的结合也必然带来更为轻松的“浸入式”交互体验,使指尖“玩转地球”成为名副其实。然而,与键鼠操作相比,手指触控屏幕的精准度受限,在目标触控点很小的情况下容易产生误操作(杨丰盛,2010)。另外,与桌面终端不同的是,移动终端的交互方式缺少多种按键响应,且多种手势操作之间存在连锁效应(如双指触控必然首先触发单指触控,轻击操作必然触发滑动操作等)。因此,如何从多种触屏消息中剔除无效的干扰操作,精准地控制虚拟地球的相机参数的改变,避免视点的抖动和跳跃,保证稳定而流畅的三维场景浏览,是基于移动终端的三维虚拟地球的一个技术难点。

**1. 基于四元数的虚拟地球视点相机**

三维虚拟地球中的透视原理是模拟标准视角下相机拍摄物体的情形,视点相机负责管理三维场景中视点的位置、朝向、角度等,以此动态调度位于观察视角中的影像、地形、模型、矢量等空间数据。视点相机的构建需要频繁地实现向量的旋转、坐标系之间的转换、角位移计算、方位的平滑插值计算等。与基于欧拉角的旋转方法相比,基于四元数的旋转方法可以避免万向节锁(Gimbal Lock)的问题,且便于与旋转矩阵进行转换计算,Slerp 算法的提出为旋转变换提供了平滑的插值方法(Shoemake,1994),在构建视点相机方面得到了广泛的应用。

地球场景下视点的坐标值非常大,微小的场景交互也需要量级较大的坐标转换(董鈢涛,2012),计算过程中因为数据的近似截取难免造成一定的精度损失。为此引入地面参考点的概念(视线与地面相交点,由视点位置和视线距离 distance 决定)并以此建立局部坐标系——参考点为坐标原点,法线方向作为相机瞄准方向$\overrightarrow{forward}$,纬线自西向东方向作为相机侧边方向$\overrightarrow{side}$,经线由南向北方向作为相机竖直方向$\overrightarrow{up}$,以此确定相机在参考点处的基准姿态。在此基础上,相机绕着基准姿态的三轴进行旋转,以此确定相机在局部坐标系中的相对姿态。最终视点相机的绝对姿态(四元数表示)由其基准姿态和相对姿态共同决定,如图 5.9 所示。

**2. 触控交互的基本流程**

由于移动终端缺乏严格区分的按键响应机制,用户与三维地球场景的交互环境完全依赖于手指触摸屏幕的各种“手势”。所谓“手势”是指用户从手指接触屏幕开始，直到手指离开屏幕位置的所有触摸动作及信息(马克 等，2009)。手势的触控参数包括接触屏幕的手指数目、接触位置、接触类型等。与桌面终端使用鼠标左键控制场景平移，中键控制场景放缩，右键控制场景旋转不同的是，触控手势无法在交互伊始立即判断出用户的交互目的，必须在手势进行的过程中实时监测和计算触控轨迹从而动态识别手势类型。

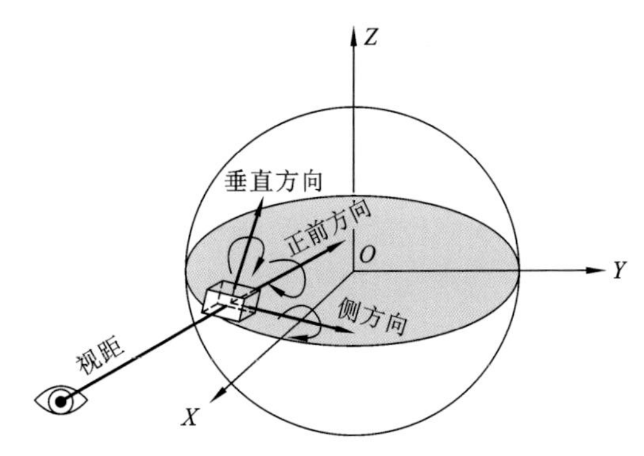


图 5.9　基于四元数的虚拟地球视点相机

虚拟地球触控交互处理的主要思路为：从触控参数中提取触控轨迹，剔除连锁手势的干扰信息，剥离独立的手势类型，映射成桌面端鼠标输入的按键响应，然后根据交互事件类型的不同匹配相应的事件处理器，完成诸如查询地物属性、编辑地物元素、修改相机参数等虚拟地球中的交互任务，流程图如图 5.10 所示。

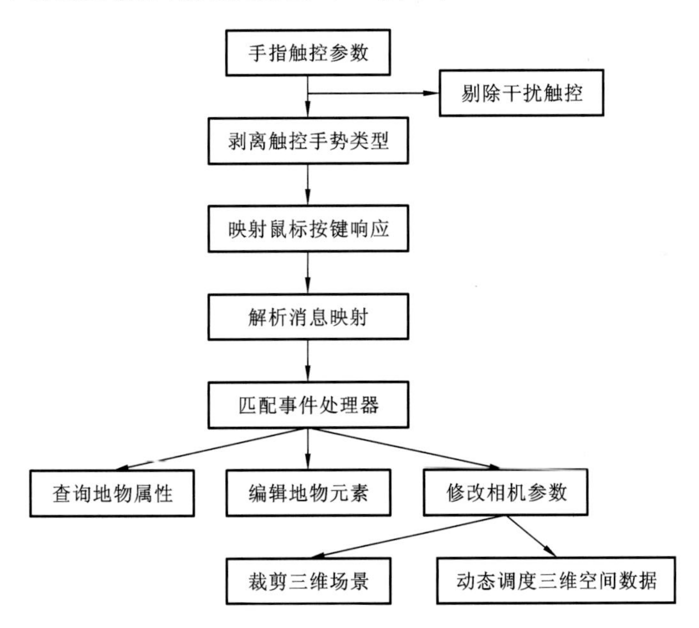


图 5.10　虚拟地球触控交互处理流程图

### 3. 触控手势与场景交互

在虚拟地球中主要设计以下触控手势进行场景交互：单指轻击、单指滑动、双指捏合、双指轻扫、单指双击等。其中，单指轻击是指使用单指触控屏幕，然后立即将手指弹出屏幕(而不是来回滑动)时发生的触控手势；单指滑动是指使用单指触控屏幕，并保持接触状态在屏幕上滑动手指位置时发生的触控手势；双指捏合是指双指触控屏幕，并保持接触状态沿相反方向在屏幕上滑动两指时发生的触控手势，方向相反是指两指滑动方向逐渐靠近或背离；双指轻扫是指双指触控屏幕，并保持接触状态沿相同方向在屏幕上滑动两指时发生的触控手势，方向相同是指两指滑动时基本保持稳定的间距；单指双击是指单指触控屏幕，连续两次轻击后立刻弹出屏幕时发生的触控手势。

移动端单指轻击手势可映射成桌面端鼠标左键单击响应，通过匹配鼠标单击事件处理器，可用于虚拟地球中的要素编辑或地物点选，其核心是将触屏坐标转换为三维空间坐标：

$$(X,Y,Z)=(X_{\mathrm{down}},Y_{\mathrm{down}},Z_{\mathrm{buffer}})\cdot \mathrm{Inv}(M_{\mathrm{view}}\cdot M_{\mathrm{project}}\cdot M_{\mathrm{window}}) \tag{5.1}$$

其中：$X_{\mathrm{down}},Y_{\mathrm{down}},Z_{\mathrm{buffer}}$分别表示触屏坐标及其深度缓存值；$M_{\mathrm{view}}$、$M_{\mathrm{project}}$、$M_{\mathrm{window}}$分别表示几何管线中的模型视图矩阵、投影矩阵和视口矩阵；Inv 表示矩阵的逆运算。

单指滑动手势可映射成鼠标滑动消息响应，可触发虚拟地球的场景平移事件处理器，根据手指滑动幅度($d_x,d_y$)重新计算虚拟地球参考点的位置偏移：

$$\overrightarrow{\boldsymbol{\Delta}_{\mathrm{Center}}}=\overrightarrow{\boldsymbol{V}_{\mathrm{up}}}\cdot(d_y\times f_{\mathrm{pan}})+\overrightarrow{\boldsymbol{V}_{\mathrm{side}}}\cdot(d_x\times f_{\mathrm{pan}}) \tag{5.2}$$

其中：$\overrightarrow{\boldsymbol{\Delta}_{\mathrm{Center}}}$表示参考点的位置偏移向量；$\overrightarrow{\boldsymbol{V}_{\mathrm{up}}}$表示相机竖直向上方向在全球坐标系中的单位向量；$\overrightarrow{\boldsymbol{V}_{\mathrm{side}}}$表示相机侧边方向在全球坐标系中的单位向量；$f_{\mathrm{pan}}$表示平移因子，用以调节手指控制场景平移的灵敏度，一般设定该因子的值与相机视点到地面参考点的距离成正比，如图 5.11 所示。

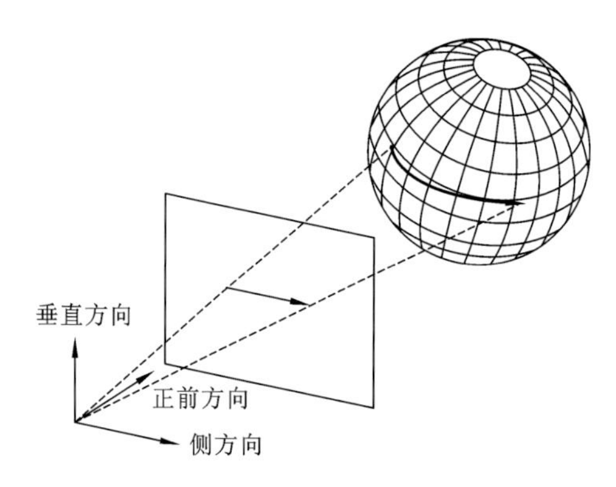


图 5.11　单指滑动控制场景平移示意图

双指捏合手势可映射成鼠标中键按键响应，触发虚拟地球的场景放缩事件处理器，根据放缩比率 ratio 调整视点到地面参考点的距离 distance，计算公式如下：

$$\mathrm{ratio}=\left(\sqrt{(X_1-X_2)^2+(Y_1-Y_2)^2}-\sqrt{(X_1'-X_2')^2+(Y_1'-Y_2')^2}\right)\times f_z \tag{5.3}$$

$$\mathrm{distance}=\mathrm{distance}\times(1+\mathrm{ratio}) \tag{5.4}$$

其中：$f_z$ 表示放缩因子，用以调节手指控制场景缩放的灵敏度；$(X_1,Y_1)$、$(X_2,Y_2)$ 分别表示两指按下时的触屏坐标；$(X_1',Y_1')$、$(X_2',Y_2')$分别表示两指当前滑动位置的触屏坐标，如图 5.12 所示。

双指轻扫手势可映射成鼠标右键按键响应，即可触发虚拟地球的场景旋转事件处理

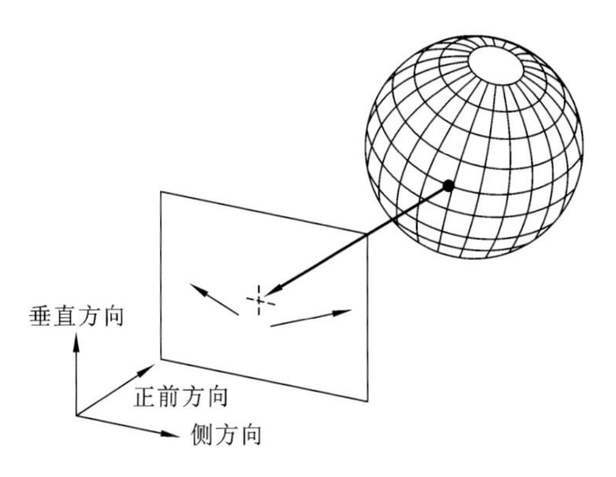


图 5.12　双指捏合控制场景缩放示意图

器，根据手指滑动幅度（$d_x$，$d_y$）重新调整虚拟地球的相机姿态：

$$\text{rotation}=\text{rotation}\cdot\left[\cos\frac{d_y}{2},\sin\frac{d_y}{2}\cdot\mathbf{V}_{\text{side}}\right]\cdot\left[\cos\frac{d_x}{2},\sin\frac{d_x}{2}\cdot\mathbf{V}_{\text{forward}}\right]\tag{5.5}$$

其中：rotation 表示局部坐标系下代表相机姿态的旋转四元数；$\mathbf{V}_{\text{side}}$ 表示相机侧边方向在局部坐标系中的单位向量；$\mathbf{V}_{\text{forward}}$ 表示相机视线方向在局部坐标系中的单位向量，如图 5.13所示。

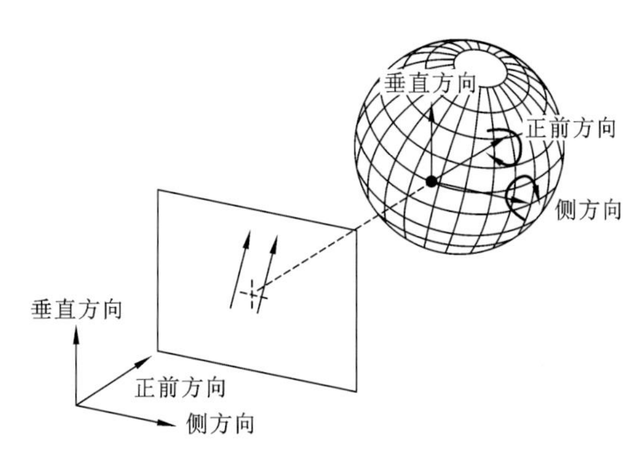


图 5.13　双指轻扫控制场景旋转示意图

单指双击手势可将第二次手指弹起的消息映射成鼠标消息响应，匹配虚拟地球场景定位事件处理器，将触屏坐标所对应的地面点作为相机的新的参考点，同时缩短视点到参考点的距离到指定比率，即起到了场景定位及放大的作用。

### 4. 误差控制与干扰排除

由于手指触屏的精准度受限，手指轻击屏幕时即使迅速弹开仍然会触发微小的不稳定滑动。因此，区分轻击与滑动手势的重点是记录手指按下屏幕的起始位置（$X_{\text{down}}$，$Y_{\text{down}}$）以及手指滑动的实时位置（$X_{\text{move}}$，$Y_{\text{move}}$），实时监测手指偏离起始位置的距离，若一直未超过设定的像素阈值（$e_{\text{pixel}}$），则表明滑动为干扰触控应予以剔除，从而避免了轻击屏幕时附加的滑动消息响应造成场景的抖动。与此同时，手指落下和抬起的位移差也应予以忽略，仅以手指落下时的触屏坐标参与后续的场景交互计算。此外，为了防止长按手势的干扰，还应引入时间阈值($e_{time}$)限制手指落下和弹起的时间间隔。

轻击手势引入误差控制的判别条件为

$$\sqrt{(X_{move}-X_{down})^2+(Y_{move}-Y_{down})^2}\leqslant e_{pixel} \tag{5.6}$$

$$T_{up}-T_{down}\leqslant e_{time} \tag{5.7}$$

滑动手势的引入误差控制的判别条件为

$$\sqrt{(X_{move}-X_{down})^2+(Y_{move}-Y_{down})^2}\geqslant e_{pixel} \tag{5.8}$$

与单指触控有所区别的是，多指交互无法保证不同手指触屏时机完全一致，触屏的时间差会导致双指手势的起始阶段触发的是单指的消息响应。因此，一方面要剔除两指先后落下的时间间隙中发生的滑动消息响应，另一方面要在第二指落下时首先释放第一指的轻击操作，以避免双指操作引起的抖屏现象及场景平移的误操作。

双指手势的识别不仅要实时监测双指各自的触控轨迹，用以比较两指的相对运动趋势，还要监测两指之间的距离变化，用以设置虚拟地球场景的放缩比率和旋转角度。而为了防止手指触屏瞬间的不稳定扰动影响两指运动趋势的判断，触控轨迹的识别需在双指均各自滑动了一定像素阈值($e_{pixel}$)的距离之后方才有效，即引入误差控制的判别条件为

$$\sqrt{(X_1-X_1')^2+(Y_1-Y_1')^2}\geqslant e_{pixel} \tag{5.9}$$

$$\sqrt{(X_2-X_2')^2+(Y_2-Y_2')^2}\geqslant e_{pixel} \tag{5.10}$$

双手捏合手势引入误差控制的判别条件为

$$(X_1-X_1')\times(X_2-X_2')+(Y_1-Y_1')\times(Y_2-Y_2')\leqslant 0 \tag{5.11}$$

双手轻扫手势引入误差控制的判别条件为

$$(X_1-X_1')\times(X_2-X_2')+(Y_1-Y_1')\times(Y_2-Y_2')>0 \tag{5.12}$$

其中：$(X_1,Y_1)$、$(X_2,Y_2)$分别表示两指按下时的触屏坐标；$(X_1',Y_1')$、$(X_2',Y_2')$分别表示两指当前滑动位置的触屏坐标。

基于以上触控交互方法，以 OpenGL ES1 作为底层的三维图形库，将开放式虚拟地球集成共享服务平台 GeoGlobe 移植到 Android4.0 系统上进行了测试实验，开发了一套基于移动终端的三维虚拟地球系统。在客户端通过无线网络访问“天地图”网站提供的影像、地形等“一站式”地理信息服务，包括像素尺寸 256×256 的影像瓦片服务和像素尺寸 32×32 的地形瓦片服务，应用前述触控手势对场景进行交互操作，可保持 40 帧/秒的稳定流畅的浏览速度，不同视点下的地球场景如图 5.14 所示。

本节通过对多种按键滑动响应进行手势模拟和定量计算，实现了从移动触控参数到三维虚拟地球相机参数的无缝对接，并引入了误差控制方法，提高了移动端三维虚拟地球交互的准确性和稳定性。随着移动触控技术的不断发展，更加简洁实用的多指手势必将全面替代外置鼠标的交互特性，完成三维虚拟地球中诸如野外地物调绘、空间查询等复杂三维交互功能。

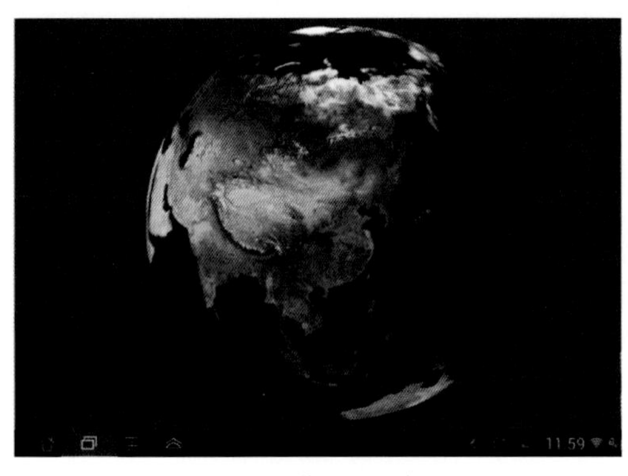

（a）影像瓦片服务

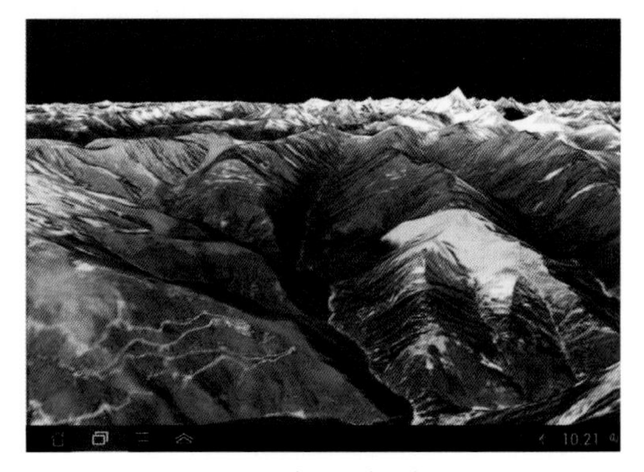

（b）地形瓦片服务

图 5.14　基于触控交互的不同视点的虚拟地球场景

## 5.3.2　面向移动终端的三维虚拟地球软件平台设计

本节将设计移动三维虚拟地球系统的架构，并基于此阐述系统核心接口的设计方案。

移动终端多个操作系统的特性使移动三维虚拟地球的设计必须遵循跨平台原则、低耦合性原则。此外，为满足地理数据获取、处理、加载调度、渲染过程的快速高效，采用多线程的系统框架设计，将数据下载、数据处理、调度更新、渲染模型并行进行，满足用户流程操作的要求。

在系统架构的基础上，结合移动终端硬件特性设计数据获取接口、虚拟相机接口、信息查询接口、导航服务接口等关键接口。其中，数据获取采用 WMTS 网络服务接口便于数据集成，用户操作调用虚拟相机接口实现数据的实时加载和场景的切换，信息查询采用 WFS 信息查询接口调用后台服务器相应查询结果信息节约客户端硬件资源开销，导航服务采用驾车线路查询与 GPS 实时定位接口结合的方式设计实现。

### 1. 系统架构设计

跨平台是指系统的开发和实现不依赖于操作系统或者硬件环境，系统程序代码不需要修改过多就可以在其他操作系统上成功运行。一般的计算机语言原则上都可以实现跨平台系统，软件功能的实现一定程度上依赖系统 API 调用。常见的如 Java 语言提供 Runtime 中间件的方式实现跨平台功能，C/C＋＋语言是一种标准且严格的跨平台语言（Sarah，2011）。

一般而言语言的跨平台特性越强，其抽象性越高，对底层的硬件控制性越差。大多是通过统一的程序调用接口来实现相同功能的硬件驱动程序或者采用中间件或者虚拟机的方式来运行。OpenGL ES 渲染 API 就是采用统一规范的方式规定硬件厂家对特定 API 接口的实现。例如，Java 程序则依赖于 Java 虚拟机，不同程序通过虚拟机调用底层硬件驱动。

现阶段常见的跨平台方式大概有以下四大类(林远,2012):

1)脚本调用。脚本程序调用系统级API实现数据文件的批处理解析,其作用效果类似于浏览器。数据处理分析由服务器后台处理,前端只做信息展示。

2)中间件。中间件是一种独立的系统或者软件,连接客户端和服务器并实现信息传递、交换,通过中间件技术程序可以运行在多个平台或者操作系统(operating system,OS)环境。

3)虚拟机。通过实际的计算机上仿真模拟各种计算机功能,常见的如Java虚拟机。这种技术跨平台性好、维护成本高,大多不被独立开发人员采用。

4)C语言法。将特定语言翻译成C语言执行,并直接调用底层统一的驱动接口来实现,维护方便。

由5.3节分析可知移动终端操作系统平台由IOS和Android共同占领市场份额80%以上,且主流的开发语言分别为Objective-C和Java语言。此外,移动设备硬件CPU、RAM、GPU资源有限。因此,移动设备跨平台设计方案必须满足负载小、自适应强、上下文感知等特性,在使用最少系统资源的前提下能够适应这两种主流的系统平台并自动感知系统的上下文环境,实现跨平台特性。

移动三维虚拟地球系统必须满足当前主流操作系统的运行环境,并且在最少系统资源占用的情况下,自动感知当前操作系统相关的API如渲染和操作等。为此选择C语言编程环境并通过UI(用户界面)与核心分开的设计原则实现跨平台设计方案。

从移动终端系统特性来分析,Android和IOS操作系统与UI相关的系统函数都必须使用系统特定语言,分别为Java、Objective-C语言,底层核心都支持常见的跨平台语言——C语言。从渲染API的层面来说,OpenGL ES在Android和IOS操作系统都支持底层C语言的函数接口,用户可以将OpenGL ES代码进行封装,构建底层核心代码。从系统资源占用情况分析,底层核心代码直接调用OpenGL ES渲染API的方式不需要系统进行额外的开销,占用系统资源最少。UI与底层核心分离的情况下,将系统硬件设备、设备上下文、图像像素参数等封装传入底层核心,借助EGL类实现UI与底层渲染API的统一,实现系统渲染的上下文自动适应感知。

综上所述,跨平台设计是移动三维虚拟地球系统能够在多个操作系统的移动设备正常运行的基本原则。采用UI与底层核心分离的设计原则,使UI使用系统特有语言进行与用户操作相关的开发,底层采用C语言封装OpenGL ES的方式构建核心类库与接口,这种跨平台设计方法兼顾了用户体验和系统的高效性与跨平台特性。

UI与底层核心类分离设计的原则要求底层核心的各个模块能够分别响应UI的不同事件,UI事件的独立性也要求核心类各模块之间相互独立,即核心模块的高内聚低耦合性。此外,从软件工程设计的角度出发,系统的耦合程度也是评判系统好坏的标准之一(万相奎 等,2009;程春蕊 等,2007)。

内聚是指软件系统单一模块内部元素之间的紧密程度,高内聚是指系统模块是由相关性很高的代码组成,单一模块只负责一项任务实现,与其他系统模块之间的依赖关系少,即单一责任原则。

耦合是指软件系统各个模块之间的互联的紧密程度，低耦合是指系统模块之间较少相互依赖，模块与模块之间的接口尽量少而简单，使每个模块都能够完成特定的功能任务，模块之间关系较复杂时将考虑进一步的模块任务划分。软件高内聚低耦合的设计原则使得常见的系统软件从两个方面满足这一要求：纵向上，利用分层的架构将系统的应用层、核心层、底层区分开来，系统不同层级之间各自实现相应的逻辑功能，层级之间可以相互依赖，但是相同层级模块相互独立。横向上，按照系统功能划分各个子系统来实现横向上的低耦合，系统模块的划分严格按照功能实现上来构建，功能之间尽量相互独立。

移动三维虚拟地球系统能够实现地理数据的获取、集成、展现等基本功能，也能够满足用户信息查询、位置导航的特殊应用功能。为此，在纵向上，将移动三维虚拟地球划分成三个层次。应用层封装用户基于 GIS 系统的基本运用，大多在核心层的基础上构建应用逻辑业务。核心层是对 GIS 算法的封装，处理应用层的数据请求和信息加载操作，并将结果传递给应用层和底层。底层是对数据和 OpenGL ES 的封装，核心层分析的结果将通过底层组织传递到渲染管线，实现数据的三维空间展示，如图 5.15 所示。在横向上，将三维虚拟地球系统按照需要实现的功能(如数据获取、数据集成调度、信息查询、导航服务)分为系统配置模块、下载缓存模块、虚拟相机模块、集成调度模块、信息查询模块、导航定位模块。下载缓存模块负责多源异构地理数据的获取与存储。集成调度模块负责多源异构地理数据的集成和加载调度。信息查询模块负责地理信息的查询与反馈。导航定位模块负责移动设备实时定位与导航。各个功能模块之间相互独立，相互依赖较少，如图 5.16 所示。

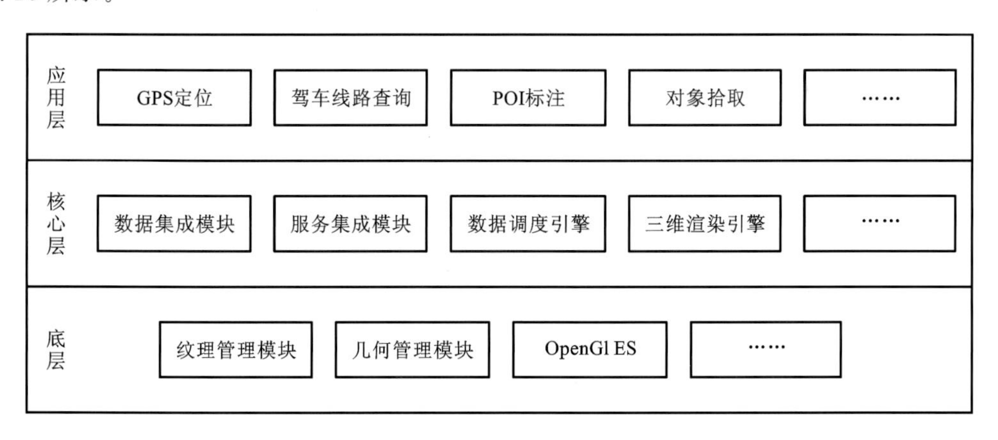


图 5.15　系统纵向分层

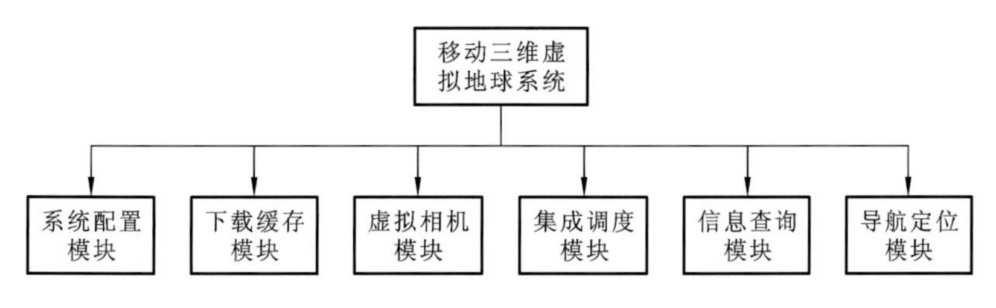


图 5.16　系统横向分块

### 2. 多线程系统框架

线程指的是进程中某一个单一顺序的控制流，单一程序进程可以同时拥有多个线程，线程本身并不占用系统资源，只是封装了一些特定的数据结构和算法流程（吴宇佳 等，2012）。不同线程运行在相同的进程虚拟地址空间中，可以实现资源的共享和线程之间的通信。多线程是指在单一进程中开启多个线程，不同线程之间同时执行系统任务且互不干扰。此外，针对多核 CPU 设备，多线程程序设计能够充分的利用 CPU 资源，避免串行程序设计造成的任务聚集，一定程度上提高了程序的反应速度。

移动三维虚拟地球要求用户在操作移动终端触摸屏时，系统能够同时进行多源异构数据获取、三维地理模型数据展示、不同尺度的地理数据调度更新等任务。单一线程的系统架构不足以满足用户多任务并发的需求，考虑移动终端下多线程的系统框架是移动三维虚拟地球的核心基础。

系统整体由系统主线程派生，其中 UI 操作、窗体、界面等基本功能在主线程中完成。用户触控交互要求地理数据按照需要的范围进行展示、更新，为此，由主线程中派生出渲染线程和更新线程，其中更新线程负责数据的组织更新和内存加载，渲染线程负责地理数据的三维渲染。用户频繁地切换场景的地理范围使更新线程频繁的进行数据加载请求，将从系统主线程中派生出多个下载线程来同步执行下载任务，使得用户能够实时将所需要的显示的地理范围数据展示到屏幕上。系统多线程框架如图 5.17 所示，其中更新线程和渲染线程各一个，下载线程按照用户加载异构数据的类型的数量需求可以开启合适的个数，其中最后一个下载线程可以处理系统中一些比较烦琐的计算或者请求业务。

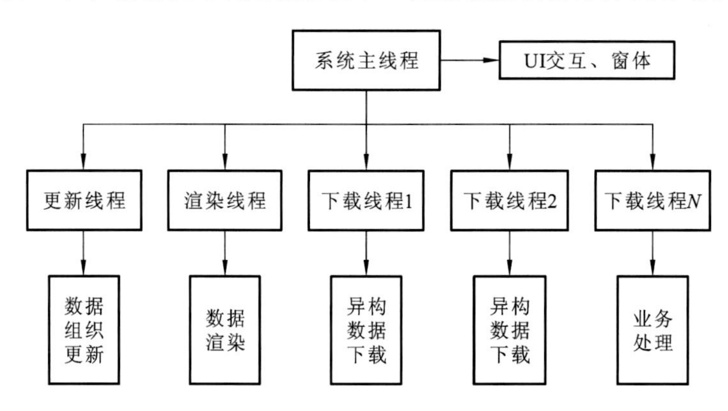


图 5.17　系统多线程框架图

系统在运行时不同线程之间互相独立又精密配合，程序运行过程如图 5.18 所示。程序启动首先将加载全球视野范围内粗精度的地理数据，此时更新线程和渲染线程同步开启，更新线程将首先组建虚拟地球模型的几何坐标点并请求全球范围内粗精度的影像、地形、地名图层信息，按照异构数据集不同类型的个数，同步开启相应个数的下载线程，并构建下载任务和下载队列。

同一进程中的不同线程在运行过程中 CPU 将自动为各线程分配时间片，线程在各

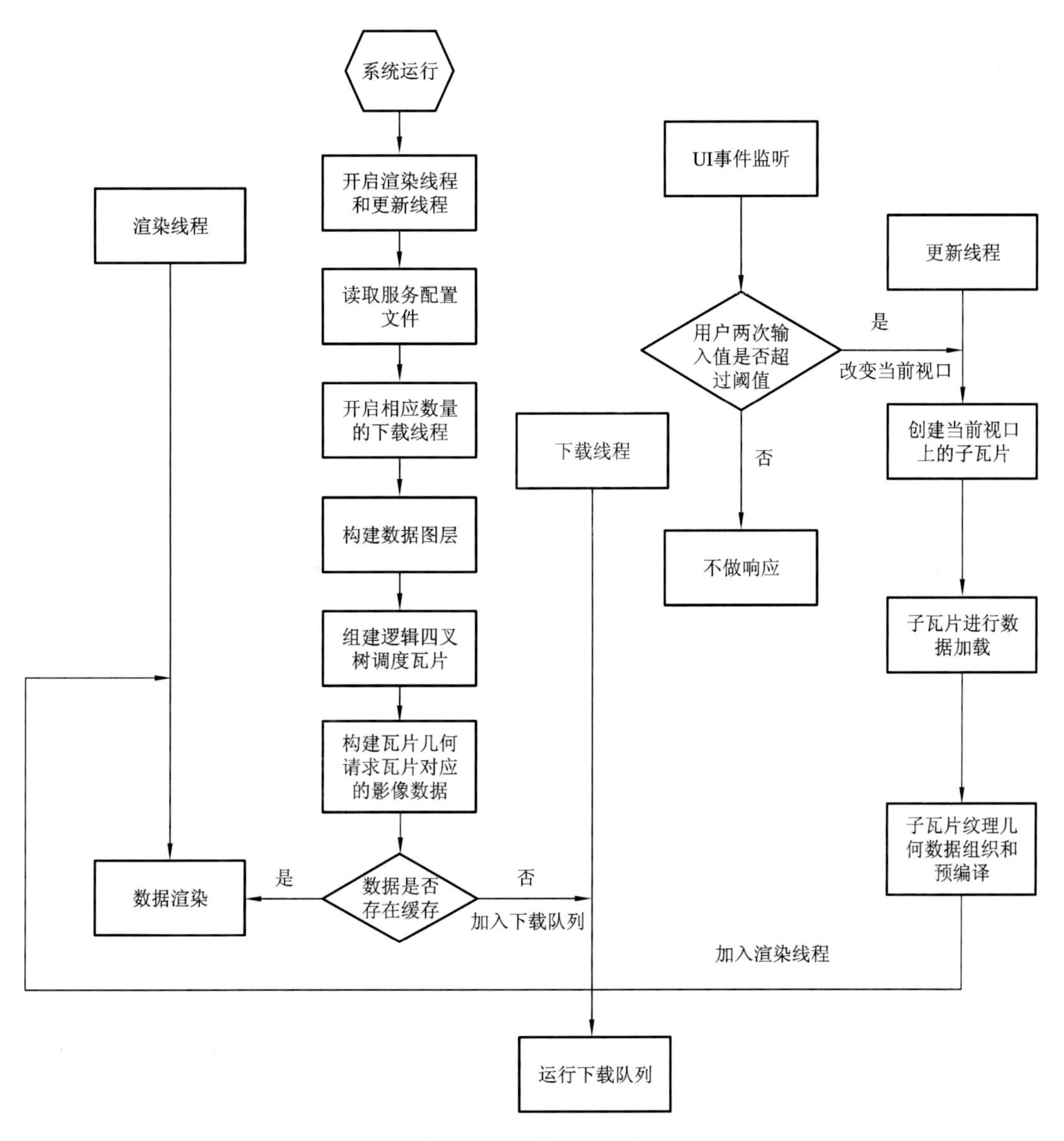


图 5.18　系统运行流程

自的时间片内独立运行，CPU 将按照线程之间的关系(如轮循或者抢占)来自动分配各线程运行时间片的大小。主流市场的 Android、IOS 操作系统都是基于 Linux 内核开发实现，线程的设定符合 Linux 线程的基本特性。移动三维虚拟地球系统要求主线程、更新线程、渲染线程、下载线程能够并行且始终运行，为此将这几类线程属性设置为 Linux 线程调度策略中的循环线程，使得线程能够在程序进程过程中始终运行且线程的时间片元分配受线程优先级(priority)的控制。其中 UI 线程、渲染线程、更新线程、下载线程的优先级分别决定了用户的交互响应速度、渲染的帧率、数据更新的速度、数据获取的速度。此外，为满足用户体验和三维虚拟地球数据显示效率，UI 主线程的优先级将高于渲染线程，渲染线程将高于更新线程，更新线程将高于下载线程，各下载线程优先级相同。

各线程除了通过设定优先级来使CPU为其分配充裕的片元时间以外，在频繁的片元切换中不同线程在同时访问某一资源时将出现资源互抢现象。为此，系统必须保证在同一时刻只能有一个线程访问——即实现系统线程同步。移动终端操作系统常见的线程同步机制有互斥锁(mutex)、条件变量(cond)、信号量(signal)，互斥锁机制能够将一部分程序代码锁定，使同一时刻只允许一个线程执行这一类关键代码。条件变量机制利用线程间的全局变量来实现线程同步，按照特定的条件控制线程挂起、触发、等待。信号量通过控制原子变量的增减来智能的判断线程阻塞与开启。移动三维虚拟地球系统中数据的获取、更新、渲染分属于不同的线程，系统按照不同功能的实现与特定选定特定的互斥操作。例如，数据的获取与更新分别属于相同数据的读写操作，采用读写互斥锁进行线程同步能够实现写操作互斥读操作，读操作之间将能够共享某一区域数据并同时访问。数据的更新与绘制操作分别在不同线程中独立的组织和渲染，是针对相同地理数据的两个不同操作，但是更新必须在渲染之前，采用信号量或者条件互斥的方式能够使数据更新完毕以后再进入渲染线程，使需要加载的数据在两个线程之间实现线程同步，最大限度地节约用户等待响应的时间并能够保证当前视口显示的地理数据为加工处理后的最新数据。

综上所述，多线程系统架构能够使移动三维虚拟地球各模块同步并行，通过设定线程优先级来实现线程之间的片元时间分配，不同的线程同步机制实现线程之间资源共享。既使各线程之间独立运行又能够相互联系，最大限度地发挥移动设备硬件资源特性，又能够增加系统的响应时间并增强用户的系统体验。

### 5.3.3 面向移动终端的三维虚拟地球软件平台

本节将基于主流移动设备操作系统Android、IOS开发软件平台，实现基于移动终端Android、IOS的跨平台三维虚拟地球软件平台。

首先，介绍Android和IOS平台系统开发环境的搭建。其次，在这两个操作系统上开发了数字三维虚拟地球系统，并实现了地理服务图层配置与数据缓存管理功能、三维数据浏览功能、信息查询功能和位置定位功能。最后，对系统进行效率测试和实验结果分析。

#### 1. Android平台系统开发环境搭建

1）PC硬件说明

CPU： Intel® Core™2 Quad CPU Q8300 @ 2.50 GHz
内存：4 GB
显卡：NVIDIA GeForce GT 220

2）开发环境搭建

Android系统开发环境搭建主要有以下几步。

(1)安装JDK。在Oracle官网下载适合Windows 7系统的JDK版本并进行安装，并在“我的电脑→属性→高级→环境变量→系统变量”中添加以下三个环境变量。

◇ Java_HOME：安装JDK的目录；

◇ CLASSPATH：%Java_HOME%\lib\tools.jar；%Java_HOME%\lib\dt.jar；%Java_HOME%\bin；

◇ Path：添加%Java_HOME%\bin。

(2) 安装Eclipse，即Java程序的开发环境。在Eclipse官网下载Windows系统下适合Java开发的Eclipse版本——“Eclipse IDE for Java EE Developers”，并进行解压安装。

(3) 安装Android SDK，即Android开发工具包。在“Android Developers”官网上下载Android SDK安装包，并解压到任意路径。运行其中的Setup程序，并下载合适版本的SDK。如果没有出现可安装的SDK版本程序包，则需要点击“Settings”，选中“Force https://…”项，再点击“Available Packages”。最后选择希望安装的SDK及其文档或者其他包，点击“Installation Selected”“Accept All”“Install Accepted”，即可下载安装所选包。安装完毕后，需要向用户变量中path添加Android SDK中“tools”的绝对路径。设置完毕后，注销用户后重新进入系统，即可使环境变量生效。

(4) 安装ADT插件，即模拟Android终端的工具包。打开Eclipse程序，点击菜单“Help—Install New Software”。点击“Add”按钮，弹出对话框要求输入“Name”和“Location”。“Name”处可以填写“ADT”，“Location”需填入“https://dl-ssl.google.com/android/eclipse”，即ADT的下载路径。在“work with”后的下拉列表中选择刚才添加的ADT，会看到下面出现了“Developer Tools”，展开它就有“Android DDMS”和“Android Development Tool”，选中所有工具，然后按提示一步一步点击“Next”安装。

(5) 配置Android SDK。选择“Window—Preferences”菜单。在左边的面板选择“Android”，然后在右侧点击“Browse...”并选中刚才存放Android SDK的路径，点击“OK”即完成配置。

(6) 安装Cygwin，即Linux编译环境模拟软件。在Cygwin官网下载Cygwin客户端和离线程序安装包，点击Cygwin的安装图标，选择离线安装即Install from Local Directory，并将安装文件路径指定为下载的离线安装包路径。选择DEVEL选项为Install，即只对NDK需要的gcc、g++进行安装。安装完成后，打开Cygwin程序，并在终端键入gcc-v和g++-v等命令，分别查看gcc和g++的程序版本。如果安装正常则显示正确的程序版本，否则提示无法找到命令，需要重新安装。

(7) 安装NDK，即Android底层开发工具。在“Android Developers”官网上下载最新的Android NDK工具包，并解压到任意路径如E:\\Android\\NDK。打开Cygwin安装目录下的home/Administrator/文件夹下的.bash_profile文件，将

```
NDK=/cygdrive/E/Android/NDK/android-ndk-r8
export NDK
```

两行加入到文件末尾，从而将NDK的路径加入Cygwin的环境变量中。

(8) 验证SDK、NDK正确安装。在Eclipse里面打开Windows—Android SDK and

AVD Manager”。点击左侧面板的“Virtual Devices”，能够正常创建虚拟机则说明 SDK 安装正常，否则需要重新下载并配置 SDK。打开 Cygwin，在终端输入 cd $NDK，如果终端显示步骤 7）配置的/cygdrive/E/Android/NDK/android－ndk－r8 等信息，说明 NDK 安装配置正常，否则需要重新配置 NDK 环境。

通过以上 8 个步骤，即安装了 Android 系统 C＋＋开发环境。通过 Eclipse 编辑器编译 Java 代码，NDK 编译 C＋＋底层代码。

### 2. IOS 平台系统开发环境搭建

1）PC 硬件说明

CPU：Intel® Core™2 Quad CPU Q8300 @ 2.50 GHz
内存：4 GB
显卡：NVIDIA GeForce GT 220

2）开发环境搭建

IOS 系统开发环境搭建主要有以下几步。

(1) 安装 VirtualBox 虚拟机程序。在 VirtualBox 官网下载 VirtualBox 虚拟机安装程序以及 USB 驱动工具并进行安装。

(2) 设置虚拟机。启动 VirtualBox 程序，新建虚拟机并选择“Mac OS X Server(64 bit)”版本的操作系统，并将内存设置为 2 GB，硬盘设置为 40 GB。设置系统启动光驱优先，将 CPU 核数设置为双核并开启 3D 加速。

(3) 安装 Mac OS X Lion 10.7.3 操作系统。下载 Mac OS X Lion 10.7.3 安装镜像文件以及 Mac 启动引导文件 HJMac.iso，在虚拟机的 Storage 中设置 DVD 驱动为 Mac OS X Lion 10.7.3.iso 并启动虚拟机进入安装界面。选择中文安装语言，界面上工具栏中的磁盘工具对分区的磁盘进行抹除操作，按照提示点击下一步直至正确安装。

(4) 引导进入 Mac 操作系统。在虚拟机的 Storage 中设置 DVD 驱动为引导文件 HJMac.iso 并重新启动虚拟机，进入 Mac 系统创建 Apple ID 并进行注册。创建系统账户并设置密码，进入登录界面。如果鼠标无法响应，则需要下载针对 Mac 系统的鼠标驱动软件，并进行安装。

(5) 安装 Xcode 编译集成环境。下载 Xcode_3.2.5_and_ios_sdk_4.2 安装包，拷贝到 Mac 系统中并解压安装。打开 Xcode 任意创建一个空程序并使用 ipad 模拟器 SDK 进行编译，打开模拟器能够正常运行则说明 Xcode 安装正确，否则需要重新下载安装。

通过以上 5 个步骤，即安装了 IOS 集成开发环境，Xcode 可以对 Objective-C 与C＋＋语言代码进行混合编译，并自动连接 IOS 开发 SDK 实现三维虚拟地球系统的编译。

### 3. 软件平台功能实现

本系统采用 UI 与核心相互分离的设计原则，核心采用 C＋＋语言构建了应用层、核心层、底层，满足跨平台设计。其中 Android 操作系统中的 UI 设计采用 Java 语言，通过 JNI 接口调用 NDK 编译的核心库从而使得系统能够高效的运行。IOS 操作系统中的 UI 设计采用 Objective-C 语言，UI 与 C＋＋语言构建的核心库文件进行混合编译来实现三维虚拟地球系统。

各大功能模块使用 C＋＋语言来构建实现，调用底层 OpenGL ES 渲染 API 实现了渲染展现。

1）服务配置与缓存管理功能

系统可以支持网络地图服务商提供的多种在线地图服务，如影像、地名、地形、模型等不同的服务，不同网络地图服务的服务器名称略有差异。此外，不同地图服务商如天地图、谷歌、百度等提供的服务地址不尽相同。为此，我们需要在系统中构建配置文件，描述服务器名称和图层显示级别等基本控制属性，如图 5.19 所示。

```
1,http://tile0.tianditu.com/DataServer,0,1,1.1.1,TileService,Tile,sbsm0210,
IMG_MAP_CN2-7,2,7,(EPSG:4326|-179.000000|-89.000000|179.000000|
89.000000),256,1,1,2,0.000000,1,
1,http://tile0.tianditu.com/DataServer,0,2,1.1.1,TileService,Tile,sbsm0210,
IMG_MAP_CN8-10,8,10,(EPSG:4326|-179.000000|-89.000000|179.000000|
89.000000),256,1,1,2,0.000000,1,
1,http://tile1.tianditu.com/DataServer,0,3,1.1.1,TileService,Tile,A0610
_ImgAnno,IMG_PLACE_CN2-7,2,7,(EPSG:4326|-179.000000|-89.000000|179.000000|
89.000000),256,1,1,2,290.000000,1,
1,http://tile1.tianditu.com/DataServer,0,4,1.1.1,TileService,Tile,A0610
_ImgAnno,IMG_PLACE_CN8-10,8,10,(EPSG:4326|-179.000000|-89.000000|179.000000
|89.000000),256,1,1,2,70.000000,1,
1,http://tile0.tianditu.com/DataServer,0,5,1.1.1,TileService,Tile,e11,IMG_M
AP_CN11,11,11,(EPSG:4326|-179.000000|-89.000000|179.000000|
89.000000),256,1,1,2,0.000000,1,
1,http://tile0.tianditu.com/DataServer,0,6,1.1.1,TileService,Tile,e12,IMG_M
AP_CN12,12,12,(EPSG:4326|-179.000000|-89.000000|179.000000|
```

图 5.19　服务配置文件

通过调整配置文件中服务路径和显示层级以及地理范围，可以将任意服务器上发布的影像、地名数据接入系统中，图 5.20～图 5.23 分别展示了 Android、IOS 操作系统接入天地图以及局域网服务器发布的影像数据。

用户反复浏览相同位置需要多次对同一地理范围的地理数据进行请求，如果每次都通过网络下载的方式获取，不仅仅消耗大量的数据下载流量，也会增加下载线程压力。为此，移动三维虚拟地球使用本地文件缓存模块，将下载的数据缓存到本地文件中。请求时，通过数据索引直接读取缓存文件中相应位置的缓存数据，并在系统中解析加载。移动设备 SD 卡（即一种基于半导体快闪记忆器的新一代记忆设备）大小有限，系统长期运行将导致缓存文件逐步增大，占用了较大的移动设备磁盘空间，因而需要构建缓存管理功能，适时清除缓存数据，如图 5.24、图 5.25 所示。

图 5.20　Android 操作系统天地图影像数据

图 5.21　Android 操作系统局域网服务器发布影像数据

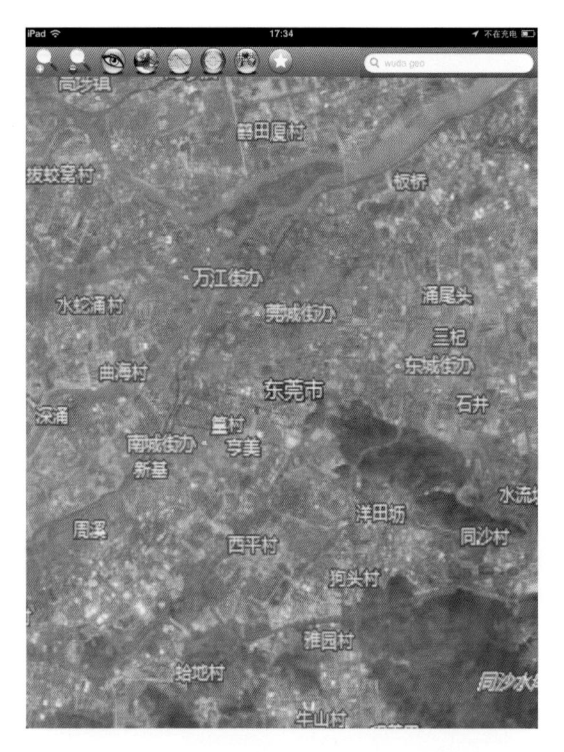


图 5.22　IOS 操作系统天地图影像数据

图 5.23　IOS 操作系统局域网服务器发布影像数据

图 5.24 Android 操作系统缓存管理菜单

图 5.25 IOS 操作系统缓存管理菜单

2）数据浏览功能

系统集成了天地图影像数据、地名标注数据、地形数据以及局域网发布的建筑物模型数据，并提供了图层管理功能、不同视角浏览等功能。

（1）图层管理。地图服务平台能够为用户提供影像、地形、地名、模型服务，多源地理数据作为图层在三维虚拟地球中叠加显示，用户通过控制图层的显隐来实现特定地区观察的目的。图 5.26、图 5.27 分别显示了 Android、IOS 操作系统图层配置菜单，图 5.28、图 5.29 分别显示 Android、IOS 操作系统开启影像、地名、地形图层后的三维虚拟地球中的地形起伏。图 5.30、图 5.31 分别显示了 Android、IOS 操作系统开启影像、地名、地形、模型图层后的三维虚拟地球中的局部城市建筑物模型。

图 5.26　Android 操作系统图层配置菜单

（2）浏览操作。部分低端 Android 智能手机无法支持多点（大于两点）的操作方式，因此在屏幕上设置按钮，用户可以通过改变当前虚拟相机的观察视角，从侧面观察地理目标。对空间三维特性比较明显的地物，倾斜视角将能够实现较好的操作，如地形、三维建筑物模型，图 5.32、图 5.33 分别展示了 Android、IOS 操作系统中倾斜视角下地形起伏，图 5.34、图 5.35 分别展示了 Android、IOS 操作系统中倾斜视角下三维建筑物模型的渲染效果。用户通过两点触控可以实现视点距离缩放功能，从而实现在近距离和远距离不同视点模式下观察三维虚拟地球，如图 5.24、图 5.25 均属于全局视角，图 5.34、图 5.35 均属于局部视角。

图 5.27 IOS 操作系统图层配置菜单

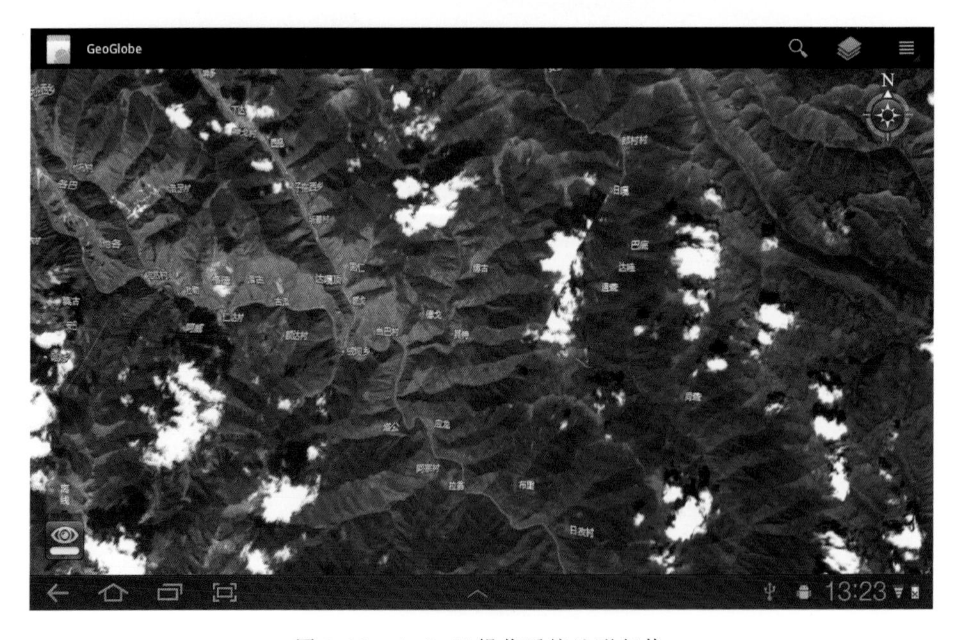


图 5.28 Android 操作系统地形起伏

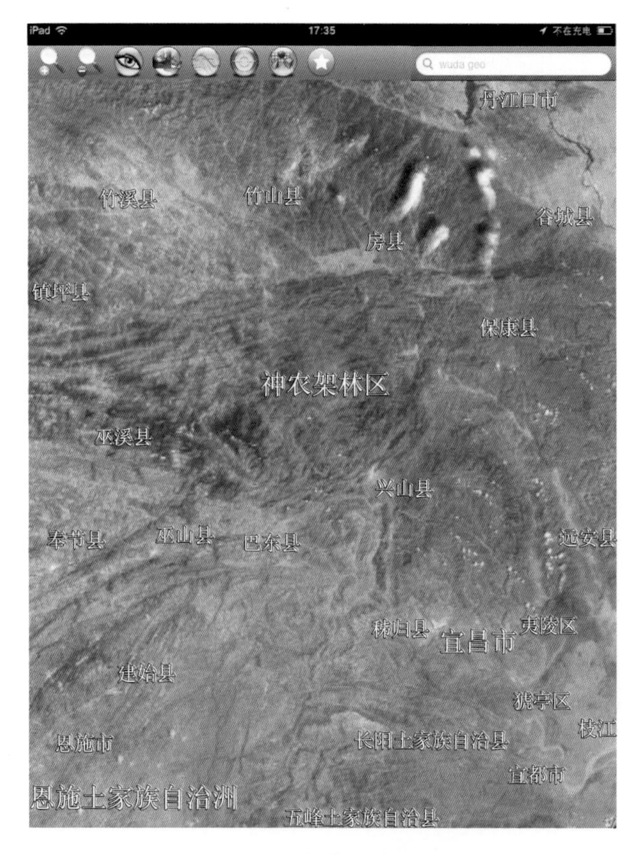


图 5.29　IOS 操作系统地形起伏

图 5.30　Android 操作系统局部城市建筑物模型图层

图 5.31　IOS 操作系统局部城市建筑物模型图层

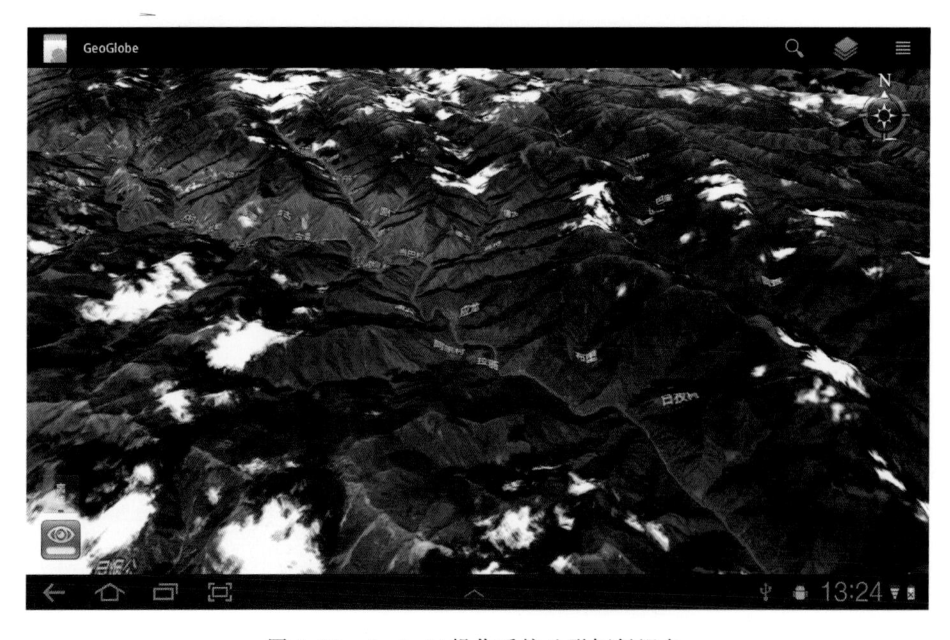


图 5.32　Android 操作系统地形倾斜视角

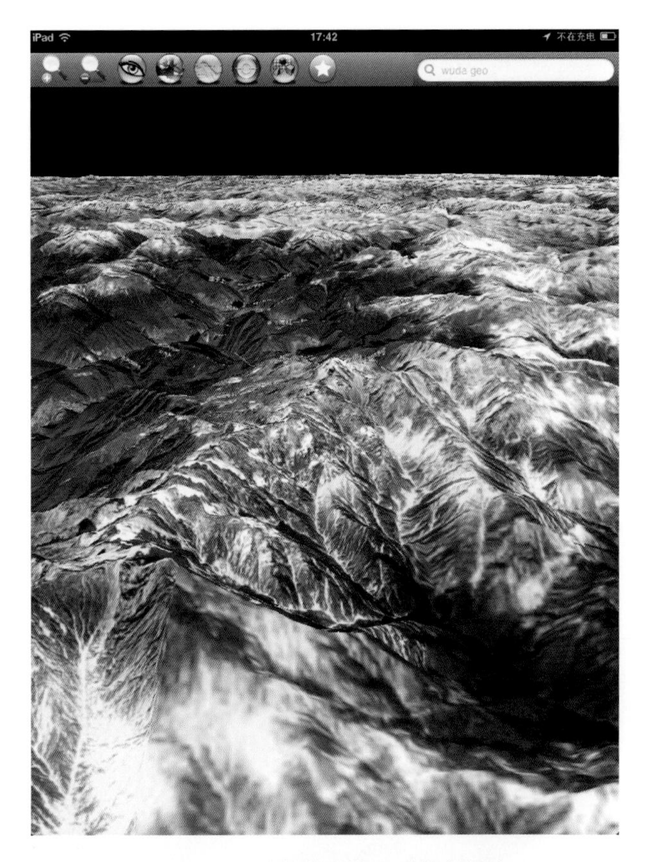


图 5.33　IOS 操作系统地形倾斜视角

图 5.34　Android 操作系统三维建筑物模型倾斜视图

图 5.35 IOS 操作系统三维建筑物模型倾斜视图

3）信息查询功能

三维虚拟地球在集成异构地理数据的基础上还提供基于 WFS 的信息查询服务，提供要素查询功能，要素查询动作被设计为后台运作，因此在查询过程中不影响用户交互操作。移动终端三维虚拟地球系统基于 WFS 协议现提供两种查询服务——地名查询、驾车线路查询，下面将分别详细阐述。

（1）地名查询。在三维虚拟地球系统界面上点击搜索条，并在搜索条中输入需要查询的要素关键字，如图 5.36、图 5.37 所示。系统通过 WFS 协议将请求到的查询结果进行解析，并将用户关注的信息以列表的形式展现到屏幕上，如图 5.38、图 5.39 所示。将查询到的结果以红点的形式在三维虚拟地球中标注出来，并在红点上方构建三维悬空字，用户点击列表中感兴趣的要素，虚拟相机将自动实现视角切换，逐步将视角移动到相应的感兴趣点上，如图 5.40、图 5.41 所示。

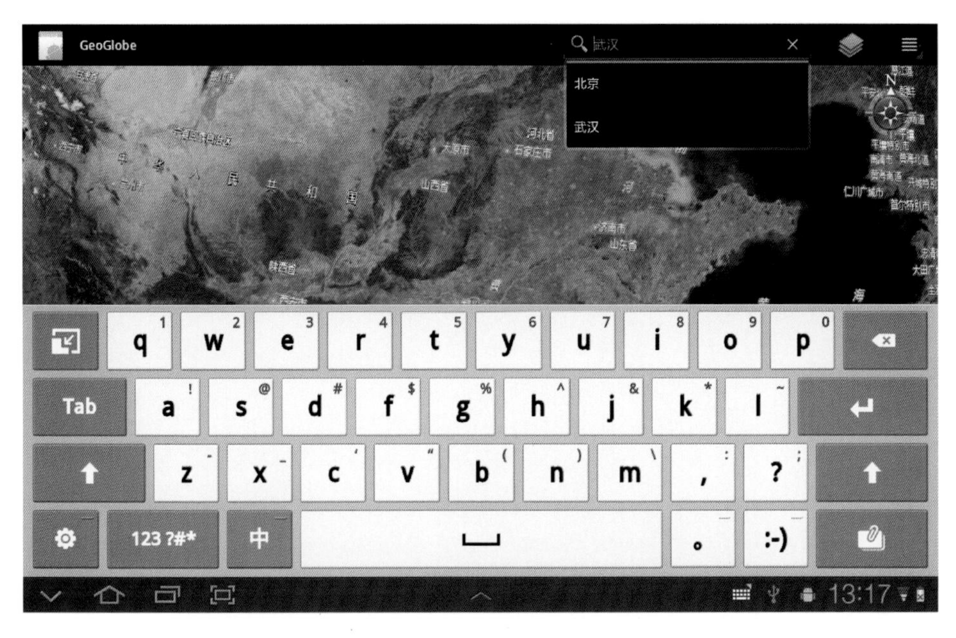


图 5.36　Android 操作系统要素查询菜单

图 5.37　IOS 操作系统要素查询菜单

图 5.38　Android 操作系统地名查询结果列表

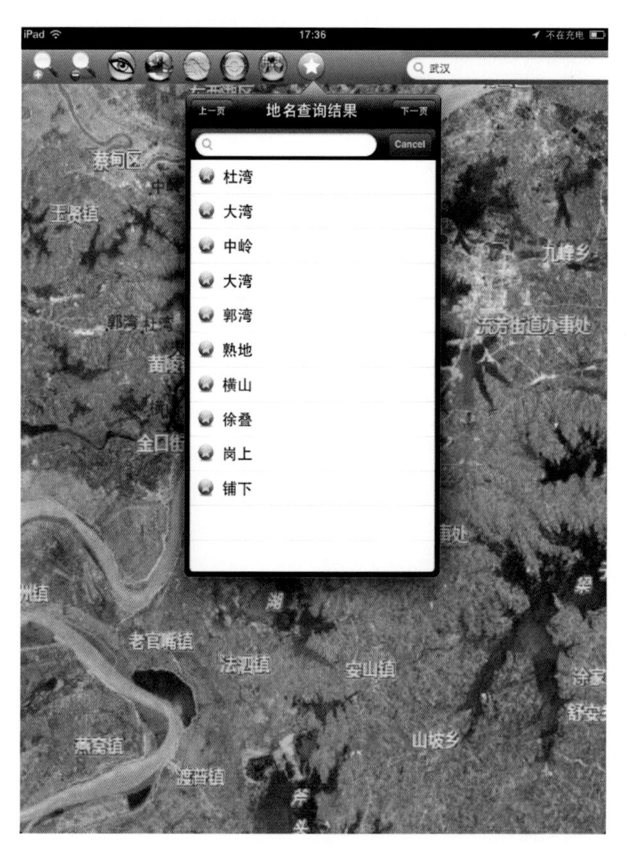


图 5.39　IOS 操作系统地名查询结果列表

图 5.40　Android 操作系统地名查询结果三维显示

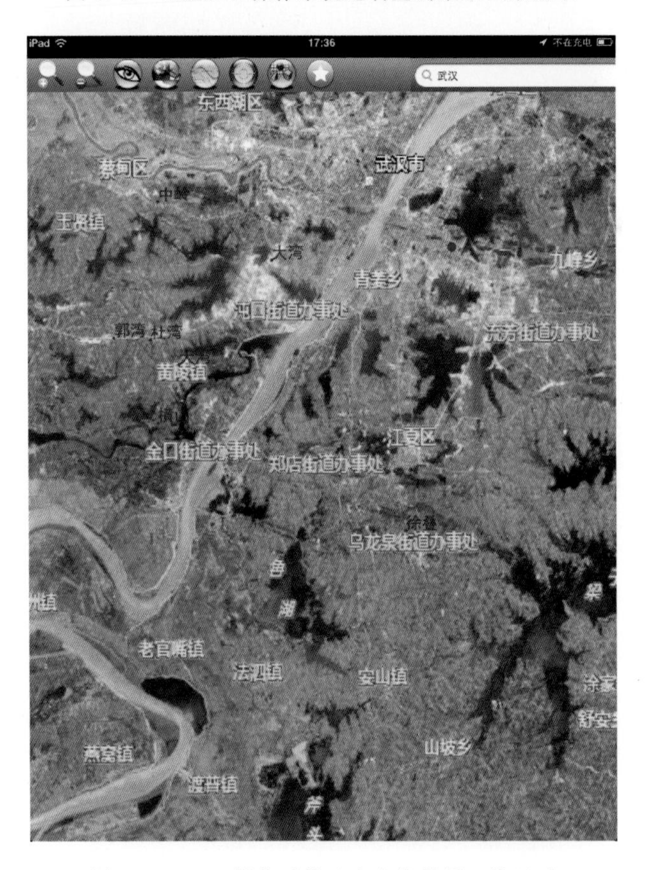


图 5.41　IOS 操作系统地名查询结果三维显示

(2) 驾车线路查询。移动三维虚拟地球系统中，基于已有的地名查询结果，用户可以通过设置起始点来进行驾车线路查询，在可以接受的短暂 1 s 展现实际的驾车路线，为导航、用户自驾提供应用基础。首先，用户搜索需要驾车的起始点地名关键字，并在搜索结果列表中需要的起始点地名设置为驾车线路的起始点，如图 5.42、图 5.43 所示。其次，点击驾车线路查询按钮，系统将基于 WFS 协议进行查询，将查询结果解析出来并在界面上以文字的形式解析出来，同时在三维虚拟地球中将线路渲染出来，如图 5.44、图 5.45 所示。

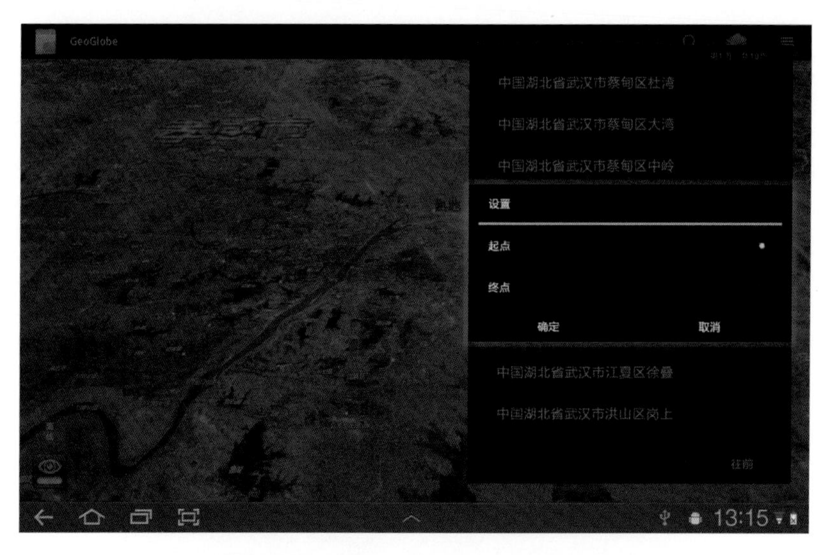


图 5.42　Android 操作系统驾车线路始、终点设置

图 5.43　IOS 操作系统驾车线路始、终点设置

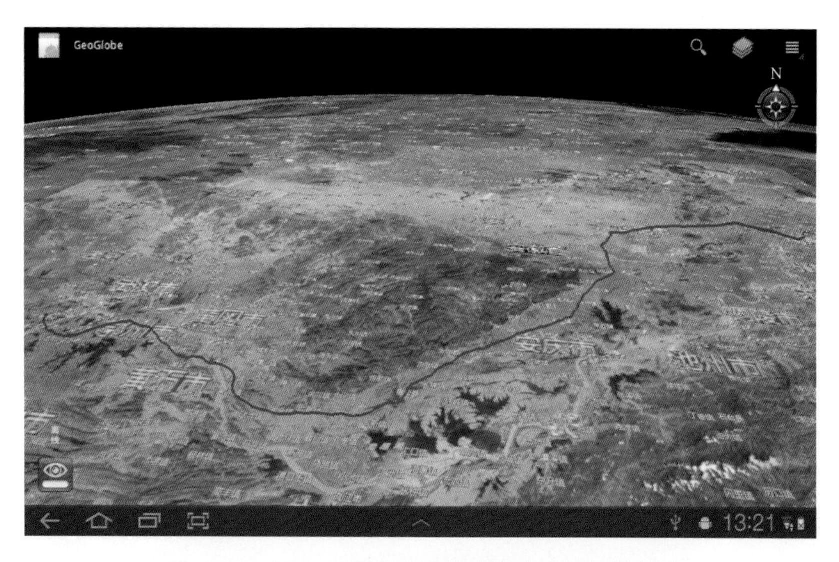


图 5.44　Android 操作系统驾车线路查询结果显示

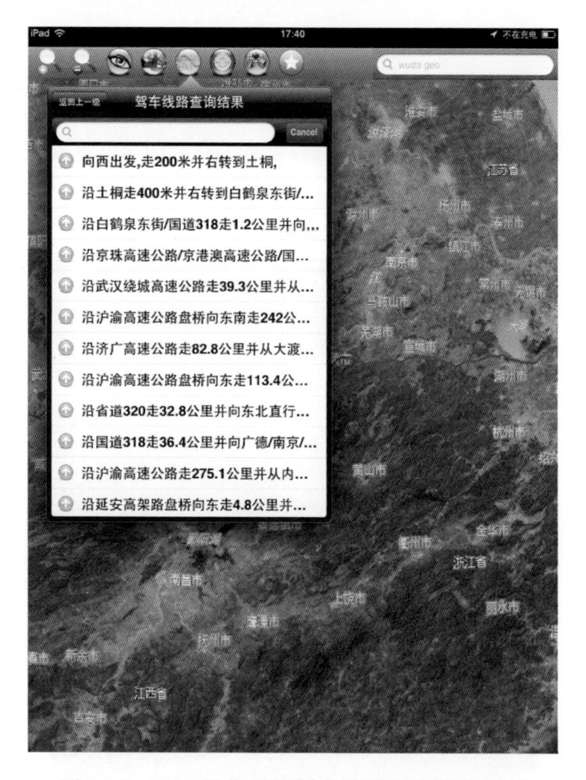


图 5.45　IOS 操作系统驾车线路查询结果显示

4）位置定位功能

位置定位是移动三维虚拟地球系统的特色功能，用户只需要点击菜单中的定位按钮，系统将在后台默认启动移动设备自带的 GPS 信号接收装置，进行位置定位。GPS 定位功能支持 GPS、A-GPS、WIFI 定位。系统会根据当前硬件配置情况和用户所处环境，自动选择合适的定位方式。当然，用户也可以通过设置精度值以实现特定的定位方式。定位成功后，系统将自动飞行到定位地点。GPS 点的标注，GeoGlobe 系统暂时采用方形或圆形小点标绘当前的位置，可以根据具体应用实际需求，设计不同的图标用作标识绘制，如图 5.46、图 5.47 所示。

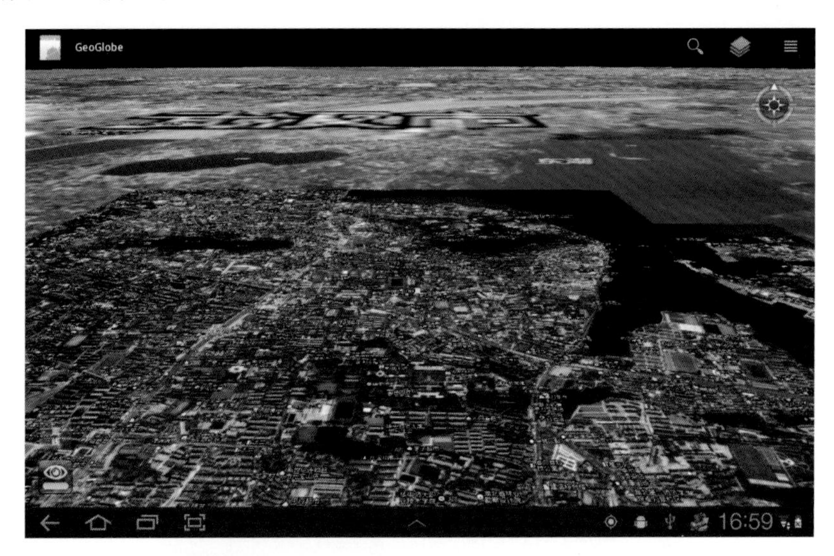


图 5.46 Android 操作系统 GPS 定位点显示

图 5.47 IOS 操作系统 GPS 定位点显示

#### 4. 结果与分析

完成实验系统开发以后，将系统部署到移动设备真机上，进行系统性能测试，并对各项性能指数进行统计。其中，Android、IOS 移动设备的硬件参数分别见表 5.3、表 5.4。系统各项功能运行效率见表 5.5～表 5.8。

**表 5.3　Android 系统摩托罗拉平板 MZ606 硬件设备参数**

| 项目 | 参数 |
| --- | --- |
| 系统版本 | Android4.0 |
| CPU | NvidiaTegra2 双核，1 GHz |
| 系统内存 | 1 GB |
| 存储容量 | 32 GB |
| 屏幕大小 | 1 280×800 |

**表 5.4　IOS 系统苹果 ipad 2 硬件设备参数**

| 项目 | 参数 |
| --- | --- |
| 系统版本 | IOS 4.3 |
| CPU | A5 双核，1 GHz |
| 系统内存 | 512 MB |
| 存储容量 | 16 GB |
| 屏幕大小 | 1 024×768 |

**表 5.5　Android 设备系统运行效率系统负载统计**

| 复杂度类型 | 参数类型 | 数量 |
| --- | --- | --- |
| 纹理复杂度 | 影像纹理大小（均） | 15 KB |
| | 单个模型纹理大小（均） | 44 KB |
| 几何复杂度 | 屏幕内建筑物模型个数 | 750 个 |
| | 屏幕内三角形面片个数 | 750×450＋20 000＝357 500 个 |

**表 5.6　Android 设备系统运行效率**

| 功能 | 类型 | 单次耗时/s |
| --- | --- | --- |
| 渲染平均时间 | — | 0.033 600 0 |
| 更新平均时间 | — | 0.050 000 0 |
| 下载平均时间 | 影像瓦片 | 0.467 353 6 |
| | 地名瓦片 | 0.723 684 2 |
| | 地形瓦片 | 1.355 788 0 |
| | 模型瓦片 | 3.081 799 7 |

续表

| 功能 | 类型 | 单次耗时/s |
|---|---|---|
| | | |
| 数据解析平均时间 | 影像图片数据 | 0.016 076 5 |
| | 地形瓦片数据 | 0.005 133 3 |
| 数据加载平均时间 | 缓存数据读取 | 0.000 648 2 |
| | 纹理数据加载 | 0.005 878 6 |
| 查询平均时间 | 地名查询 | 0.855 788 0 |
| | 驾车线路查询 | 1.236 580 0 |
| GPS定位平均时间 | — | 约6.0 |

**表5.7　IOS设备系统运行效率系统负载统计**

| 复杂度类型 | 参数类型 | 数量 |
|---|---|---|
| 纹理复杂度 | 影像纹理大小(均) | 15 kB |
| | 单个模型纹理大小(均) | 44 kB |
| 几何复杂度 | 屏幕内建筑物模型个数 | 750个 |
| | 屏幕内三角形面片个数 | 750×450+18 000=355 500个 |

**表5.8　IOS设备系统运行效率功能效率统计**

| 功能 | 类型 | 单次耗时/s |
|---|---|---|
| 渲染平均时间 | — | 0.028 571 4 |
| 更新平均时间 | — | 0.050 000 0 |
| 下载平均时间 | 影像瓦片 | 0.565 745 1 |
| | 地名瓦片 | 0.758 243 8 |
| | 地形瓦片 | 1.061 320 5 |
| | 模型瓦片 | 3.657 235 8 |
| 数据解析平均时间 | 影像图片数据 | 0.012 533 2 |
| | 地形瓦片数据 | 0.001 914 2 |
| 数据加载平均时间 | 缓存数据读取 | 0.000 144 5 |
| | 纹理数据加载 | 0.005 878 6 |
| 查询平均时间 | 地名查询 | 0.617 337 1 |
| | 驾车线路查询 | 1.387 420 0 |
| GPS定位平均时间 | — | 5.0～6.0 |

表5.5～表5.8中时间统计均是在长时间操作时记录的,单次记录笔数在14 000～60 000,如地形数据解算统计次数为64 189次。GPS定位时间以获取到经纬度为准,而且受限于室内室外的差异,因此时间统计为粗略值。

从表5.5～5.8中渲染时间统计可知,Android、IOS操作系统移动三维虚拟地球在屏幕内显示 750 个建筑物模型，屏幕内同时渲染 35 万个以上三角形面片，渲染帧率仍然能够保持在 30 帧以上。从表 5.5～表 5.8 中的更新时间统计可知，更新始终稳定在 0.05 s，即保证有 20 帧的更新帧率，多余的时间将暂停更新线程，释放多余的 CPU 资源。从表 5.5～表 5.8 的下载时间统计可知，多线程的下载模式使影像数据的下载时间基本在 0.5 s左右，完全能够满足用户操作实时获取数据的时间需求。从表 5.5～表 5.8 的数据解析和数据加载时间可以看出，如果用户多次浏览相同地区，需要显示的地理数据已经缓存到本地，用户操作将几乎没有滞留感，具有良好的用户体验。

由表 5.5～表 5.8 对比可知，系统在 Android、IOS 上各项性能指标相差不大，由于硬件支持的特殊性导致的浮点数据解算时间、数据文件读取时间略有差异。但是，渲染、更新、下载效率高效，满足跨平台软件在不同系统之间性能不受操作系统差异影响的要求，且都能够高效运行。

## 5.4　本章小结

本章介绍了自主研发三维虚拟地球软件平台 GeoGlobe，详细介绍了其规范化处理子系统、建库与管理子系统、分布式服务子系统、球面三维可视化子系统以及空间信息服务注册中心，对面向移动终端版本的三维虚拟地球软件平台的研发也进行了详细讨论。

## 参考文献

陈飞翔，杨崇俊，申胜利，等，2006. 基于 LBS 的移动 GIS 研究. 计算机工程与应用(2)：200-202.
程春蕊，刘万军，2007. 高内聚低耦合软件架构的构建. 计算机系统应用(7)：19-22.
董鉥涛，2012. 三维虚拟地球中多视点无缝浏览. 武汉：武汉大学.
龚健雅，陈静，向隆刚，等，2010. 开放式虚拟地球集成共享平台 GeoGlobe. 测绘学报，39(6)：551-553.
龚健雅，高文秀，陈静，等，2007. 多源空间信息的集成方法：对地观测数据处理与分析研究进展. 武汉：武汉大学出版社：226-230.
康铭东，彭玉群，2008. 移动 GIS 的关键技术与应用. 测绘通报(9)：50-53.
李彬，2009. 手机电子地图系统的设计与开发. 济南：山东大学.
林远，2012. 跨平台手机移动中间件的设计与实现. 杭州：浙江工业大学.
刘琨，2007. 基于智能客户端的三维移动 GIS 的设计与实现. 武汉：华中科技大学.
马克，拉马赫，2009. iPhone3 开发基础教程. 漆振译. 北京：人民邮电出版社：336-337.
万相奎，陈建明，2009. 改进的嵌入式软件架构及其应用层开发模式. 计算机工程与设计(30)：5358-5364.
吴宇佳，浦伟，周妍，2012. Linux 下多线程数据采集研究与实现. 信息安全与通信保密(7)：92-94.
杨丰盛，2010. Android 应用开发揭秘. 北京：机械工业出版社：45-49.
祖为国，邓非，梁经勇，2008. 海量三维 GIS 数据可视化系统的实现研究. 测绘通报，2008(7)：39-40.
ROST R J，2004. OpenGL(R) Shading Language. Boston：Addison Wesley Longman PublishingCo. Inc.
SARAH A，2011. 智能手机跨平台开发高级教程. 北京：清华大学出版社.
SHOEMAKE K，1994. Arcball Rotation Control. Graphics Gems，175-192.

# 第6章　三维虚拟地球技术的应用与实践

## 6.1　引　　言

在第5章自主研发三维虚拟地球软件平台基础上，本章主要在阐述基于虚拟地球的多源空间信息集成共享方法基础上，介绍面向大众应用的“天地图”；在阐述电力线模型的数据组织与调度基础上，介绍面向移动终端的三维虚拟地球应用；在阐述面向GPU的海浪动态绘制方法基础上，介绍面向虚拟地球的海洋应用。

## 6.2　基于虚拟地球的多源空间信息集成共享方法

已有典型的谷歌地球等三维虚拟系统分别采用不同的球面剖分模型、球面编码方法和全球空间参考基准，不同三维虚拟地球系统之间、三维虚拟地球与专业地理信息系统之间数据难以实现集成和共享。已有研究与应用中没有将空间数据的组织、异构虚拟地球数据集成与面向地理信息共享服务进行有机集成，实现对分布式、多源、异构地理信息的共享服务。

对此，本节面向异构虚拟地球协同服务和适应多级、多节点的地理信息集成服务等方法，主要讨论了下面几个问题：①面向专业地理信息管理、处理服务与网络集成共享的特点，设计了集成专业空间数据管理、处理服务与虚拟地球的分布式集成共享服务系统架构；②在此基础上，针对系统架构中异构虚拟地球的数据集成要求，研究了多源、异构三维虚拟地球数据集成的方法；③此外，针对系统架构中多级、多节点地理信息集成服务要求，遵循地理信息服务标准和统一服务接口，提出了基于多级节点服务聚合模型的地理信息集成共享方法；④将上述研究方法应用于国家地理信息公共服务平台“天地图”中，并介绍了“天地图”的应用情况。

### 6.2.1　网络地理信息集成共享服务系统架构

针对地理信息资源的分级、分尺度管理特点，以及地理信息服务的分布式、异构和多源的特征，设计了一个分布式多级多层的网络地理信息集成共享服务系统架构，如图6.1所示。

该系统架构首先是一个纵向多级服务架构，按照地理资源数据管理特点，设计为国家、省、市级地理信息服务节点，分别提供不同层次的地理信息在线服务。通过地理信息多级聚合服务，可以将分布在各地的地理信息服务节点连成一个协同运行的整体，实现地理信息综合集成与在线服务。同时，该系统架构也是一个多层服务结构，在每一级服务节

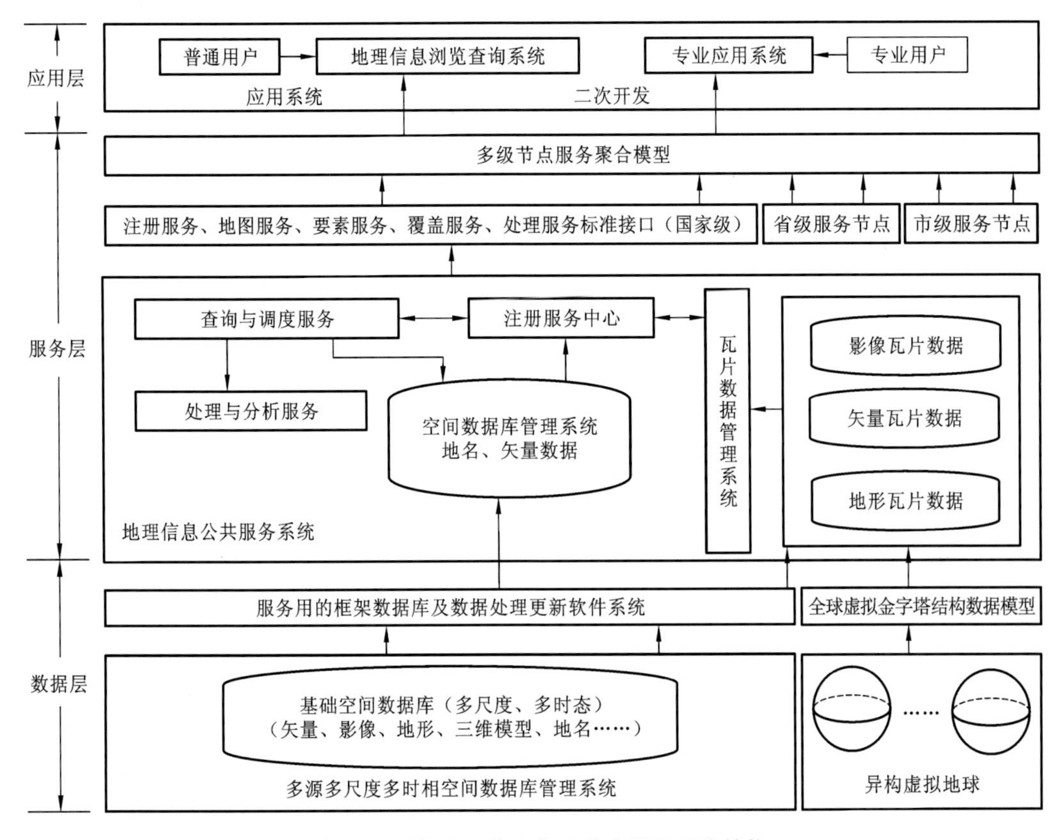


图 6.1　网络地理信息集成共享服务系统结构

点中，分为数据层、服务层和应用层三层架构。

(1) 数据层，管理服务节点中基础的多源、多尺度和多时相空间数据库，多源、多尺度和多时相空间数据库管理系统负责基础地理数据的管理与维护等工作，通过一定的方式抽取服务用的框架数据库，利用数据更新系统保持数据的现势性，并且生成面向服务的框架空间数据库。同时接入谷歌地球等多源异构虚拟地球数据。

(2) 服务层，是系统架构的核心层，数据来源自空间数据库管理系统和异构瓦片(Tile)数据管理系统。基于框架空间数据库，通过全球多尺度金字塔结构数据组织，生成分层分块的瓦片数据管理系统；针对地理信息处理服务要求，提供信息查询、处理与分析等功能；同时基于地理信息服务标准，提供注册服务、地图服务和要素服务等服务接口，各级服务节点能够集成异构虚拟地球数据，通过全球虚拟金字塔结构数据模型，将不同剖分方法、不同时相、不同分辨率数据建立的虚拟地球数据进行有机集成，形成异构虚拟地球的数据服务。

(3) 应用层，基于地理信息服务标准和统一服务接口，通过多级节点聚合模型，将不同节点上多尺度、多时相地理信息聚合服务为普通用户和专业用户提供统一的地理信息服务。

## 6.2.2 异构三维虚拟地球数据集成方法

### 1. 全球虚拟金字塔结构数据模型

不同的全球离散网格模型可以构建不同类型的多尺度金字塔结构的三维虚拟地球数据组织方法。针对如何有效的存储、组织与管理全球海量空间数据，集成不同三维虚拟地球的空间数据，本节提出了一种全球虚拟金字塔结构数据模型，如图 6.2 所示。

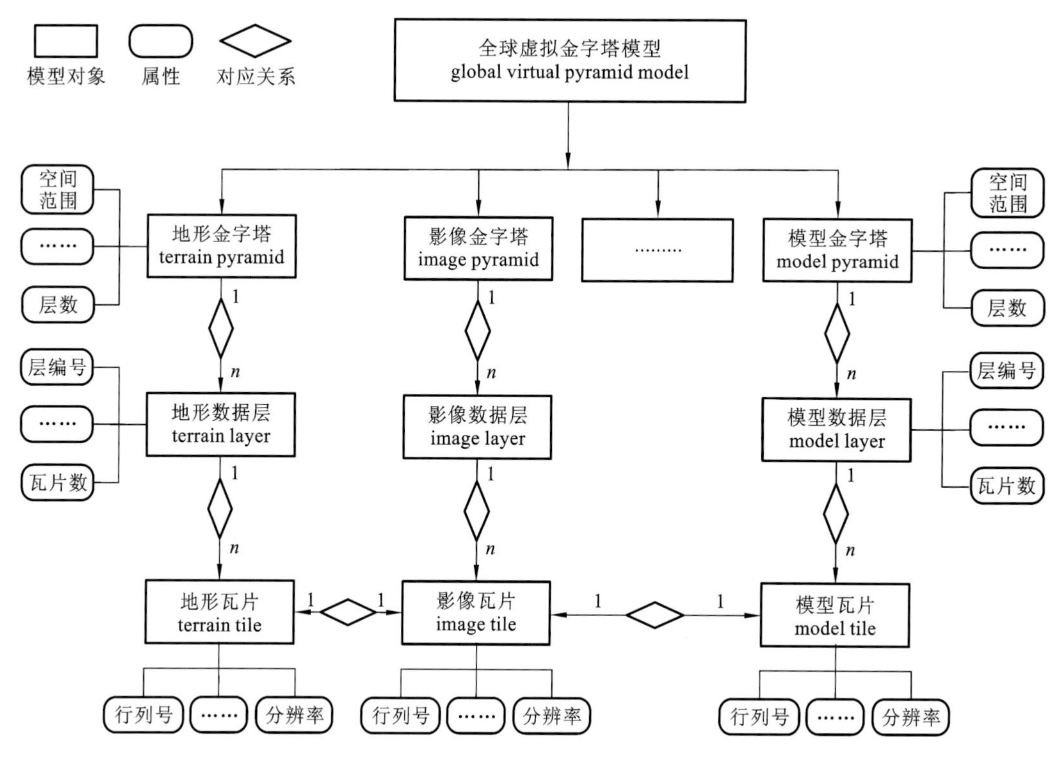


图 6.2 全球虚拟金字塔结构数据模型

全球虚拟金字塔结构数据模型由多个不同类型(地形、影像、模型等)的全球空间数据子金字塔构成；对一种类型的数据金字塔而言，包含有按照连续分辨率编号的多个数据层(layer)；对一个数据层而言，包含具有一定全球剖分规则而构建的瓦片文件，瓦片作为金字塔结构空间数据模型的最小单元，具有一定的分辨率、空间范围和行列编码等属性。对不同类型的瓦片之间，如地形瓦片和影像瓦片，因为影像作为地形格网的纹理属性，所以表现出一一对应的映射关系；模型瓦片和影像瓦片之间，由于模型瓦片直接依附影像和地形瓦片，同样表现出一一对应的映射关系。基于上述映射关系，为不同类型数据层和金字塔结构之间的联系奠定了基础。基于上述全球虚拟金字塔结构数据模型，下面给出模型对象具体的数据结构。

1）全球虚拟金字塔模型 VPGlobalPyramid

```
Struct VPGlobalPyramid{
        VPTypeGroup*mImageGroup;
        //影像金字塔
        VPTypeGroup*mTerrainGroup;
        //地形金字塔
        VPTypeGroup*mModelGroup;
        //模型金字塔
        …
        int m_GroupsCount
        //金字塔所含类型金字塔的数量
        BOOL m_bInitialized;
        //是否已经被初始化
    };
```

2）分类型子金字塔结构 VPTypeGroup

```
Struct VPTypeGroup {
        std::vector<VPTypeSet*>mSetArray;
        //数据集对象集合
        int mLevelCount;
        //类型金字塔包含 Layer 层数
        Typedefstruct Region {
            Doublem_dWest;
            Double m_dEast;
            Double m_dNorth;
            Double m_dSouth;
        }GroupRegion;  //类型金字塔空间范围结构体
        …
        BOOLm_bInitialized;  //是否已经被初始化
    };
```

3)分层数据结构 VPLayerTiles

```
Struct VPLayerTiles{
        int m_nLevel;           //Layer 层编号
        int m_nTileCount ;      //Layer 包含的瓦片数
        std::map<LONGLONG,VPTile*> m_HashTiles; //Layer 包含瓦片构成的哈希表
        …
        BOOLm_bInitialized;     //是否已经被初始化
    };
```

在每一个 Layer 的结构中，用一个哈希表结构对该 Layer 所包含所有瓦片进行维护和

管理，根据关键码值(Key value)来访问对应的 Tile 数据，用以加快查找速度和访问效率。

4）瓦片结构 Tile

```
Struct VPTile {
        int m_nRow;   //瓦片行编号
        int m_nColumn;   //瓦片列编号
        int m_nLevel;   //瓦片层编号
        CBoundingBoxm_BoundingBox;   //瓦片包围盒
        Typedef struct tagVertex {
            float x,y,z;   //空间位置坐标
            float Tu,Tv;   //纹理坐标
        }CustomVertex_PosTex;   //空间坐标、对应纹理坐标结构体
        CustomVertex_ PosTex *m_pNorthWestVertices;
        CustomVertex_ PosTex *m_pSouthWestVertices;
        CustomVertex_ PosTex *m_pNorthEastVertices;
        CustomVertex_ PosTex *m_pSouthEastVertices; //四个子节点的坐标结构体
        …
        BOOLm_bInitialized;   //是否已经被初始化
    };
```

在每一个瓦片的结构中，首先定义了一个由瓦片空间范围决定的包围盒，用以在数据调度时对瓦片可见性的判断；然后定义了一个用以保存顶点和其对应纹理坐标的结构体 CustomVertex_ PosTex，每一个瓦片定义按照四叉树结构定义了四个子节点，每一个子节点保存了一个 CustomVertex_ PosTex 指针对象，用以存储构成子节点的所有顶点和纹理数据，因此瓦片的渲染分为对四个子节点的分别渲染。

该数据模型和数据结构定义了全球空间数据组织中瓦片数据的空间参考、剖分方法和地理编码，为异构三维虚拟地球数据集成奠定基础。

### 2. 异构三维虚拟地球数据集成规则

由于异构三维虚拟地球具有不同的空间参考、剖分方法和地理编码，要实现异构三维虚拟地球数据集成，需要对上述三维虚拟地球的三个特征进行统一定义，形成异构三维虚拟地球数据集成规则。

(1) 空间参考。虚拟地球中常用的空间参考选取的是 WGS-84 坐标系统，常用地图投影之一墨卡托投影所有经纬线是互相垂直的，高纬度地区横向也变得很长，但其纵向距离随着纬度增大而变长，其变化比例接近，最大限度接近真实世界，保持地物的形状、角度不变(Yang,1989)，同时在虚拟地球中分块瓦片数据大小一致的情况下，瓦片数据量要减少一半，顾及墨卡托投影的上述优势，对异构虚拟地球数据集成的空间参考采用墨卡托投影。

(2) 球面剖分。虚拟地球面向全球空间数据组织与管理，球面剖分的方法决定了虚拟地球空间索引和瓦片数据的形状与大小。在球面剖分模型的研究中，为了精确实现对球面的剖分，通常使用将球面进行无限细分，但又不改变形状的地球体拟合格网，当细分

到一定程度时,可以达到模拟地球表面的目的,如正四面体、正八面体和正十二面体球面等剖分模型。尽管这种模型在球面拟合方面很有优势,但是将全球多尺度影像数据作为虚拟地球可视化绘制时,纹理映射比较复杂,并且坐标之间的投影转换也比较困难,导致数据索引效率不高。目前虚拟地球系统还没有非常成熟的应用,在已有的三维虚拟地球系统中,为了兼顾数据的检索与数据可视化效率,通常采用平面模型在球面网格划分方法,常见的主要有规则格网和混合格网两种。规则格网就是用规则网格单元覆盖球面投影后的平面,这些格网通常都是正方形,不同分辨率层级上单元的经纬度间隔之比一般为 2 的倍数,这样计算和索引方法比较简便。考虑现有虚拟地球瓦片的剖分方式,对异构虚拟地球数据集成的空间参考采用全球等经纬度规则格网的平面模型。

(3) 地理编码。基于球面剖分模型,为了更好地集成时间信息,全球虚拟金字塔结构数据模型中基于 Morton 编码构建全球虚拟地球地理编码,将全球瓦片空间数据的行列号转换为二进制,然后交叉放入 Morton 码中,构成一维的地址码,同时扩展时相信息,建立以时空一体 Morton 编码,并与全球球面剖分格网编码一致的空间索引,实现定位复杂度仅为 O(1)的检索算法。

### 3. 异构三维虚拟地球集成方法

全球虚拟金字塔数据模型作为全球分层分块的逻辑金字塔结构数据模型,提供了一个异构虚拟地球集成的逻辑视图,通过异构三维虚拟地球数据集成规则,建立该逻辑视图与异构三维虚拟地球中多尺度全球金字塔结构的映射,从而获取异构虚拟地球中的集成数据。异构虚拟地球的集成框架如图 6.3 所示。

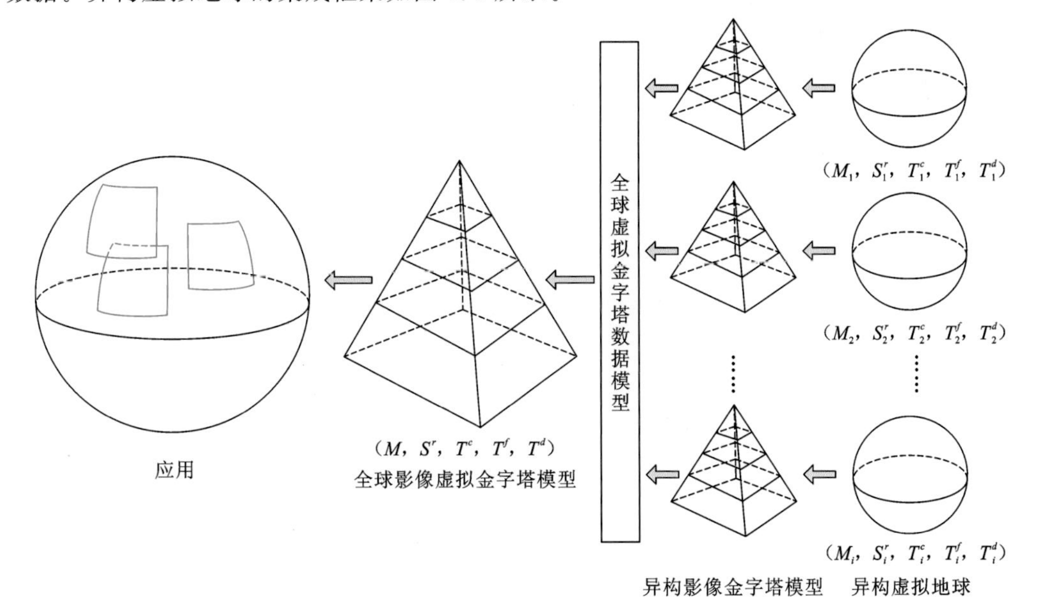


图 6.3　异构三维虚拟地球集成框架

$M$-元信息;$S^r$-空间参考;$T^c$-瓦片编码;$T^f$-瓦片文件;$T^d$-瓦片数据

在构建全球虚拟金字塔结构数据模型时，对金字塔模型进行分割，使一个主体金字塔模型中包含多个子金字塔模型。子金字塔模型表达的地理数据逻辑范围是主体金字塔模型若干连续层中的瓦片数据所占的逻辑范围，这样能使子金字塔模型的各层瓦片与主体金字塔中的瓦片保持数据结构的一致性。各子金字塔模型分别是异构三维虚拟地球金字塔模型的子集，子金字塔模型基于空间参考、剖分方法和地理编码三个规则建立全球虚拟金字塔结构数据模型和各个异构虚拟金字塔结构之间的映射关系，从瓦片元信息、瓦片空间参考、瓦片编码、瓦片文件格式和瓦片数据内容五方面将多源异构三维虚拟地球中瓦片空间数据转换为全球虚拟金字塔结构数据模型定义的统一瓦片空间数据结构，从而实现多源异构虚拟地球数据的无缝数据集成。

将上述异构三维虚拟地球数据集成方法集成于开放式三维虚拟地球集成共享平台 GeoGlobe 中，实现了 GeoGlobe 与 Google Earth 和 World Wind 等虚拟地球的数据共享集成。图 6.4 所示是 GeoGlobe 与 Google Earth 数据集成，可以通过在线网络，通过异构虚拟地球集成方法实时处理后，直接将 Google Earth 的数据转换成瓦片数据加载在 GeoGlobe 上，图 6.4 是接入 Google Earth 上海地区的 0.6 m 分辨率的卫星遥感影像的效果图。

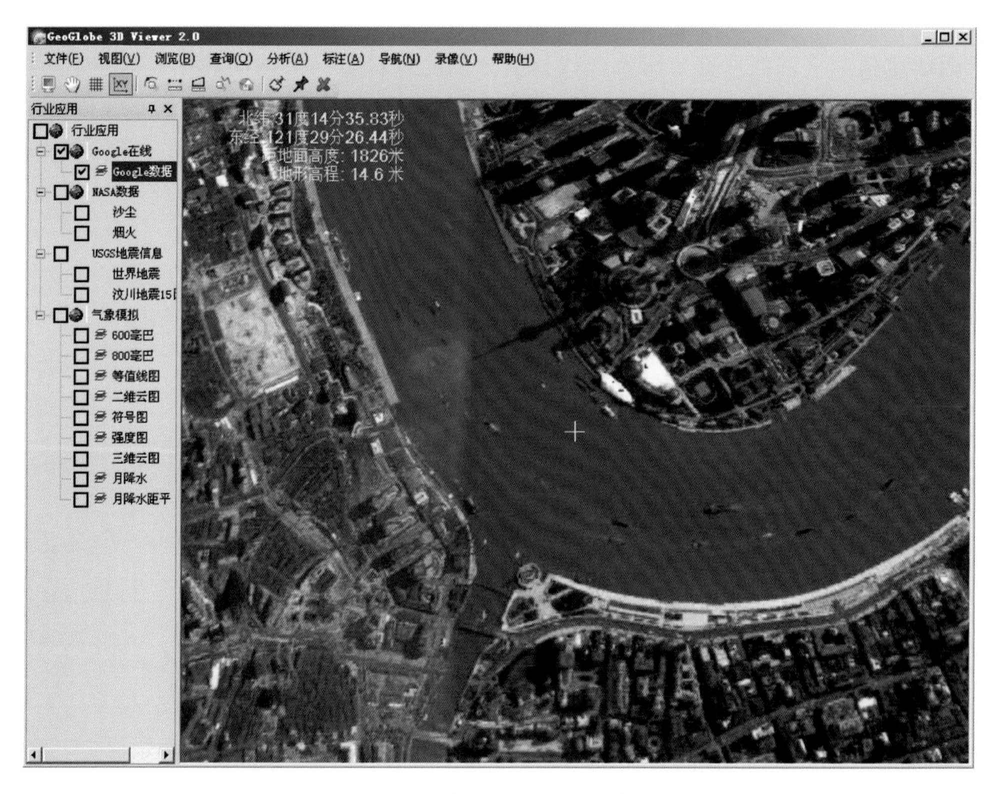


图 6.4 GeoGlobe 与 Google Earth 集成效果图

图 6.5 所示是 GeoGlobe 与 World Wind 数据集成，可以通过在线网络，通过异构虚拟地球集成方法实时处理后，直接将 World Wind 的地形数据转换成瓦片数据加载在

GeoGlobe 上，图 6.5 是接入 World Wind 的全球 90 m 分辨率的 SRTM 地形数据的效果图。

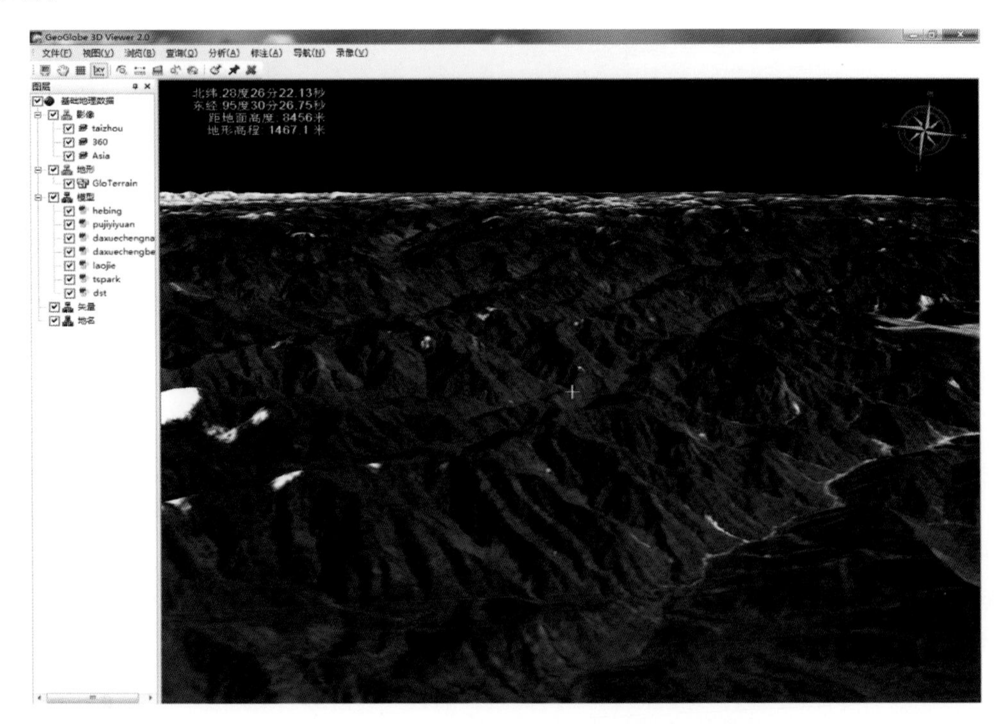


图 6.5　GeoGlobe 与 World Wind 的数据集成效果图

## 6.2.3　多级节点服务聚合的地理信息集成共享方法

### 1. 多级节点服务聚合模型

多源、多尺度和多时相地理信息通常存储在各级地理信息系统中，由于系统的独立性和结构的异构性，各系统成为独立的“信息孤岛”，难以实现共享服务。对此，基于本节提出的网络地理信息集成共享服务系统结构，针对国家、省和市三级地理信息在线集成共享服务要求，在各级节点上空间数据组织遵循具有统一的空间参考基准和全球虚拟金字塔数据模型的组织机制基础上，提出一个多级节点服务聚合模型，实现多级多尺度地理信息的集成共享。

从面向对象的观点看，多级节点服务聚合模型($M$)为各级节点对象的集合，如式(6.1)所示，其中，$N_{ij}$ 是一个服务节点对象的抽象表达，表示第 $i$ 级中的第 $j$ 个节点。

$$M=\{N_{11},\cdots,N_{1m},N_{21},\cdots,N_{2n},\cdots,N_{ij},\cdots\} \tag{6.1}$$

其中：$m$、$n$、$i$、$j$ 表示正整数。

每一个节点对象($N$)包含四个基本的内容，即该对象的标识符($\mathrm{ID}^{s}$)、空间数据($D^{s}$)、元信息数据($D^{m}$)和方法的集合($M^{s}$)，如式(6.2)所示：

$$N=\{\mathrm{ID}^{s},D^{s},D^{m},M^{s}\} \tag{6.2}$$

节点对象满足对象的定义，其由三部分组成，即对象标识符 ID、状态 $S$ 和方法集合 $F$。因此有：

$$\begin{aligned} \mathrm{ID}(N) &= \mathrm{ID}^{s} \\ S(N) &= D^{s} \cup D^{m} \\ F(N) &= M^{s} \end{aligned} \tag{6.3}$$

其中：$\mathrm{ID}^{s}$ 表示该对象的唯一标识，即服务地址；$D^{s}$ 表示该对象的空间数据，包括矢量、影像、地形、三维模型、地名等多尺度多时态的空间数据，此外，还包括影像、地形与矢量格式的瓦片数据等；$D^{m}$ 表示该服务节点的元信息数据，包括该节点中各个数据集的服务地址、地理范围、最大分辨率、地图层级数、数据格式、瓦片大小等统一描述元信息；$M^{s}$ 表示该节点对象所提供的方法集合，定义了对象内部之间（$M_{i}^{s}$）、对象与多级节点服务聚合模型之间（$M_{o}^{s}$）的连接关系和操作方法集合，如式(6.4)所示：

$$M^{s} = \{M_{i}^{s}, M_{o}^{s}\} \tag{6.4}$$

其中：$M_{i}^{s}$ 表示节点对象内部之间的方法集合，通过对节点对象元信息数据与空间数据的操作实现，如通过查找元信息数据获得本节点中全球多尺度地理数据的服务地址、服务级数并且获取瓦片空间数据等；$M_{o}^{s}$ 表示多级节点服务聚合模型或外部接口调用节点对象的 WMTS 接口与 API 函数，可以向外界提供本服务节点的元信息数据，能根据请求参数返回相应的瓦片空间数据等。

式(6.1)中所定义的各个节点对象具有相似的属性与方法，但各节点之间又有一定的区别，其相互之间的关系具体说明如下：

(1) 同级节点之间无交集（$N_{ij} \cap N_{ik} = \Phi$，$i$、$j$、$k$ 为正整数且 $j \neq k$）。同级节点之间在行政级别上是并列的，都有一个明确的地理范围，相互之间不存在包含与被包含的关系。

(2)上一级服务节点的地理范围是其子服务节点地理范围的并集（$N_{ij} = N_{(i+1)1} \cup N_{(i+1)2} \cdots N_{(i+1)k}$，$i$、$j$、$k$ 为正整数）。

多级节点服务聚合模型是各个节点对象的集合，对于其定义，需要满足以下两点前提条件：

① 各级服务节点上存储的全球地理数据的尺度是连续的，其瓦片空间数据组织遵循全球虚拟金字塔模型数据组织结构。例如，国家级节点的数据为 $0 \sim i$ 层，则省级节点的数据为 $i+1 \sim j$ 层，市级节点的数据为 $j+1 \sim k$ 层（其中，$i$、$j$、$k$ 为整数且 $i<j<k$）。

② 各个服务节点遵循 WMS 和 WMTS 接口规范，并提供瓦片空间数据服务接口 API 函数。

### 2. 多级节点服务聚合方法

基于上述模型，多级节点服务聚合的地理信息集成架构如图 6.6 所示，其中 $N_{11}$ 为国家级节点 $N_{2i}$ 为省级节点 $N_{3k}$ 为市级节点，其中 $i \geqslant 2, j \geqslant 2, k \geqslant 3, h \geqslant 4$。其中 $i, j, k, h$ 属于正整数。

该架构图中遵循国家级、省级和市级三级节点，每个节点可以包含若干个子节点（市

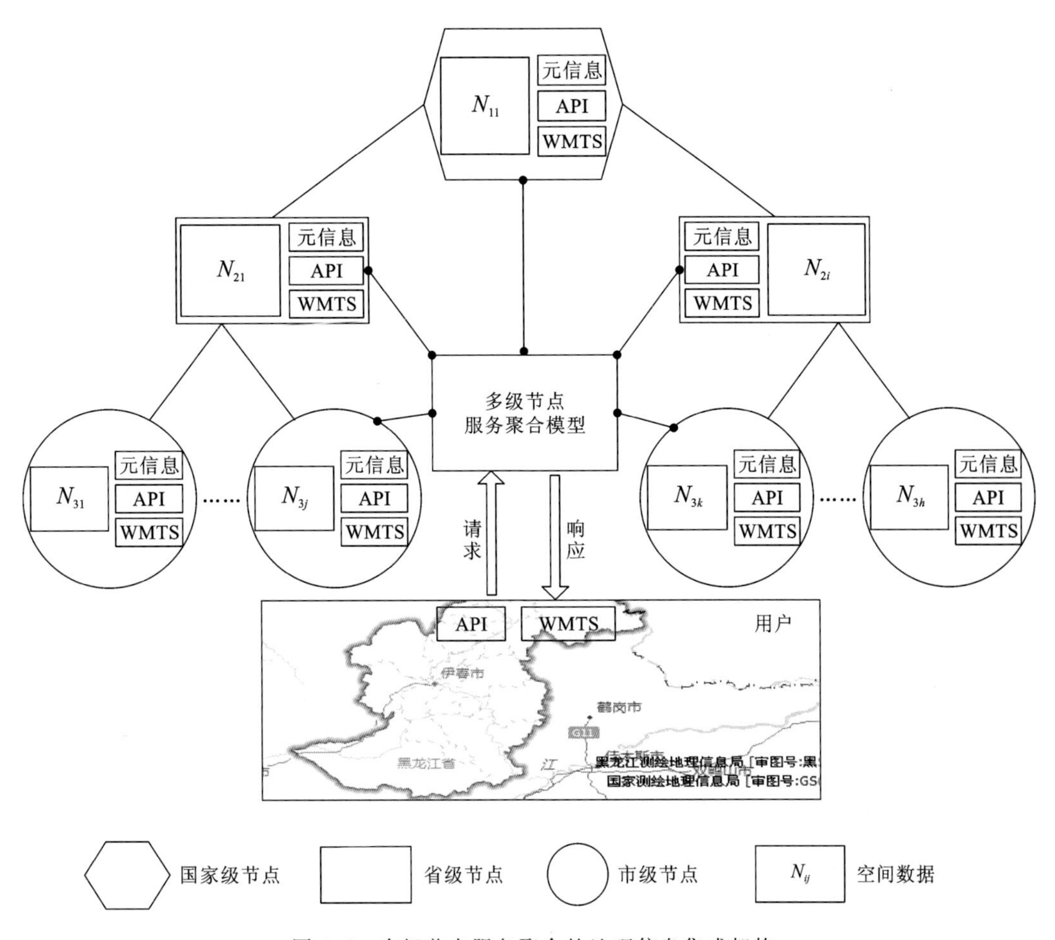


图 6.6　多级节点服务聚合的地理信息集成架构

级节点外)，但有且仅有一个父节点(国家级节点除外)。每个节点包含有空间数据、元信息、API 函数及 WMTS 服务接口四部分内容。在该架构中，所有的节点通过多级节点服务聚合模型联系起来，用户通过该聚合模型从各节点获取满足要求的数据，服务聚合的地理信息集成过程可以描述如下：

(1) 用户根据需要聚合的地理信息的空间范围 $R(L_1, B_1, L_2, B_2)$、分辨率($r$)和时态信息($t$)等信息，通过 API 接口或 WMTS 服务方式向多级节点服务聚合模型发送数据请求；

(2) 多级节点服务聚合模型搜索各个节点的元信息数据，得到与当前地理范围有交集的若干个节点，结果数据用式(6.5)表示：

$$M_R = \{N_1, N_2, N_3\} \tag{6.5}$$

其中：$M_R$ 表示多级节点服务聚合模型根据地理范围的搜索方法；$N_1$ 表示国家级节点；$N_2$ 表示省级节点；$N_3$ 表示市级节点，每级节点至少包含 1 个对象。

(3) 多级节点服务聚合模型根据分辨率从 2)所得的结果中搜索相对应分辨率的节

点，结果数据如式(6.6)所示：

$$M_r=\{N_{i1},\cdots,N_{ij}\} \tag{6.6}$$

其中：$i=1,2,3,j\geqslant 1$。$M_r$ 表示多级节点服务聚合模型根据分辨率的搜索方法，$N_{ij}$ 表示某一级中的某个节点。时态信息($t$)也依次类推。

(4) 多级节点服务聚合模型通过式(6.4)中的 $M_o^s$ 方法向各个节点发送数据请求，节点内部通过方法 $M_i^s$ 进行请求解析、数据获取等操作，最后把结果数据发送到 $M$。

(5) 多级节点服务聚合模型将各个节点返回的数据按照其地理位置，通过一定的方法($M_p$)聚合起来，将聚合的结果(Re)返回给用户显示，该结果如式(6.7)所示：

$$\mathrm{Re}=M_p(N_{i1},\cdots,N_{ij}) \tag{6.7}$$

(6) 若在屏幕显示范围内有部分区域没有当前分辨率的数据，则使用上一级的数据($N_{(i+1)j}$)代替，此时，需要将两级节点服务聚合，在进行放大、缩小等操作时也会聚合多级节点的数据，此过程用式(6.8)表示：

$$\mathrm{Re}=M_p(N_{i1},\cdots,N_{ij},N_{(i+1)j}) \tag{6.8}$$

### 3. 应用与讨论

对基于多节点服务聚合方法进行实验，实验基于国家地理信息公共服务平台“天地图”，黑龙江省级地理信息公共服务平台“天地图.黑龙江”和市级节点黑龙江省伊春市“天地图.伊春”进行。首先进入伊春市“天地图.伊春”门户网站，在小尺度伊春市范围内，此时黑龙江省和伊春市等省市级节点服务只有伊春市市界地理信息的服务，用于标明伊春市地理范围，聚合了国家级“天地图”和伊春市市界的信息如图 6.7 所示。

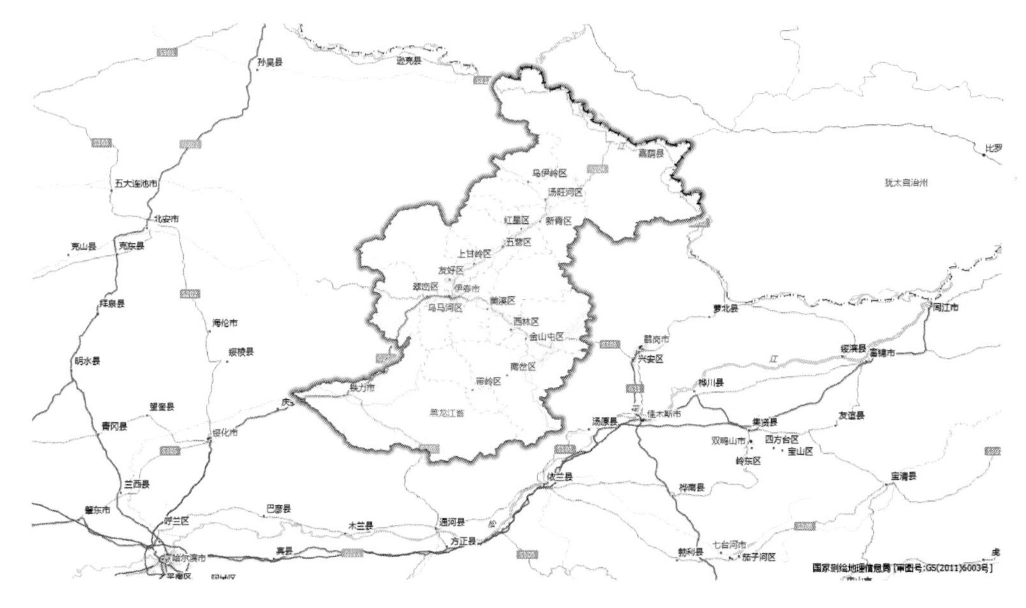


图 6.7　国家级“天地图”与伊春市市界服务聚合图

随着比例尺的放大，在一定比例尺条件下，需要进行省级节点的服务聚合。这里做个对比实验，图 6.8 是国家级节点“天地图”显示的伊春市地理信息。图 6.9 是国家级节点“天地图”与省级节点服务聚合后显示的伊春市地理信息。可以看出图 6.9 的服务聚合后，保留了国家级节点中铁路、水系等地物要素，其他要素由于省级节点地理信息比国家级节点信息内容更加丰富，所以，显示的是省级要素信息。

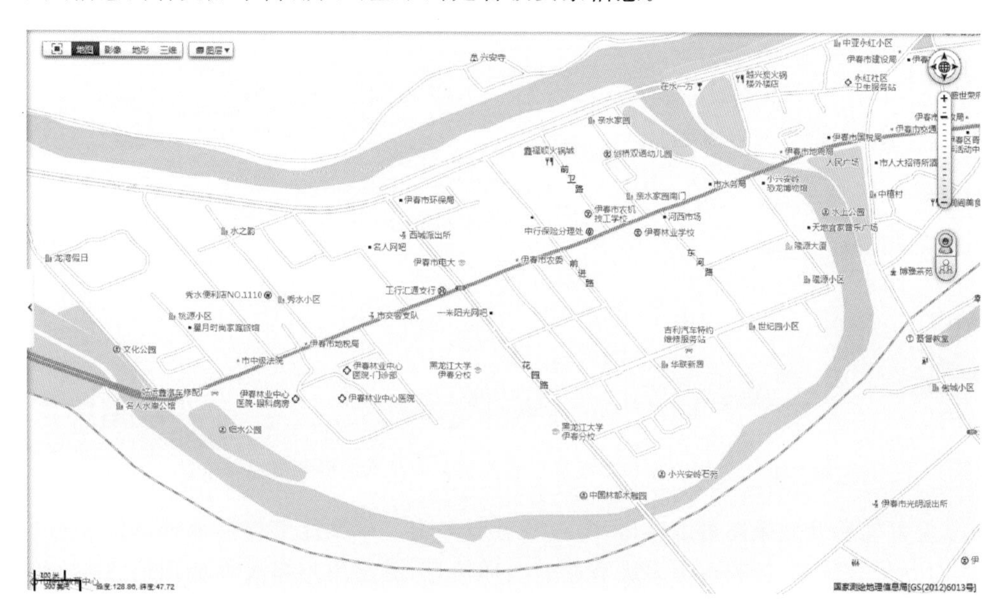


图 6.8　国家级节点“天地图”显示的伊春市地理信息

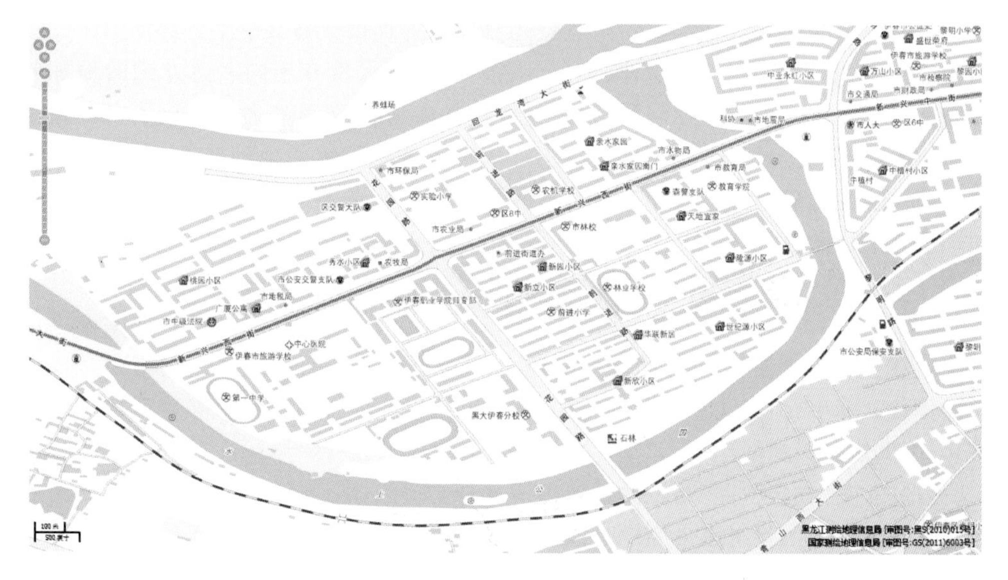


图 6.9　国家级节点“天地图”与省级节点服务聚合后显示的伊春市地理信息

再进行比例尺的放大，在一定比例尺条件下，需要进行市级节点的服务聚合，图 6.10 是在图 6.9 基础上，进行黑龙江省省级与伊春市市级节点服务聚合后的伊春市地理信息效果图。可以看出图 6.10 中地理要素信息的尺度和内容相比图 6.9 丰富了不少。

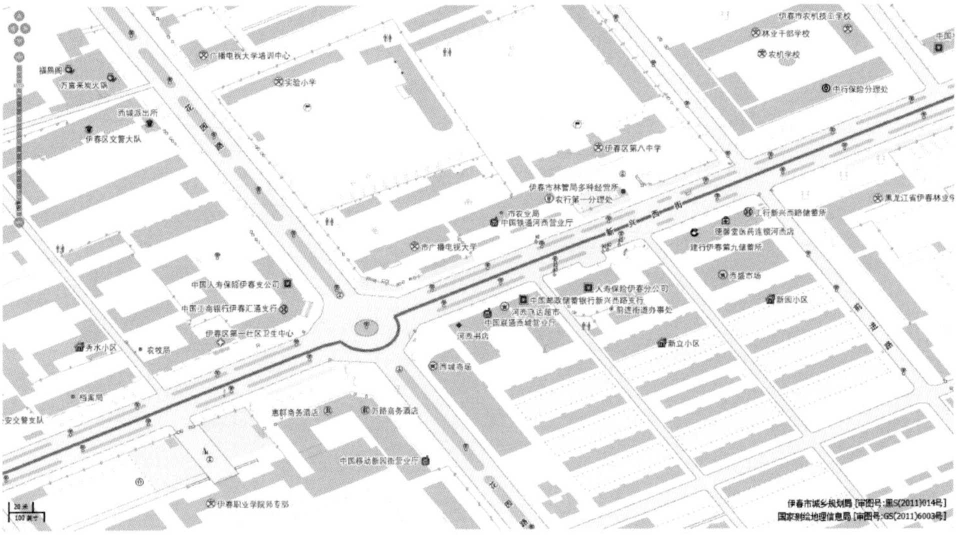

图 6.10　省级节点和市级节点服务聚合后显示的伊春市地理信息

从上面实验及效果图可以看出，多级节点服务聚合模型能够根据地理范围和可视化尺度，自动聚合国家、省和市等多级节点的地理信息，满足用户多尺度地理信息服务的要求。与现有的地理信息服务的模型与方法相比，该模型侧重于网络地理信息集成共享，针对用户的请求，自动的搜索和发现满足条件的节点及尺度的地理信息，并且在全球统一数据组织规则下进行聚合，同时，每一个节点还具有对外提供数据共享服务的能力。

在实验中，对于水系，铁路这种跨度范围很大，不同尺度有不同表达方式的地理要素在多级节点服务聚合中的表达问题，解决的办法是在国家、省和市各级面向服务的框架数据库中进行统一规范处理，即：国家级统一管理和服务跨省级的地理要素，省级统一管理和服务跨市级的地理要素。这样在进行多级地理信息服务聚合时候，保证这种跨多级节点地理要素的一致性表达。

### 6.2.4　网络地理信息集成共享服务应用实例："天地图"

将上述分布式系统架构，多节点服务聚合和异构虚拟地球集成方法应用到开放式虚拟地球集成共享平台 GeoGlobe 中，基于 GeoGlobe 软件平台构建了国家地理信息公共服务平台(公共版)"天地图"。

"天地图"是"数字中国"建设的重要组成部分，其测试版于 2010 年 10 月 21 日开通试运行，短短 1 个多月，就有来自 210 个国家和地区近 1 900 万人次的访问量。公众通过门户网站就可以方便地实现多尺度地理信息数据的二维、三维浏览，地名搜索定位、距离和面积量算、兴趣点标注和屏幕截图打印等服务。如图 6.11 所示。

目前，"天地图"国家级主节点主要管理覆盖全球范围的 1∶100 万矢量数据和 500 m 分辨率卫星遥感影像，覆盖全国范围的 1∶25 万公众版地图数据、导航电子地图数据、15 m

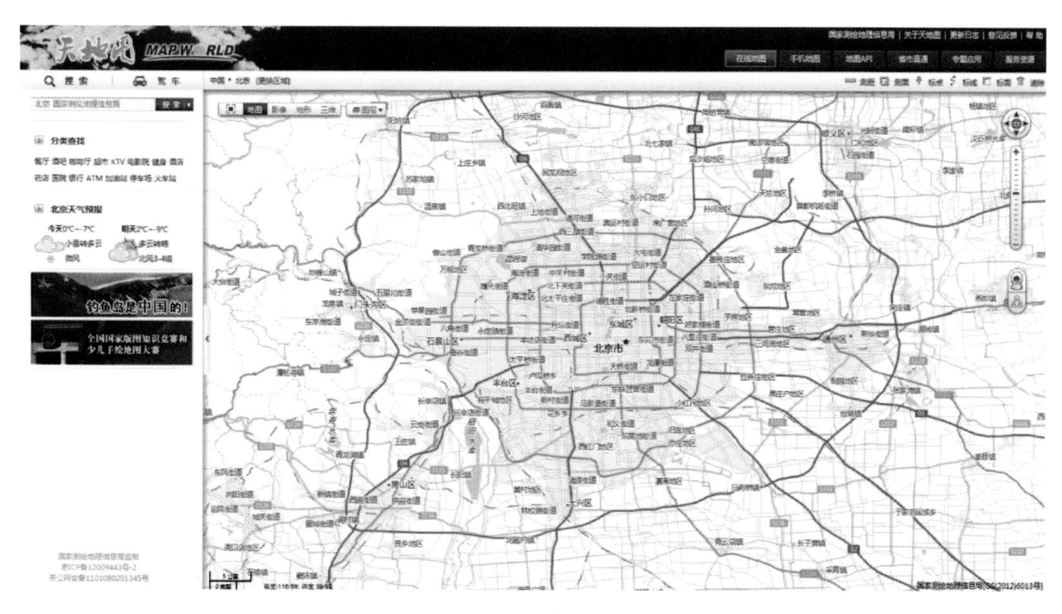


图 6.11　国家地理信息公共服务平台(公众版)“天地图”网站

和 2.5 m 分辨率卫星遥感影像,覆盖全国 300 多个地级以上城市的 0.6 m 分辨率卫星遥感影像等地理信息数据。“天地图”省级节点主要负责省级范围内多尺度空间数据的管理与更新服务,“天地图”市级节点主要负责市级范围内多尺度空间数据的管理与更新服务,并且通过网络,形成多级管理模式。

在此基础上,“天地图”国家级节点定义了面向服务的框架数据库的规范,基于经纬网格的剖分原则,在全球范围内,采用分辨率从低到高的多尺度金字塔结构数据服务组织模式。这样,将国家、省和市管理的基础空间数据,按照其分辨率与框架数据库多级分辨率中某级临近的原则,通过矢量数据栅格化,数据抽取和重采样等处理方式,转换为面向服务的框架数据,提供在线的二、三维网络地理信息服务。如图 6.12 所示。

在服务模式上,通过“天地图”的各级门户网站,在纵向上,连接国家、省、市级地理信息服务机构,提供不同层次的地理信息在线服务;在横向上,连接同级不同部门的地理信息系统,提供不同专题或不同区域地理信息在线服务。通过地理信息三级联动服务模式,可以将分布在各地的地理信息服务节点连成一个协同运行的整体,从而实现“分布式存储管理、纵横向系统联动、网络化在线服务”。

此外,商业网站、各级政府部门等有关单位通过网络地理信息共享服务接口 WFS、WCS、WMS、WMTS 和“天地图”地图瓦片服务接口,可以共享“天地图”地理信息服务资源,进行增值服务功能开发,或者整合、管理和发布本部门、本单位相关信息,节省地理信息采集更新维护所需的成本,避免专题地理信息系统重复建设。例如,国家地震局台网中心,可以通过“天地图”提供的数据共享服务接口,在线调度多尺度地理信息,并将地震信息与地理信息集成,提供在线的地震信息专题服务,如图 6.13 所示。

图 6.12 基于三维虚拟地球浏览模式的“天地图”

图 6.13 “天地图”网络地理信息与地震信息集成共享

### 6.2.5　小结

本节首先分析了三维虚拟地球和网络地理信息服务的相关研究现状、应用背景和技术难点，然后面向异构虚拟地球协同服务和适应多级、多节点的地理信息集成服务的要求，设计了网络地理信息集成共享服务平台系统架构，提出了异构虚拟地球数据集成方法和多级节点服务聚合模型。最后，将上述方法应用于国家地理信息公共服务平台“天地图”中，实现了二、三维一体化的地理信息集成服务。应用表明，本节提出的方法能够满足“分布式存储管理、纵横向系统联动、网络化在线服务”的三级联动服务模式的要求。未来随着物联网技术的发展和应用，基于虚拟地球的地理信息公共服务平台与云计算平台、物联网技术的集成，必将推动“数字地球”向“智慧地球”的发展。

## 6.3　移动三维虚拟地球平台在电力行业应用

与传统的数字城市中三维建筑物模型不同的是，电网三维模型大多结构精细、拓扑关系复杂、体系庞大、覆盖面较广，且往往随电力线路呈带状延伸分布（张勇勇，2014）。鉴于移动端有限的存储容量、网络传输速度和数据处理性能，需要设计高效的模型动态加载机制。

### 6.3.1　电力线路模型的数据组织

如前所述，相关电力数据通过三维建模手段构建出电力线路的各级电力模型，然后将其位置信息、姿态信息、拓扑连接信息等属性数据编码入库，通过 SQLite 数据库对各级电力模型进行统一管理。之所以选择 SQLite 数据库，是因为它是一款轻量级的遵守 ACID 的关系型数据库管理系统，而且它是专为嵌入式设备设计使用，占用系统资源非常少，无须安装和配置管理，整个数据库的内容包括定义、表、索引和数据本身都存储在单一的磁盘文件中。SQLite 数据库小巧轻便，操作简单，且支持 Windows/Linux/Unix 等主流操作系统，具有跨平台的特性，支持 C、C＋＋、Java、PHP、C＃、Python、Ruby 等多种开发语言，不像 Access 数据库那样需要 Windows Office 的支持，适合于移动终端的中小型应用开发。

电力线路的数据库设计关系电力线路中相关电力设备属性信息的查询速度及电力模型的加载速度。为了避免数据库过大影响数据的检索和提取速度，具体的三维模型数据并不存储于数据库中，而是以通用的 3ds 格式保存为单独的模型文件，数据库中存储对应的模型路径。电力线路模型的各级数据关系如图 6.14 所示。

电力模型作为三维电力 GIS 系统中的重要组成，与影像、地形、矢量等一同作为虚拟地球场景中的一个重要的组节点。在该组节点下可以包含多条电力线路，电力线路是架设于地面以上，利用绝缘子和空气绝缘，用于输送、分配电能的主要通道和工具。每条输电线路可以包含一条或两条回路供电。两者的区别在于双回路供电是用从两个变电站或一个变电站两个仓位出来的同等电压的两条线路供电，有时两条回路会挂接在同一个杆

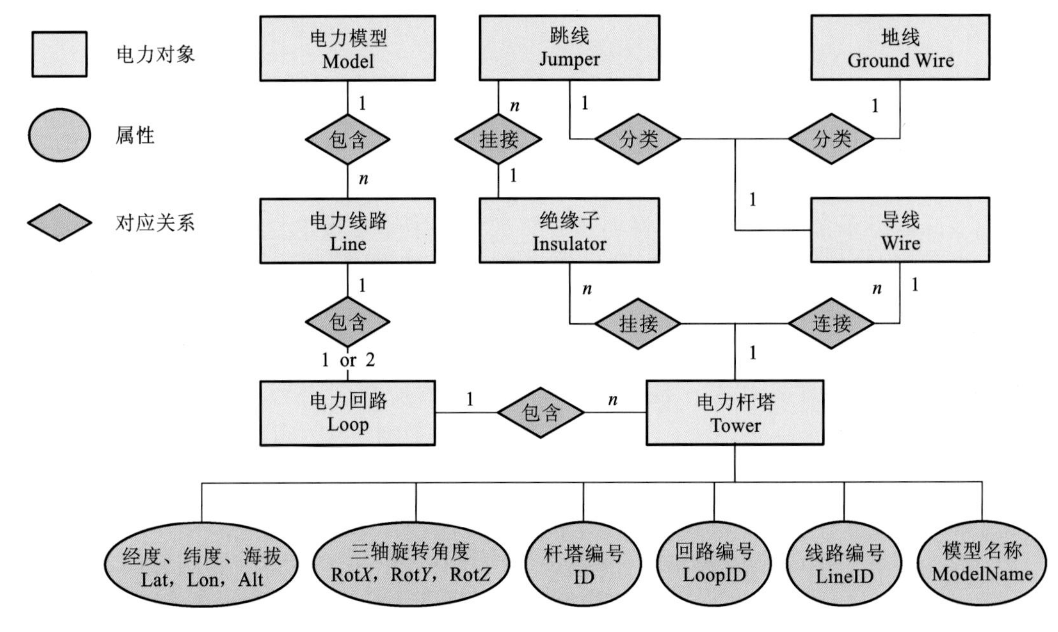


图 6.14　电力线路数据 ER 关系图

塔上，称为“同塔双回路”，当一条回路出现供电故障时，另一条可以立即切换使用，从而保障用电的可靠性。电力线路对象的属性信息包括：线路名称、线路编号、回路数目、导线分裂数目、导线插值因子等。而回路对象的属性信息包括：回路编号、回路中包含的塔信息、导线分裂数目等。其中，导线插值因子是用来插值生成带弧垂的导线的经验参数，默认值为 $6.03\times10^{-5}$。回路编号是回路号与线路编号的拼接，如线路编号为 030016100 的第 1 回路编号为 1@030016100。

每一条电力回路包含多达几百个的电力杆塔，杆塔是输电线路中用以架设输电线的刚性支撑结构，也是电力三维可视化的重要部件，数据库中存储的属性信息包括：塔号 ID、所属回路号、回路编号、线路编号、模型名称、经度、纬度、海拔、表示杆塔姿态的三轴旋转角(单位为弧度)及杆塔上绝缘子的挂接信息等。

单个杆塔上包含多个绝缘子，用以固定架空线路的导线，绝缘子是固定在金具上，通过金具连接在杆塔上。绝缘子对象的重要属性信息包括：所属杆塔塔号 ID、绝缘子模型名称、绝缘子编号、绝缘子相对于杆塔原点的位置偏移、绝缘子沿三轴的旋转角度(单位为弧度)。

电力线路的导线对象是用于连接不同的杆塔及连接杆塔和绝缘子的电线，根据用途分为塔内跳线、塔间导线、塔间地线等。跳线是在耐张杆杆塔上连接两串悬吊绝缘子的导线，地线是保护输电线路免受雷击的线路装置，并不负担输送电流。由于自身的重力和张力作用，导线在自然状态下往往呈带一定弧垂的曲线状态而非直线。为了减少数据库中的数据量，导线对象在数据库中仅存储其挂接点信息，弧垂部分则在渲染阶段通过实时内插完成导线的构建。数据库中导线挂接点的属性信息主要包括挂接位置坐标、所属杆塔、所接导线类型等。

查询电力回路中的杆塔信息的 SQL 语句为

```
select towerId,orderID,loopcode,linecode,modelname,lat,lon,alt,rotX,rotY,rotZ
    from towerlist where loopcode='1@030016100'
```

查询杆塔相关的绝缘子信息的 SQL 语句为

```
select modelname,offsetX,offsetY,offsetZ,rotX,rotY,rotZ
    from insulatorlist where tid='JDNMG@01000100'
```

查询杆塔中绝缘子的挂接信息的 SQL 语句为

```
select xyzlr,posX,posY,posZ
    from hangpointlist where tid='JDNMG@01000100'
```

## 6.3.2　电力设备渲染相关算法

### 1. 各级电力模型的数据结构

依照前述各级电力线路模型的数据结构，为了便于三维电力设备模型的加载和渲染，设计如下的各级数据结构，见表 6.1～表 6.3。

表 6.1　绝缘子 Insulator 对象数据结构

| 字段名 | 字段类型 | 字段含义 |
|---|---|---|
| fittingname | string | 模型名称 |
| hangid | string | 绝缘子所在的回路、类型、前后位置等 |
| offsetX, offsetY, offsetZ | double | 绝缘子原点相对于塔原点的位移 |
| rotx, roty, rotz | double | 沿三个轴的旋转角度(弧度) |

表 6.2　导线挂点 HangPoint 对象数据结构

| 字段名 | 字段类型 | 字段含义 |
|---|---|---|
| orderid | int | 分裂挂点编号 |
| linecode | string | 所属线路 |
| modelname | string | 所属绝缘子 |
| offsetX, offsetY, offsetZ | double | 导线挂点相对于杆塔原点的位移 |

表 6.3　杆塔 Tower 对象数据结构

| 字段名 | 字段类型 | 字段含义 |
|---|---|---|
| bfront | bool | 前塔是否被浏览过 |
| bback | bool | 后塔是否被浏览过 |
| front | Tower* | 前塔 |
| back | Tower* | 后塔 |
| towerMT | osg::MatrixTransform* | 塔节点 |

续表

| 字段名 | 字段类型 | 字段含义 |
|---|---|---|
| id | Tower* | 塔 ID |
| orderID | int | 回路编号 |
| lineCode | string | 线路编码 |
| loopCode | string | 回路编码：orderID@linecode |
| modelName | string | 模型名称 |
| lat，lon，elevation | double | 经纬度、高程 |
| rotX，rotY，rotZ | double | 沿三轴的旋转角度（弧度） |
| mat | osg::Matrix | 塔的渲染矩阵 |
| ignoreGLine | bool | 是否忽略地线的绘制 |
| X，Y，Z，L，R | vector<osg::Vec3d> | 塔内跳线、地线 |
| splitCount | int | 分裂数 |

**表 6.4 回路 Loop 对象数据结构**

| 字段名 | 字段类型 | 字段含义 |
|---|---|---|
| loopcode | string | 回路编号 |
| towers | std::vector<Tower> | 回路中包含的塔 |
| splitCount | int | 分裂数 |

**表 6.5 线路 Line 对象数据结构**

| 字段名 | 字段类型 | 字段含义 |
|---|---|---|
| name | string | 线路名 |
| linecode | string | 线路编码 |
| kValue | double | 导线插值因子 |
| loopCount | int | 回路数 |
| splitCount | int | 分裂数 |
| loops | std::vector<Loop> | 线路中包含的回路 |

### 2. 杆塔、绝缘子的位置和姿态调整

已知杆塔的经度为 lon，纬度为 lat，高程为 $h$，则首先需要根据以下公式计算当前杆塔所在空间直角坐标系中的位置坐标$(X,Y,Z)$，其中 $R$ 代表地球的半径，取 6 371 393 m，$e$ 代表地球偏心率。

$$N=\frac{R}{\sqrt{1-e^2\cdot\sin^2(\text{lat})}}$$
$$X=(N+h)\cdot\cos(\text{lat})\cdot\cos(\text{lon})$$
$$Y=(N+h)\cdot\cos(\text{lat})\cdot\sin(\text{lon}) \tag{6.9}$$

$$Z=(N\cdot(1-e^2)+h)\cdot\sin(\mathrm{lat})$$
$$e^2=0.006\,694\,379\,990\,141\,380\,6$$

随后计算杆塔模型在此经纬度处的位置变换矩阵，该矩阵代表从以地心为原点的世界坐标系到以杆塔所在经纬度高程为原点的局部坐标系之间的变换矩阵：

$$\boldsymbol{M}_{\mathrm{Local}}=\begin{bmatrix}-\sin(\mathrm{lon}) & \cos(\mathrm{lon}) & 0 & 0\\ -\sin(\mathrm{lat})\cos(\mathrm{lon}) & -\sin(\mathrm{lat})\sin(\mathrm{lon}) & \cos(\mathrm{lat}) & 0\\ \cos(\mathrm{lat})\cos(\mathrm{lon}) & \cos(\mathrm{lat})\sin(\mathrm{lon}) & \sin(\mathrm{lat}) & 0\\ X & Y & Z & 1\end{bmatrix}\tag{6.10}$$

然后需要根据杆塔沿局部坐标系三轴的旋转欧拉角 $\alpha$、$\beta$、$\gamma$ 计算代表杆塔局部姿态的旋转矩阵：

$$\boldsymbol{M}_{\mathrm{Rotate}}=\begin{bmatrix}\cos\gamma & \sin\gamma & 0 & 0\\ -\sin\gamma & \cos\gamma & 0 & 0\\ 0 & 0 & 1 & 0\\ 0 & 0 & 0 & 1\end{bmatrix}\begin{bmatrix}\cos\beta & 0 & -\sin\beta & 0\\ 0 & 1 & 0 & 0\\ \sin\beta & 0 & \cos\beta & 0\\ 0 & 0 & 0 & 1\end{bmatrix}\begin{bmatrix}1 & 0 & 0 & 0\\ 0 & \cos\alpha & \sin\alpha & 0\\ 0 & -\sin\alpha & \cos\alpha & 0\\ 0 & 0 & 0 & 1\end{bmatrix}\tag{6.11}$$

最后计算杆塔模型的最终渲染矩阵：

$$\boldsymbol{M}_{\mathrm{Tower}}=\boldsymbol{M}_{\mathrm{Rotate}}\cdot\boldsymbol{M}_{\mathrm{Local}}\tag{6.12}$$

值得注意的是，杆塔模型的高程信息虽然在数据库中有记录，但不一定与地形数据相匹配，当加载的地形数据不够精细时，按照数据库中的高程信息添加的三维模型有可能飘在空中，也可能陷入地下。为此在离地面较近时，需要为杆塔重新调整高程信息，其方法是利用杆塔的经纬度坐标在最底层的瓦片节点中插值计算。

因数据库中的绝缘子位置与姿态数据均是以杆塔为参照物，因此绝缘子的姿态调整则需要在杆塔姿态的基础上进行。从数据库中取出绝缘子模型与杆塔模型的位置偏移 $dx$，$dy$，$dz$ 以及绕轴旋转角 $\theta_1$、$\theta_2$、$\theta_3$，则绝缘子的位置偏移矩阵和旋转矩阵分别按式(6.13)和式(6.14)计算：

$$\boldsymbol{M}_{\mathrm{offset}}=\begin{bmatrix}1 & 0 & 0 & 0\\ 0 & 1 & 0 & 0\\ 0 & 0 & 1 & 0\\ dx & dy & dz & 1\end{bmatrix}\tag{6.13}$$

$$\boldsymbol{M}_{\mathrm{rotate}}=\begin{bmatrix}\cos\theta_3 & \sin\theta_3 & 0 & 0\\ -\sin\theta_3 & \cos\theta_3 & 0 & 0\\ 0 & 0 & 1 & 0\\ 0 & 0 & 0 & 1\end{bmatrix}\begin{bmatrix}\cos\theta_2 & 0 & -\sin\theta_2 & 0\\ 0 & 1 & 0 & 0\\ \sin\theta_2 & 0 & \cos\theta_2 & 0\\ 0 & 0 & 0 & 1\end{bmatrix}\begin{bmatrix}1 & 0 & 0 & 0\\ 0 & \cos\theta_1 & \sin\theta_1 & 0\\ 0 & -\sin\theta_1 & \cos\theta_1 & 0\\ 0 & 0 & 0 & 1\end{bmatrix}\tag{6.14}$$

绝缘子相对杆塔的渲染矩阵计算如下：

$$\boldsymbol{M}_{\mathrm{relative}}=\boldsymbol{M}_{\mathrm{rotate}}\cdot\boldsymbol{M}_{\mathrm{offset}}\tag{6.15}$$

绝缘子相对于地球场景的渲染矩阵计算如下：

$$\boldsymbol{M}_{\mathrm{Insulator}}=\boldsymbol{M}_{\mathrm{relative}}\cdot\boldsymbol{M}_{\mathrm{Tower}}\tag{6.16}$$

### 6.3.3 带弧垂导线内插算法

为了展示导线因自身重力作用出现的弧垂，导线数据在三维电力系统中以弧线的形式表现，而为了减少数据库中导线数据的存储量，数据库中仅存储导线两端的挂接点坐标，导线中间的弧垂部分通过在系统运行时的实时内插动态生成，即以多点折线段的形式模拟弧垂部分。带弧垂的导线是用抛物线法进行内插的，已知导线挂点的两端位置分为 $P_1$ 和 $P_2$，塔间内插因子设为 $k=0.000\,241\,2$，塔内内插因子 $k=0.07\,236$，塔内导线内插步长设为 step=0.5，塔间导线内插步长设为 step=30。其中，内插因子的大小影响到内插得到的抛物线弧垂的弧度，作用类似于抛物线公式 $y=ax^2$ 中的系数 $a$。当内插因子较小时，抛物线系数 $a$ 较小，所得抛物线弧度较缓、开口较大，适合距离较远的塔间导线的内插；而当内插因子较大时，抛物线系数也较大，所得抛物线弧度较陡、开口较小，适合距离较近的塔内导线内插。而内插步长值则表示导线内插点的间隔，对于同一段导线，内插步长值越小，所得内插点越多，内插弧垂越精细。

带弧垂导线内插过程如图 6.15 所示。首先由导线挂接点 $P_1$ 和 $P_2$ 的坐标计算导线的走向向量$\overrightarrow{\boldsymbol{P}_1\boldsymbol{P}_2}$，并计算其向量长度记为 distance。然后将走向向量标准化，记为 $\vec{\boldsymbol{e}}$。由导线跨度 $distance$ 和内插步长值 $step$ 可以计算出多点折线段的数目 $n$，然后遍历所有的折线段部分完成导线内插。

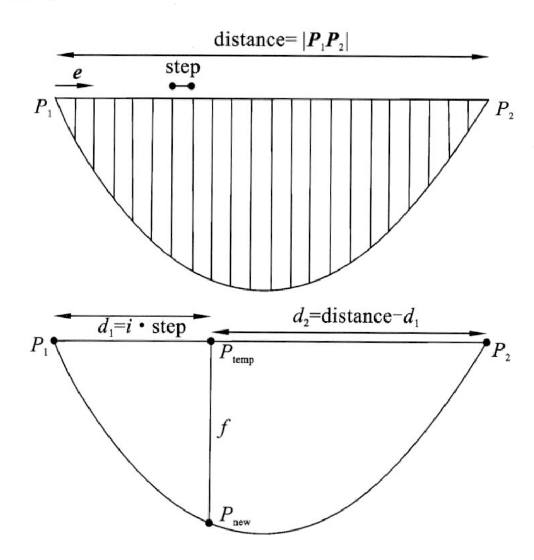


图 6.15 带弧垂导线内插算法示意图

以第 $i$ 段导线内插为例，按式(6.17)计算出导线连接线上的内插辅助点位置 $P_{\text{temp}}$，并求出 $P_1$ 和 $P_2$ 各自与内插辅助点的距离 $d_1$ 和 $d_2$。

$$P_{\text{temp}}=P_1+\vec{\boldsymbol{e}}\cdot i\cdot \text{step} \tag{6.17}$$

然后计算内插生成点与内插辅助点的位置偏移 $d$，并注意内插塔内导线和塔间导线时使用的内插因子取值不同：

$$d=d_1\cdot d_2\cdot k \tag{6.18}$$

将向量$\overrightarrow{\boldsymbol{OP}_{\text{temp}}}$标准化，计算得到内插生成点与内插辅助点的方向向量 $\vec{f}$，注意当为塔间导线内插时，$\vec{f}=(0,0,1)$。

所得导线内插点的坐标计算如下：

$$P_{\text{new}}=P_{\text{temp}}-\vec{f}\cdot d \tag{6.19}$$

得到所有的导线内插点之后，以 LINE_STRIP 的形式完成导线的绘制。与绝缘子模型的绘制类似，导线挂接点的坐标是基于杆塔原点的局部坐标系的局部坐标，因此导线的渲染矩阵可依照绝缘子的渲染矩阵计算方法进行计算，唯一区别在于导线点相对于杆塔模型只有位置偏移而无旋转角度，具体计算方法不再赘述。

### 6.3.4　电力线三维模型可视化技术

单个杆塔中一般都挂接有多个绝缘子，虽然单个绝缘子模型的数据量并不是很大，但一整条电力线路相关的绝缘子数目有上千个，因此需要对绝缘子模型的渲染采取一定的优化手段。

Impostor 技术是一种特殊形式的细节层次节点，它会根据视点到模型的距离在几何模型对象和图像缓存之间进行动态的切换。Impostor 技术的基本原理是将真实的几何对象缓存成纹理贴图，并在随后的渲染中使用纹理贴图代替真实的三维几何体，从而通过使用假象的方法避免绘制庞大数量的顶点和多边形及对应的贴图数据，以此来提高渲染效率。这种技术类似于布告板技术，但它是随着视点的变化动态更新的。通过前后上下左右六个面的贴图可以生成贴图方块，以此作为图像缓存损失较少的渲染细节，但可以有效地减少场景的复杂度并提高渲染性能。Impostor 技术的使用不需要重新组织场景节点，只需要为 Impostor 节点的每一个 LOD 子节点设置可视距离和阈值，来告诉渲染器在什么样的距离范围之内将图像缓存切入进来。裁剪遍历器会自动处理所有的渲染前期的设置，并以此计算出所需要的贴图方块和图像缓存，并根据视点的变化来更新它们。当然，Impostor 技术还有值得改进的地方，如估算图像缓存被重用的帧数，如果重用次数少于给定的阈值，则不创建 Sprite 对象而是直接使用几何体。另外还应减少图像缓存的大小使之更适应底层的几何对象。

如前所述，电力线路中涉及的电力模型种类和数量繁多，拓扑连接关系复杂，若采用系统运行之初时将整条电力线路的渲染对象全部初始化，一方面将延迟系统的初始化响应时间，用户需要等待较长时间才能使用系统；另一方面整条电力线路的数据量较大，全部送入渲染管线会造成画面的卡顿和滞帧，无法进行流畅的用户交互，二者都将严重影响用户体验。因此，在本系统中电力线路数据的加载采用视点相关的更新回调机制。

视点相关的更新回调机制主要分为两个部分：一是利用 PagedLOD 分页细节层次节点的文件读取回调机制，二是线路数据组节点的节点回调机制。

PagedLOD 节点继承自 LOD 节点，与之不同的是，它不需要将模型的直系子节点（即各级 LOD 数据）立即在内存中完成数据加载（罗真 等，2012），而是记录下模型的存储路径（可以是下载地址，也可是本地路径），在真正需要渲染时以文件读取回调的方式完成渲染对象在内存中的初始化。模型加载的时机是在主渲染线程的更新遍历中被激发，而模型加载的动作是在异步的DatabasePager线程中被执行,因而即使加载较大的三维模型,也不会造成渲染线程的阻塞。每当一个PagedLOD节点被遍历的时候,渲染引擎会根据每一级LOD的可视范围动态判断应该显示的子节点。当发现子节点并未完成内存的初始化时就会激发一个数据加载请求,从而在异步的更新线程中完成数据的加载。当高精度的模型不再可视范围内之后,它们也不会立即在内存中被销毁,它们进入渲染遍历的最后时刻会被记录下来,当累积一定的帧数后节点再未经过使用,则由更新线程控制完成数据的销毁,从而保证内存的荷载平衡。

杆塔模型的动态调度主要通过PagedLOD节点来完成,而绝缘子模型与导线对象的动态调度则通过节点回调来实现。OSG中的节点回调机制的应用时机根据不同的需求主要分布在渲染线程的事件遍历、更新遍历、拣选遍历、绘制遍历中,本系统中节点的更新回调机制在更新遍历中实现。在每一帧的仿真循环中,当遍历到电力线路的组节点时,都会执行一次节点的回调函数,但只有当视点降落在指定的高度以下以及视线范围位于电力线路附近时,回调函数才会继续执行,否则直接跳出,以此避免仿真循环中不必要的节点遍历和内存损耗。当满足回调条件之后,回调函数将会遍历相关电力线路、电力回路和包含的杆塔对象,进一步判断需要完成绝缘子挂接和线路绘制相关的杆塔模型。

由于电力导线的绘制涉及相邻的两个杆塔,且必须在挂接完杆塔相关的绝缘子模型之后,而电力线路巡视有可能沿从前往后或从后往前的方向进行,为了防止电力导线的重复绘制和绝缘子模型的重复加载,为每一个杆塔对象添加两个布尔型的标识变量(bfront和bback),分别用以记录当前杆塔的前置杆塔和后置杆塔是否已被浏览。当两个布尔型变量全为true时,表明当前杆塔对象相关的绝缘子挂接和导线绘制均已完成,可以直接跳过。当两者中至少有一个值为false时,取出相机的视点位置,根据当前杆塔的渲染矩阵计算出杆塔在世界坐标系中的位置(在电力线路的初始化过程中已经计算得到),当两者的距离少于指定的阈值时,表明当前杆塔在视域范围附近,需要进一步判断绝缘子的挂接情况和导线的绘制状态,否则直接跳过。

进入节点回调的核心操作函数之后,接下来的主要任务包括以下四个方面:修正杆塔位置、完成绝缘子挂接、绘制塔内导线、绘制塔间导线。当两个布尔型变量全为false时,表明当前杆塔的前置杆塔和后置杆塔都未曾被浏览,需要执行前三项操作。而当两个布尔型变量有一个为true时,表明当前杆塔已经至少从一侧被浏览过,已完成前三项步骤可以直接跳过。杆塔位置修正主要针对高程信息,避免因当前地形数据不够精细造成模型陷入地下或飘在空中的状况。主要方法是以模型所在经纬度地面点为起点,以法线为方向构建一条射线,然后遍历瓦片节点,进行射线相交,以得到当前杆塔所在经纬度的地形高程。依照前节所述方法更新其渲染矩阵,即可完成杆塔位置的修正。然后遍历杆塔对象所关联的绝缘子信息,并按照前述方法进行绝缘子渲染矩阵的计算,并构建成Impostor对象,从而完成绝缘子的挂接。由于绝缘子数目众多,在绝缘子挂接的过程中同类型的绝缘子对象采用模型复用的方法节省系统内存的使用。利用已加载的绝缘子对象和名称构建一条映射表,绝缘子模型加载时首先从映射表中查找,直接返回绝缘子对象,避免同类绝缘子的重复加载。绝缘子挂接完成之后,即可按照前述导线内插方法完成塔内导线的绘制。若 bfront 值为 false 且前塔对象存在时，即可实现当前杆塔与前置杆塔之间的导线和地线绘制，并将 bfront 值设为 true。同理，若 bback 值为 false 且后塔对象存在时，即可实现当前杆塔与后置杆塔之间的导线和地形绘制。

## 6.3.5　Android 平台的电力三维 GIS 实验系统

6.3.3 节和 6.3.4 节分别论述了移动端虚拟地球关键技术和数据调度机制，考虑到电力行业自身的特点以及技术的发展需要，研发具有电力行业应用的移动终端 3D GIS 平台具有广阔的应用前景。因此，本节实验系统的开发采用 Android 系统为基础，构建起移动平台上的电力三维 GIS 系统。

实验系统在 Windows7 的 64 位操作系统下进行开发，使用 Cygwin 1.7.17－1 类 UNIX 模拟环境和 Eclipse 4.2.0 集成开发环境。JDK1.7 版本的 Java 语言开发包、Android SDK4.0 软件开发工具包、NDK r8 原生开发包需要配合使用完成开发环境的配置。系统开发语言为 Java 和 C＋＋混编，通过 JNI 接口实现两种语言之间的互相调用。系统运行环境为 Android4.0 以上的移动终端(包括智能手机和平板电脑)，服务器软件采用 Apache Tomcat 7.0。系统采用 OpenGLES1 图形程序接口，OSG3.1.0 三维渲染引擎及 osgEarth2.3 虚拟地球开发平台。

### 1. 系统架构设计

基于 Android 平台的电力三维 GIS 实验系统支持的数据接入类型如图 6.16 所示，主要包括基础地理数据、三维电力模型数据、矢量数据、电力相关业务数据等。

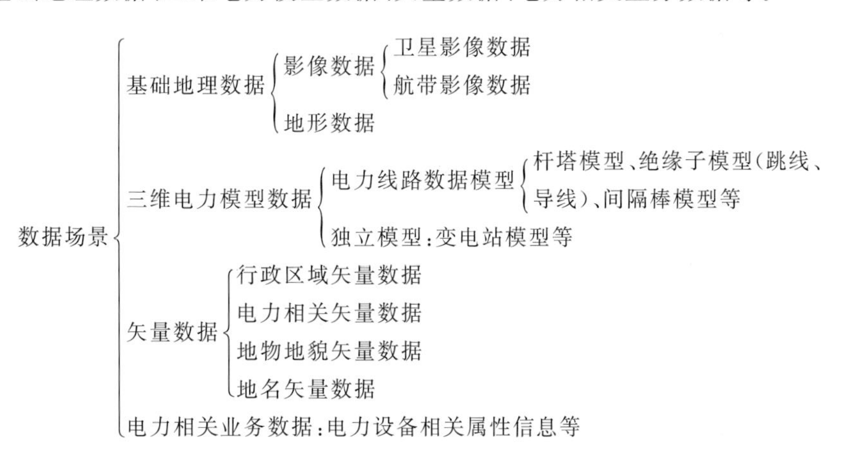


图 6.16　电力三维 GIS 实验系统支持的数据接入类型

其中，构成地球场景的基础地理数据包括影像数据和地形数据，其中影像数据又分为全球范围的底图卫星影像数据和局部电力线路区域的航带影像数据。卫星影像数据来源于国家测绘地理信息综合服务网站“天地图”，尺寸为 256×256 像素的 jpg 格式的瓦片数据，航带影像数据来源于沿电力线路进行低空航拍得到的尺寸为 512×512 像素的 png 格式的瓦片数据。考虑到单张航带影像瓦片数据太大，不利于移动平台上进行快速下载、存储和渲染，因此编写瓦片切片工具对航带影像进行数据压缩和格式转换，生成尺寸为256×256像素的tif格式的瓦片数据。地形数据存储了全球范围内0～10层瓦片金字塔的高程信息，单张瓦片尺寸为32×32像素的瓦片数据。

三维电力模型数据主要包括电力线路模型数据和独立电力模型数据两种。电力线路模型数据主要包括杆塔模型、绝缘子模型、间隔棒模型、连接杆塔和绝缘子模型的塔内跳线、连接前后杆塔的导线、地线等。独立电力模型包括大中小型变电站模型等。电力模型数据是利用3ds Max建模软件依照电力设备真实比例构建，格式为3ds模型文件。为了加快三维模型的解析和渲染速度，利用osg工具对模型进行预处理，转换为ive格式的模型文件。电力业务相关的模型属性信息则存储在对应电力线路的sqlite数据库中，电力线路的解析、模型加载路径的初始化、属性信息的查询等都是通过数据库相关操作来完成的。

矢量数据主要包括行政区划矢量数据、电力相关矢量数据、地物地貌矢量数据、地名矢量数据等。其中，行政区划矢量数据和地名矢量数据均包含省级、地市级、县区级三级数据，前者为ArcGIS通用GIS数据类型shp文件，后者为由Excel数据表格转换得到的sqlite数据库文件。shp文件中存储有矢量数据的坐标数据，prj文件中存储有投影相关的空间参考信息，dbf文件中则存储有矢量相关的属性信息。SQLite地名数据中则存储了各级地名、经纬度和瓦片编码信息。

Android平台下电力三维GIS系统架构如图6.17所示，影像数据和地形数据在服务端以瓦片金字塔的形式进行组织，并使用服务端软件产品Apache Tomcat进行基础地理数据的管理和发布。电力相关业务数据、三维电力模型数据、矢量数据等存储于数据库中，通过Apache服务器进行部署。移动终端以无线网络的方式访问服务器，进行网络数据的连接、查询、下载、缓存，从而在本地实现高效地渲染和场景交互。在网络无法使用的情况下，客户端会使用本地缓存的数据进行场景的绘制。

#### 2. 接口模块设计

为了方便实验系统后续进行升级维护和二次开发，对整个系统的功能实行模块化的接口设计，整个系统的功能模块主要分为三大类。

1）全局管理接口

① 场景触控交互接口：Android端的手势交互，控制三维场景的缩放、平移、旋转等；

② 配置文件功能接口：通过配置文件控制系统初始化运行参数以及调用不同的数据集；

③ 图层管理功能接口：控制不同数据层（影像、地形、矢量、模型等）的显示、隐藏。

2）数据调度接口

① 影像、地形调度接口：包含多源影像、地形数据的下载、缓存、调度集成；

② 电力线路模型调度接口：包含电力线、杆塔、绝缘子之间的对接方法及视点相关的

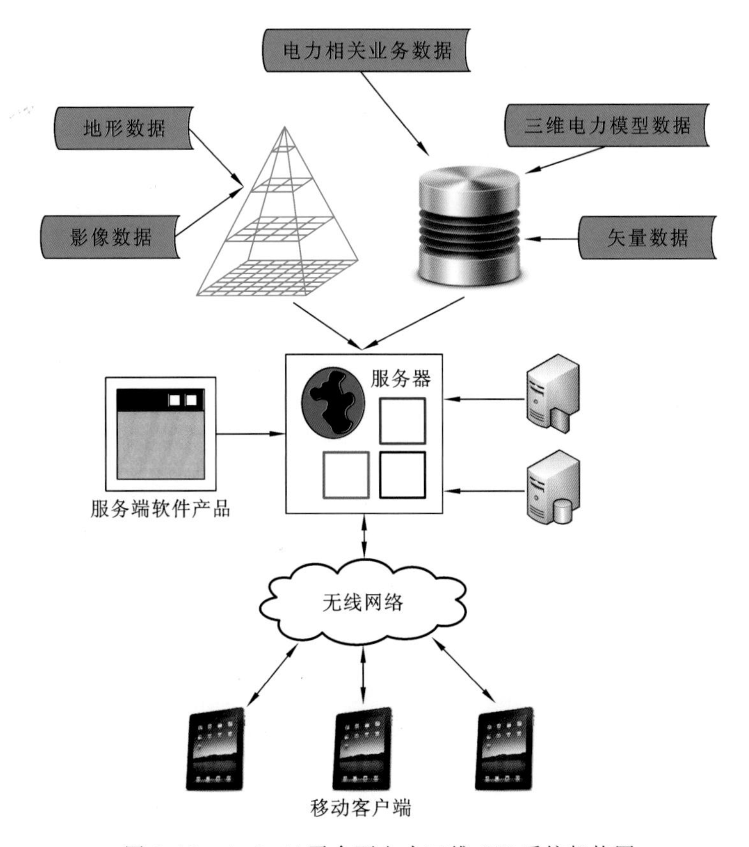


图 6.17　Android 平台下电力三维 GIS 系统架构图

模型调度机制；

③ 电力矢量数据调度接口：真矢量数据的分层分块的渐进加载机制。

3）专题功能接口

① 电力属性查询调度接口：查询电力设备的名称、编号、运行状态等属性信息；

② 空间分析功能接口：包含电力设备所在地理范围的距离、面积、高差、经纬度坐标量算及所处地形地貌的剖面分析等；

③ 路线巡航功能接口：沿电力线路延伸方向设置巡航路径，无缝浏览附近地理概况；

④ 导航定位功能接口：利用移动设备的定位功能浏览现场地形地貌及导航路线。

### 3. 功能实现

1）系统界面实现

登录系统后主界面如图 6.18 所示，主要由导航栏、工具栏（由导航栏相应功能触发，初始状态下隐藏）、悬浮按钮和渲染窗体四部分组成。

导航栏位于系统主界面的左侧，主要包括以下几个功能：坐标定位、空间量算、添加对

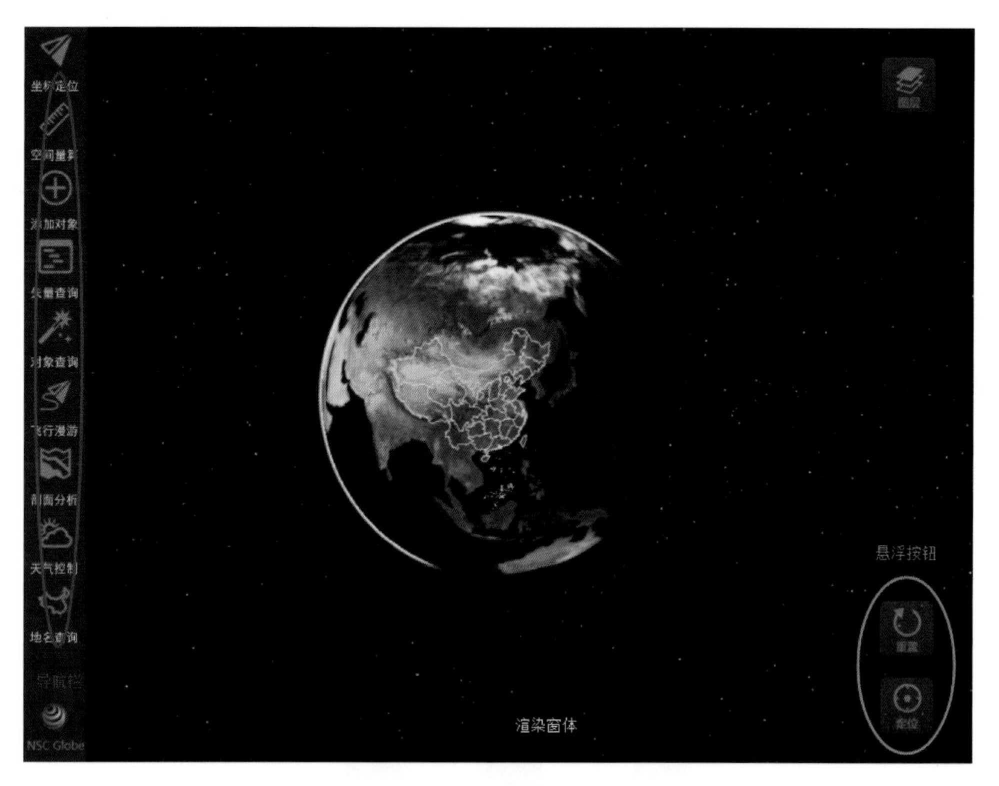


图 6.18　系统界面组成

象、矢量查询、对象查询、飞行漫游、剖面分析和地名查询。系统的主要功能都是由导航栏上的相应菜单触发。

系统的主渲染窗体位于导航栏的右侧，是影像、地形、模型、矢量、地名、绘制对象等三维地理数据的显示窗口。

渲染窗体右侧有图层、重置和定位三个悬浮按钮，作为导航栏功能的补充，也是系统操作的最常用功能。

此外，导航栏上空间量算、添加对象、矢量查询、剖面分析等菜单功能触发后会弹出一个工具栏，针对不同的功能进一步设置。

场景的交互主要在渲染窗体中完成，通过不同的手势操作可以对地球场景进行平移、旋转和缩放操作。操作方法如下。

平移操作：单指在屏幕上沿任意方向滑动，即可将地图沿着手指滑动的方向进行平行移动；旋转操作：双指在屏幕上沿同一方向同时滑动，可以改变观察地球的视角，如由初始的俯视调整为平视，即视线与地平面平行。放大操作：双指在屏幕上沿着相反方向背向滑动，地图的显示级别会变大，并且如果按住屏幕不动，显示级别会一直增大，直到松开屏幕。缩小操作：双指在屏幕上沿着相反方向相向滑动，地图的显示级别会变小，并且如果按住屏幕不动，显示级别会一直变小，直到松开屏幕。

2）全局管理功能

系统的全局管理主要有两种方式进行，一种是配置文件管理，一种是图层管理。其中，配置文件管理负责在程序运行之初配置需要访问的不同数据集信息，而图层管理主要负责在程序运行过程中动态的管理不同数据集的显示和隐藏，以达到最佳的场景浏览效果。

系统的工程配置文件如图 6.19 所示，以 xml 的文件格式存储了加载不同数据集的配置参数设置，各项参数的含义如下。

图 6.19　工程配置文件

OffLine：是否脱机运行；若为 true，则设定程序只从缓存中读取影像和地形数据，不从服务器下载，若为 false，则程序首先从缓存中查找数据，查找失败后再从服务器下载；默认设为 false。

IsLoadPowerLine：是否加载电力线路数据；若为 true，则程序加载电力线路模型；若为 false，则不加载模型从而提高程序的渲染效率；调试运行模型加载以外的功能模块可以设为 false。

Image：影像金字塔中的底图数据集，在工程配置文件中只有一个，与 PrjImage 相区别。

PrjImage：影像金字塔中的局部影像数据集，在工程配置文件中可以设置多个，也可不进行设置，与 Image 相区别。

Terrain:地形金字塔中的底图数据集,在工程配置文件中只有一个,与 PrjTerrain 相区别。

PrjTerrain:地形金字塔中的局部地形数据集,在工程配置文件中可以设置多个,也可不进行设置,与 Terrain 相区别。

ImageService:底图影像对应的服务器端相关信息及缓存相关设置。

PrjImageService:局部影像对应的服务器端相关信息及缓存相关设置。

TerrainService:底图地形对应的服务器端相关信息及缓存相关设置。

PrjTerrainService:局部地形对应的服务器端相关信息及缓存相关设置。

TileFormat:服务器端影像、地形各数据集的瓦片格式信息。

以下配置文件中结构体内部相关字段的含义如下。

IsLoad:是否加载该数据集数据。

LocalDirectory:0 层瓦片的本地路径(只针对底图的影像、地形数据集)。

CacheDirectory:当前数据集在本地的缓存路径。

DataSetName:当前数据集的名称。

ServerUrl:当前数据集的服务器地址。

MinLevel:当前数据集的最小层级,低于该层级则不必从当前数据集中下载数据。

LocalLevel:底图数据集的中间层级(只针对底图的影像、地形数据集),在此层级之前(包括此层级,即 $L \leqslant \text{LocalLevel}$),只需从底图数据集中取数据,不必考虑局部的影像和地形。

MaxLevel:当前数据集的最大层级,超过该层级则不必从当前数据集中下载数据。

East/West/South/North:分别表示当前数据集的最大经度、最小经度、最小纬度、最大纬度(只针对局部影像、地形数据集),超过该经度则不必从当前数据集中下载数据。

Width/Height:当前数据集中瓦片的尺寸(单位像素)。

Mime-Type:当前数据集中瓦片数据的格式,主要有 image/jpeg 和 image/tiff 两种。

Extension:当前数据集中瓦片文件的后缀名。

除了全局工程配置文件以外,系统还支持通过配置文件动态加载独立的矢量图层、文字注记、三维模型等,因这些配置文件的结构和参数设置与全局工程配置文件类似,在此不再赘述。

图层管理功能由渲染窗体右上角的悬浮按钮激发后弹出,界面如图 6.20 所示。图层管理主要通过复选框的使用控制影像、地形、电力线路、矢量、模型、地名六类数据的显示及隐藏。其中,影像隐藏后会关闭球面贴图纹理,地形隐藏后虚拟地球会重构球面网格从而关闭地形起伏,线路数据隐藏后会关闭与之有关的更新回调,与此同时还可以通过双击线路下杆塔列表定位到指定杆塔进行浏览。

由系统配置文件和图层管理控制不同数据集的全局管理,影像、地形、矢量、模型等浏览效果分别如图 6.21～图 6.24 所示。

图 6.20　图层管理功能

图 6.21　城市影像浏览效果

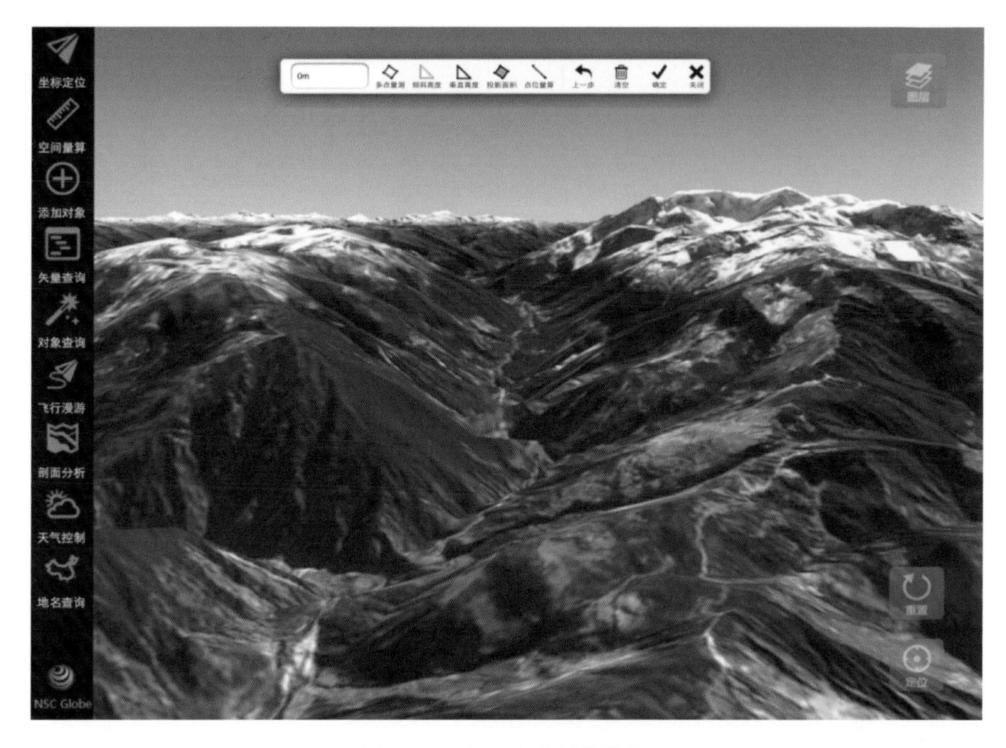


图 6.22　山区地形浏览效果

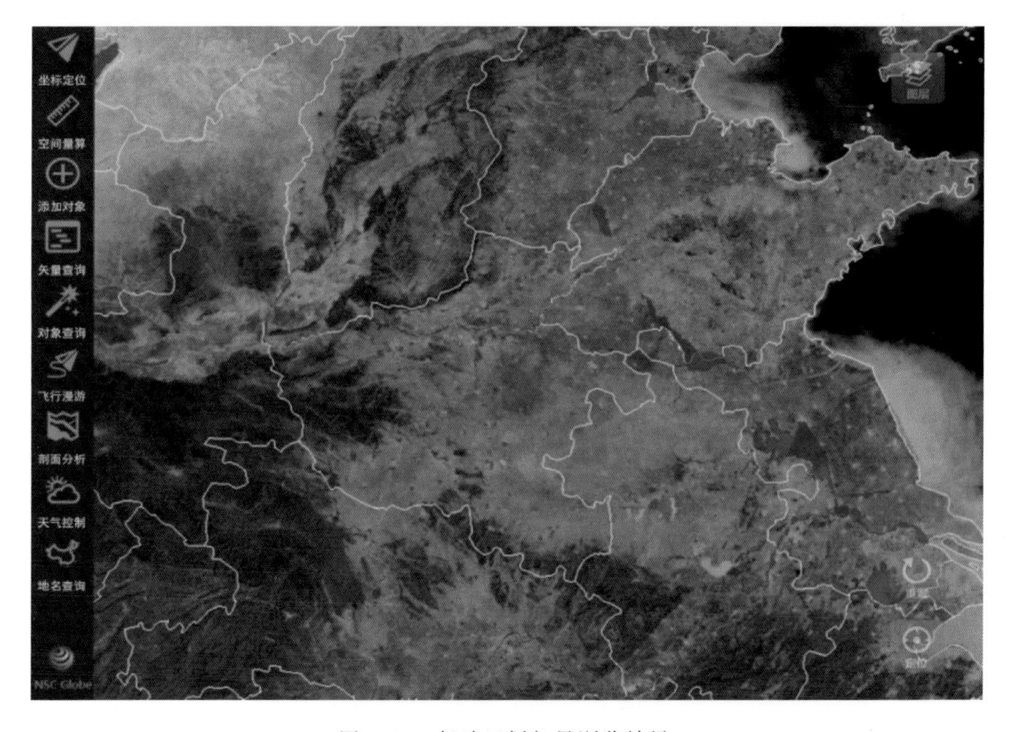


图 6.23　行政区划矢量浏览效果

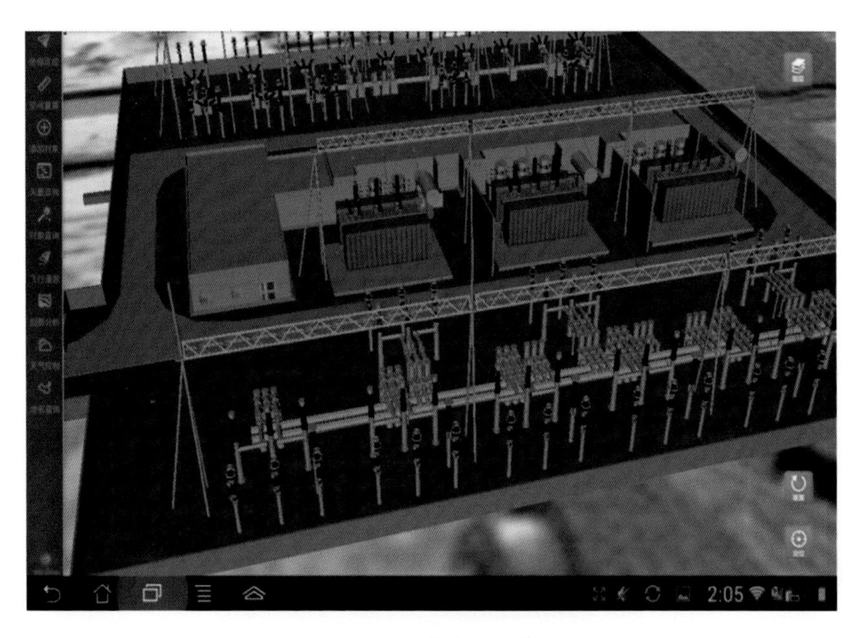


图 6.24　变电站模型浏览效果

3）路线巡航功能

路线巡航功能向三维场景中添加了一台模拟飞行器，沿电力线路进行飞行漫游，并使用双指轻扫手势平滑切换视角，可以浏览沿途的地形地貌以及组成线路的各个杆塔、绝缘子模型，并可在兴趣点处暂停巡航进行属性查询等，路线巡航结果如图 6.25、图 6.26 所示。

图 6.25　路线巡航视角一

图 6.26 路线巡航视角二

4）空间分析功能

系统的空间分析功能包括路线距离量算、地表面积量算、杆塔高度量算、地形高差量算、经纬度坐标量算、地形剖面分析等。其中，地表面积量算、杆塔高度量算、剖面分析等功能如图 6.27～图 6.29 所示。

图 6.27 地表面积量算

图 6.28　杆塔高度量算

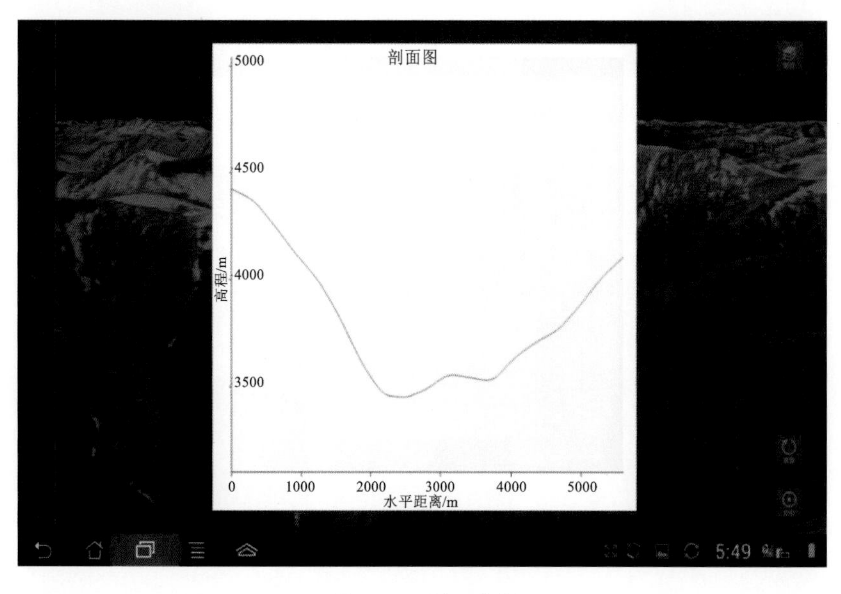


图 6.29　剖面分析

5）空间查询功能

空间查询功能主要包括真矢量数据的属性空间查询(图 6.30)、电力线路中杆塔模型的属性空间查询(图 6.31)以及地名查询等。其中,矢量空间查询和模型空间查询都是使用手指触控屏幕点选完成,所选要素会高亮显示,并在弹出框中列出选中要素的各项参数名和属性值。地名查询则需要用键盘输入查询地名，系统会返回该地名所隶属的高层级行政区划的地名信息以及经纬度坐标信息，还可以直接定位到查询地名所在位置浏览周围的地形地貌。

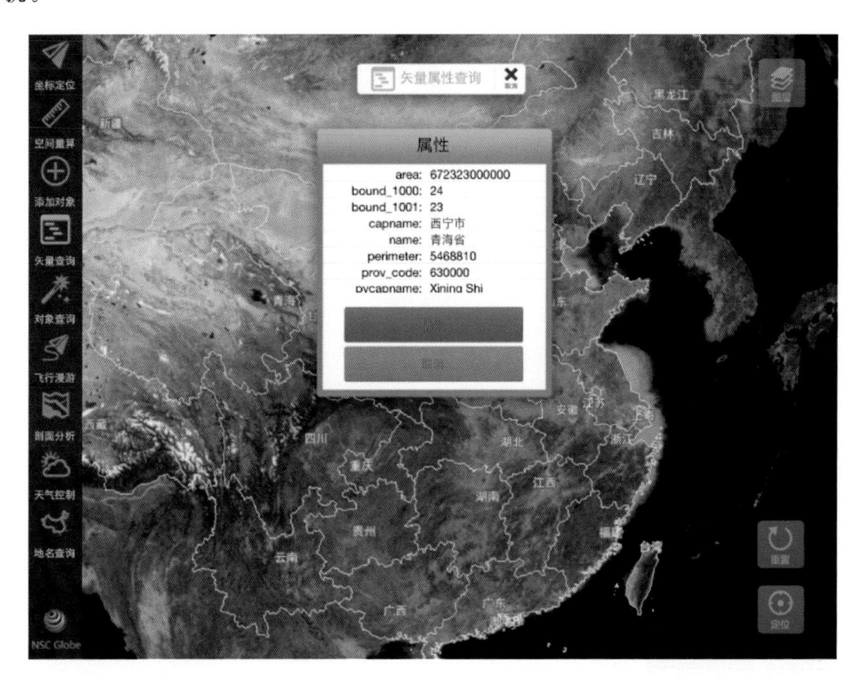


图 6.30　矢量空间查询

图 6.31　模型空间查询

## 6.4　面向虚拟地球的海面动态可视化优化方法

海洋覆盖了全球近70%的表面，是虚拟地球表达的重要内容之一。海面可视化即通过对海面进行网格化处理，并使网格变成高低起伏的海浪高度场，同时在每一帧绘制时按一定规律对网格点位置进行更新，进而实现海浪的动态效果。与传统海面可视化相比，虚拟地球中海洋表面可视化，能够突破传统海面可视化在空间尺度上的限制，实现全球多尺度海面的无缝浏览，因此是目前海面可视化系统中最为流行的一种模式，广泛应用于舰船导航、航线规划、渔船监控、虚拟战场等领域。

现有的虚拟地球中的海面动态可视化方法主要采用投影网格（赵欣 等，2012；Johnson et al.，2004）的方式实现全球海面动态效果，如商业公司Sundog开发的Triton海洋可视化中间件（WGS－84模式）即采用这类方法。该方法通过在投影空间构建海面格网，并根据地球形状确定格网的覆盖范围，由于投影空间构建的格网能够跟随视点位置进行自动缩放平移，在不构建新的格网情况下实现了海域的无限延伸及尺度缩放。然而这种特殊的网格组织方式无法与虚拟地球离散的空间剖分框架相融合，且所有地区采用同一格网表示，在反映不同海域的差异化特征时存在缺陷，尤其体现在基于投影网格法的精细海陆分界上。

基于全球离散格网的海面可视化方法（明德烈 等，2012；Yang ，et al.，2005）弥补了以上缺陷，它主要基于瓦片四叉树（明德烈 等，2012）的方式组织海面格网，因此能够与虚拟地球中的多尺度空间数据相匹配，除了根据海底地形高度与海平面高度区分陆地海洋外，对缺少海底地形数据的地区可以调用相应位置海域分布数据（如从电子海图中提取的海岸线数据等）进行更加精细海陆分界。然而与投影网格法相比，现有的离散格网法也存在较为明显的缺陷：首先，全球离散格网法在场景浏览时需要频繁进行海面格网的动态加载及卸载，尽管可以在后台线程中进行，但如果格网构建复杂或内存占用量较大时，仍然会对整体效率造成影响。其次，全球离散格网存在因不同尺度格网拼接导致的格网缝隙问题，而现有的缝隙修补算法（Puig-Centelles et al.，2014；Li et al.，2009；Yang et al.，2005）普遍计算复杂，严重影响场景绘制及加载效率。

综上所述，基于全球离散格网的海面动态可视化方法能够弥补主流方法——投影网格法在反映不同海域差异性特征时存在的缺陷，实现更为精细海陆分界效果。同时，其格网组织方式与虚拟地球离散空间剖分框架相匹配，因此更符合虚拟地球的应用需要。然而现有的全球离散格网法存在绘制效率低、加载速度慢、需要进行格网缝隙修补等问题。这些都限制了全球离散格网法的应用。对此，本节在现有离散格网法基础上进行优化：首先，在数据结构上，本节对传统等经纬度离散格网进行扩展，设计一种面向GPU的多尺度海面网格模型来组织管理海面格网。其次，为了实现风场驱动下的海浪动态绘制，本节在多尺度海面网格模型的基础上提出了一种支持实时风场更新的海浪动态绘制方法。同时，考虑到格网缝隙修补对绘制效率的影响，本节针对海面格网特点并结合GPU技术提出了一种高效的海面格网缝隙修补方法。

### 6.4.1 面向 GPU 的全球多尺度海面网格模型

为了对全球海面格网进行有效组织和管理，同时充分利用 GPU 并行计算的能力提高海面绘制效率，本节在全球等经纬度离散格网模型（童晓冲，2011；龚健雅等，2010）的基础上进行扩展，设计了一种面向 GPU 绘制的全球多尺度海面网格模型，如图 6.32 所示。

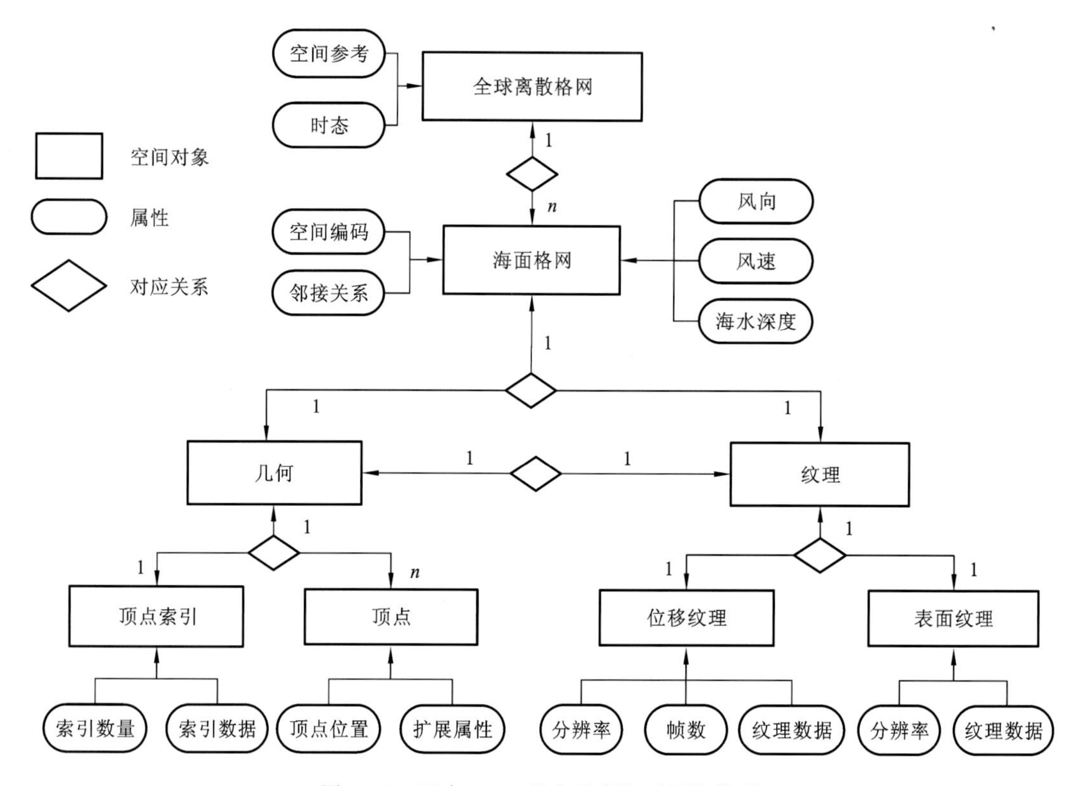


图 6.32 面向 GPU 的多尺度海面网格模型

海面网格是海面数据组织及绘制的基本单元，按照全球等经纬度网格剖分的规则进行组织与构建。由此，每个海面格网都有唯一的空间编码（童晓冲，2011）与全球离散格网相对应，它记录了当前格网所在的级数和行列号。通过空间编码可以检索到当前海域的风速、风向和海水深度、海域分布等信息以及确定网格之间的邻接关系。

海面网格的几何对象描述了海面的几何结构信息，由顶点和顶点索引组成。顶点即格网点，用于表达海面高低起伏的最小单元，除基本的位置信息外，为了实现基于 GPU 的海面动态可视化，对顶点属性进行扩展，添加了包括经纬度、顶点类型在内的扩展属性。顶点索引记录了离散顶点之间的组织关系，用于实现点向面图元的转换。

为了实现海浪的 GPU 动态绘制，将海面网格的纹理对象分为位移纹理和表面纹理，位移纹理记录了海面波浪的动态起伏过程，以当前海域的风向、风速为参数构建海浪建模算法，最后以三维纹理的方式载入 GPU 中实时生成。表面纹理则记录了当前海面格网的颜色及透明度信息,可通过海水深度或记录海域分布的掩模数据生成,其中颜色的深浅可以反映因为海水的深度导致的水体明暗效果。而透明度除了反映水体的质感外,还可用于隐去陆表水体,以达到海陆分界效果。

这种模型结构的优点在于将海面格网的几何结构与其具体的形态特征(记录在位移纹理中)相互分离,仅在绘制时通过 GPU 进行关联。海面格网初次加载时只需构建最基本的几何结构,而较为复杂形态特征可通过资源共享的方式被多个海面格网重复利用,因此有效提高了格网的构建速度。

图 6.33 为基于多尺度海面网格模型实现的全球海面多尺度绘制流程。首先对虚拟地球中的海域进行等经纬度划分,随着视点的变换,动态调度可视海域内相应尺度的空间数据,根据空间数据构建海面网格的几何与纹理。对于同一海域不同尺度的海面格网则以自顶向下四叉树金字塔的方式进行组织,随着视点的递进格网的分辨率逐倍增加,海面波浪的起伏效果也逐渐明显。

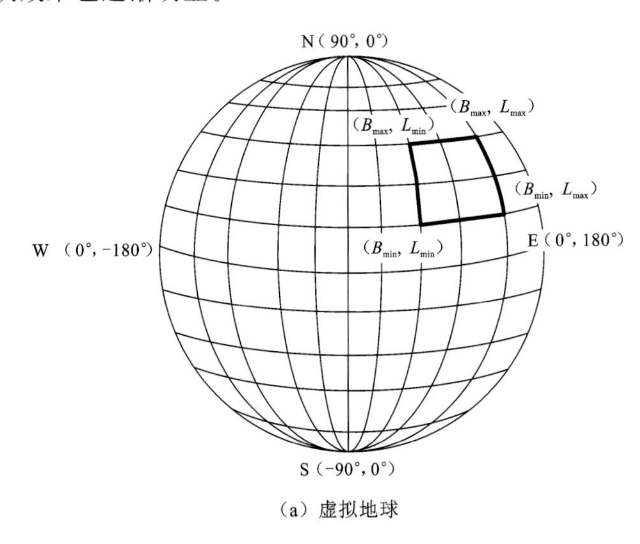


(a) 虚拟地球

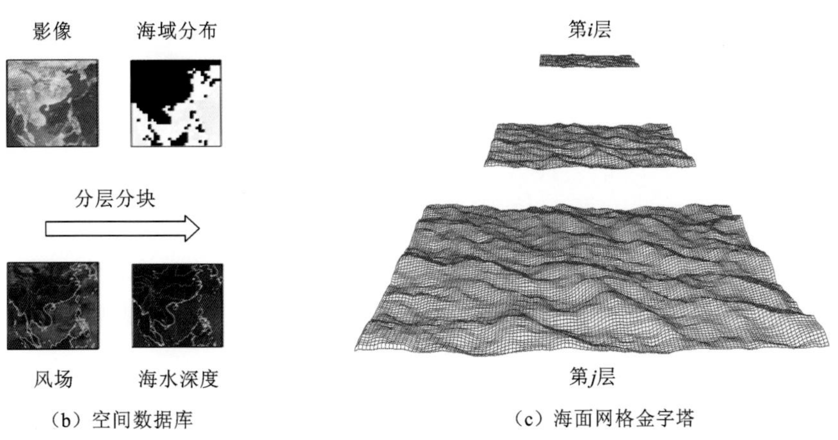


(b) 空间数据库　　(c) 海面网格金字塔

图 6.33　全球海面多尺度绘制流程图

### 6.4.2 风场驱动下的海浪动态绘制方法

海面可视化的真实感绝大程度上取决于海面浪花的动态起伏效果，尤其是风场条件驱动下的海面浪花动态绘制，不仅在视觉上满足用户的需要，同时能够与真实地理环境相匹配，更符合地理信息仿真应用的要求。对此，本小节在多尺度海面网格模型基础上，提出了一种风场驱动下的海浪动态绘制方法。

为了实现海面波浪的动态绘制，首先需要对海面波浪的运动规律进行归纳建模，本小节采用了Tessendorf(2001)提出的一种基于海浪谱的海浪建模方法。该方法认为海面波浪高度$h(x,t)$是由一系列正弦、余弦波叠加而成，因而可通过二维快速傅里叶逆变换的方式求解，其公式如下：

$$h(m,t)=\sum_{k}\tilde{h}(k,t)\cdot\exp(ik\cdot m) \tag{6.20}$$

其中：$m=(x,y)$，表示海面点的水平位置；$t=\dfrac{2\pi\cdot \mathrm{frame}}{\mathrm{totalframe}}$，其中frame表示当前帧数，totalframe表示一次海浪循环的总帧数；$k=(k_x,k_y)$表示二维矢量。为了使生成的海面高度场具有上下左右循环重复的特点，令$m=\left(\dfrac{aS}{R},\dfrac{bS}{R}\right)$；$k=\left(\dfrac{2\pi c}{S},\dfrac{2\pi d}{S}\right)$；其中$-\dfrac{R}{2}<a$、$b$、$c$、$d<\dfrac{R}{2}$，$S$表示数值常量表示高度场分辨率，$R$表示一个维度上的傅里叶采样个数。傅里叶振幅$\tilde{h}(k,t)$受风场条件的影响并随着时间发生变化，是求取海浪高度的关键。

然而Tessendorf(2001)这种以高度场序列的形式描述海浪运动规律，仅能对海浪在垂直方向的起伏特征进行模拟，如图6.34(a)所示。在真实的地理环境中，海浪往往会在风场作用下发生倾斜，如图6.34(b)所示。其中$y$方向表示海面的垂直方向，$x$表示水平方向，蓝色箭头表示风场。

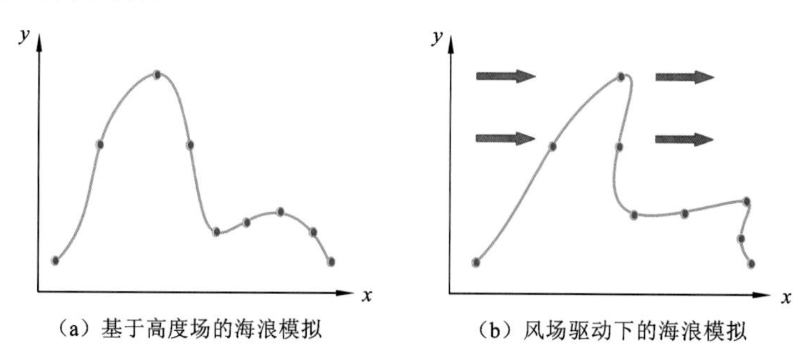


图6.34 水平方向的海浪剖面图

本节对Tessendorf(2001)方法进行了改进，根据海浪当前的起伏状态及当前海面风场状况计算每个海浪点在水平方向可能发生的偏移值，从而实现更为逼真的海浪模拟。

首先对式(6.20)求梯度：

$$G_x(m,t)=\sum_{k}\tilde{h}(k,t)\cdot ik_x\cdot\exp(ik\cdot m) \tag{6.21}$$

$$G_y(m,t)=\sum_{k}\tilde{h}(k,t)\cdot ik_y\cdot\exp(ik\cdot m) \tag{6.22}$$

其中：$G_x(m,t)$、$G_y(m,t)$分别表示高度场横纵方向的梯度值，同样基于二维快速傅里叶逆变化求解，由于梯度指向高度场增长最快的方向，对于海面高度场来说，其梯度矢量的单位向量$(g_x,g_y)$可看作海浪发生倾斜程度最大的方向。则海浪在水平方向的偏移值为

$$d=(d_x,d_y)=f\cdot(g_x,g_y) \tag{6.23}$$

其中：$f$表示梯度方向$(g_x,g_y)$与当前风场矢量$(w_x,w_y)$点积，反映了风场对海浪的影响程度。

由此，建立了以垂直、横、纵三个方向的偏移值描述当前时刻海浪运动的海浪模型，通过将三个方向偏移值作用于海面格网点的初始位置之上即可实现海面的动态绘制。在动态绘制方式上，常规基于CPU实时修改格网点位置的方式，计算量较大，影响绘制效率。而预先构建多时态格网的方式会增加内存的占用量及影响网格的加载效率，不适合大规模的海面动态可视化，且格网构建后修改困难，无法和实时风场进行匹配。对此，本节在多尺度海面网格模型的基础上提出了一种基于GPU的海面动态绘制方法，通过GPU可以并行地对海面格网点位置进行更新，减少CPU计算量，同时将海浪运动的偏移值以位移纹理的方式载入GPU中供着色器采样，当风场条件发生变化，只需重新载入位移纹理，不需对构建好的海面格网进行任何修改。其详细算法流程如图6.35所示。

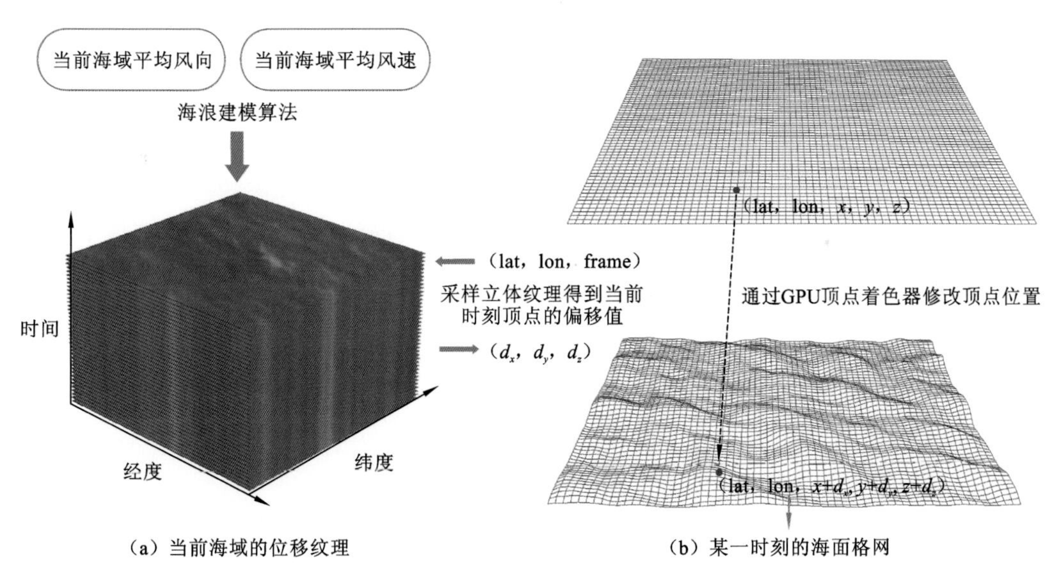


图6.35 海面动态绘制流程

1）首先遍历虚拟地球瓦片四叉树，确定当前可视海域范围，并构建当前海域的海面格网。

2）根据格网的空间编码获取视点最近的海面格网的风向、风速。取其平均值为参数，根据海浪建模算法计算出海浪在横、纵、垂直三个方向的偏移值，其值分别存储在位移纹理的$r$、$g$、$b$三个通道内。最后将不同时刻的位移纹理进行合并，得到立体纹理后载入顶点着色器中，如果当前场景的风速、风向与上一帧变化不大则不需要进行位移纹理的更新，以减少计算量。

3）在顶点着色器中，根据网格顶点的经纬度坐标（lat，lon）及当前帧数（frame）确定纹理坐标

$$\text{texcoord}=\text{vec3}\left[\frac{\text{lat}}{\text{hres}},\frac{\text{lon}}{\text{hres}},\text{frame}\%(\text{totalframe}-1)\right]$$

其中：hres 表示海浪高度场的经纬度跨度；值 m 表示海面高度场对应 $m°\times m°$的地球表面区域，totalframe 表示一次海浪运动循环的总帧数；%表示取余。

4）通过获取的纹理坐标采样当前海域的立体纹理，得到顶点的偏移值 $D=(r,g,b)$，并将偏移值叠加在原有顶点位置之上

$$\text{position}=\text{ModelViewProjectionMatrix}\cdot(\text{vertex}+D_x+D_y+D_z) \quad (6.24)$$

其中：$D_x=r\cdot\boldsymbol{N}_x$，$D_y=g\cdot\boldsymbol{N}_y$，$D_z=b\cdot\text{gl\_normal}$；$\boldsymbol{N}_x$，$\boldsymbol{N}_y$ 表示顶点所在位置切地球表面时的横纵向量；position 为最终输出的顶点坐标；Model ViewProjectionMatrix 表示顶点变换矩阵；vertex 表示原始顶点坐标，normal 表示顶点法向量。

### 6.4.3 基于 GPU 的海面格网缝隙修补方法

海浪动态绘制中相邻的不同尺度的海面格网因为分辨率不同，在拼接时，边缘线无法重合而产生缝隙，影响整体视觉效果，如图 6.36(a)所示。对此，Yang 等(2005)预先构建适应不同邻接关系的边缘格网，在绘制时根据需要动态地进行替换，然而其方法需要对相邻格网级差进行约束以减少预构的边缘格网数量。Li 等(2009)在相邻格网之间根据顶点位置实时生成一系列三角形条带进而达到修补缝隙的目的，但其算法复杂，计算量较大，实现较为困难。Puig－Centelle 则利用最新几何着色器技术动态的修改边缘几何体的分形方式，从而避免裂缝的产生，但随着相邻格网级差的增加，分形方式会变得十分复杂，进而影响绘制效率。

综上所述，现有的海面格网缝隙修补算法，主要是在传统地形格网缝隙修补算法基础上的改进，容错性高，但计算也较为复杂，对格网的绘制效率及加载速度会造成较大的影响。考虑到海面格网相对于地形格网，其几何形态灵活可变，限制条件较少(全球海平面高度可视为定值，波浪起伏高度不受具体值限制)。因此本节针对海面格网这一特点提出了一种以 GPU 技术为核心的高效海面格网缝隙修补算法。

本节实现的海面缝隙修补基本思路如图 6.36(a)、图 6.36(b)所示，首先确定相邻格网边缘上的重合顶点($A$ 点)，对重合顶点之间的顶点($B$ 点，在高级别格网的边缘线上)通过顶点着色器重新计算其空间坐标。使其刚好落在重合顶点的连线上。

其详细算法流程如下。

(1) 场景发生变换时，更新格网的邻接关系，即记录下每个格网的相邻格网的空间编码(根据空间编码可得到格网的空间范围等信息)。

(2) 在顶点着色器中，首先根据顶点的类型判断是否需要进行坐标修改。如图 6.36(c)所示，海面格网中的每个顶点根据其位置的不同可分为上边缘点($a$ 点)、下边缘点($b$ 点)、左边缘点($c$ 点)、右边缘点($d$ 点)、角点($e$ 点)、内部点($f$ 点)6 种。如果顶点属于内部点则不需要进行修改。如果顶点属于边缘点，但与其相邻的格网级别较高或相等，其顶

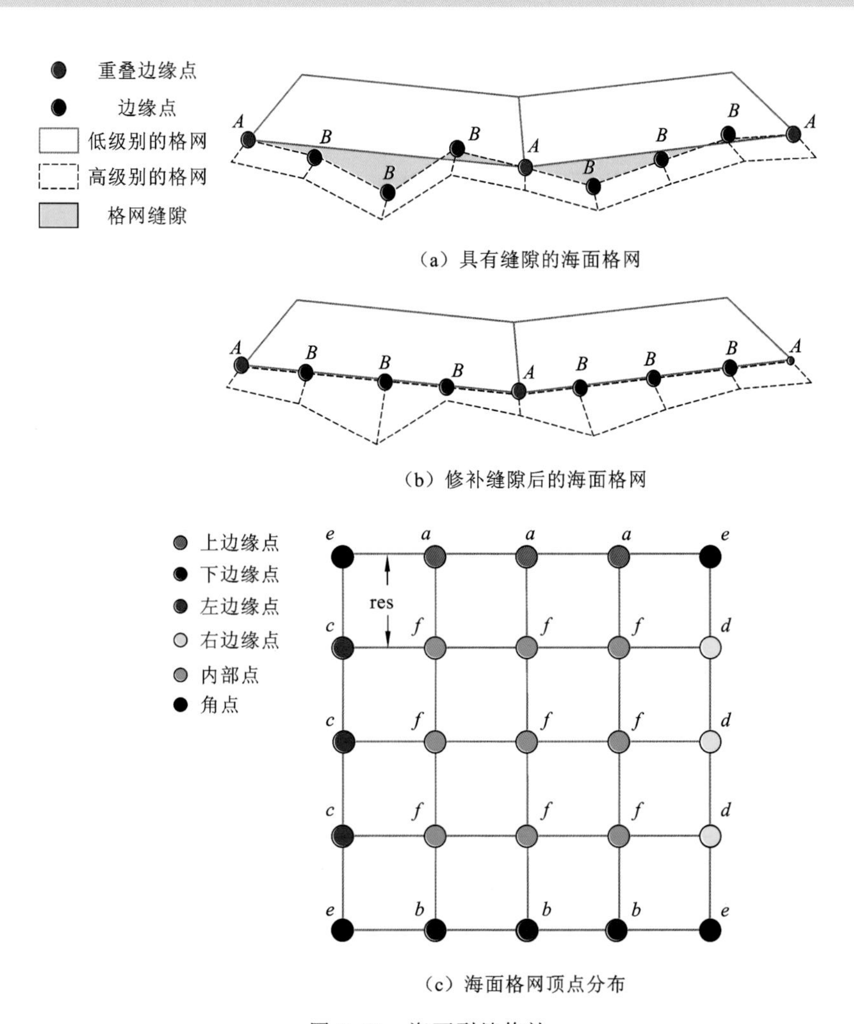


图 6.36　海面裂缝修补

点坐标同样不需要修改。对于角点,将其当作与相邻格网(不考虑对角格网)中级别最大的格网相邻边缘的边缘点处理。

(3) 获取离待修改边缘点最近的左右重叠点的经纬度坐标($lon_1$,$lat_1$)($lon_2$,$lat_2$),其公式如下:

$$
\begin{aligned}
lon_1 &= int\left(\frac{lon - lon_0}{res_0}\right) \cdot res_0 + lon_0 \\
lat_1 &= int\left(\frac{lat - lat_0}{res_0}\right) \cdot res_0 + lat_0 \\
lon_2 &= \left[int\left(\frac{lon - lon_0}{res_0}\right) + 1\right] \cdot res_0 + lon_0 \\
lat_2 &= \left[int\left(\frac{lon - lon_0}{res_0}\right) + 1\right] \cdot res_0 + lat_0
\end{aligned}
\tag{6.25}
$$

其中:假定每个格网具有 $m\times m$ 个格网点,$m$ 为奇数。(lon,lat)表示待修改边缘点的经纬度坐标;($lon_0$,$lat_0$)表示相邻格网的边缘线上最小经纬度坐标;$res_0$ 表示相邻格网的分辨率(单个格边的经纬度跨度),int 表示取整函数。

(4) 根据重叠点的经纬度坐标($lon_1$,$lat_1$)($lon_2$,$lat_2$)及当前时刻(帧数)采样位移纹理,分别得到重叠点的位移值$D_1$、$D_2$。根据线性比例计算边缘点的偏移值

$$D=D_1\cdot\frac{c-a}{res_0}+D_2\cdot\frac{a-b}{res_0} \tag{6.26}$$

对于上下边缘点,$a=lon$,$b=lon_1$,$c=lon_2$。对于左右边缘点,$a=lat$,$b=lat_1$,$c=lat_2$。

(5) 将位移值 D 导入式(6.24)中得到修改后的边缘点坐标。

## 6.4.4 实验

为了验证本节提出方法的有效性和可行性,基于开源虚拟地球平台 osgEarth 进行实验,软件环境为 Window 7,Visual Studio 2010 和 OpenGL。硬件配置为 Intel® Core™i3-2100 双核 3.1 GHz CPU,NVIDIA Quadro 600 显卡,1 GB 显存 8 GB 内存。

实验数据中影像采用 ESRI 发布的 ESRI_Imagery_World_2D 地图服务。地形采用 ReadMap 发布的地形瓦片服务,其陆地部分为全球 90 m 分辨率(3″×3″)的 STRM 数据,海底部分则采用 GEBCO(General Bathymetric Chart of the Oceans)提供全球的深海测量数据(30″×30″)。风场数据则根据舰船传感器实时获取的风速、风向信息进行模拟插值生成。海域分布数据(海水与地表分别以不同颜色表示的图像)则通过电子海图中的海岸线数据编辑生成。实验前根据多尺度海面网格模型,对数据进行多尺度组织,构建四叉树结构的瓦片金字塔。

图 6.37~图 6.39 分别为本节方法在不同尺度下海面效果比较。

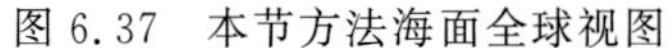

图 6.37　本节方法海面全球视图

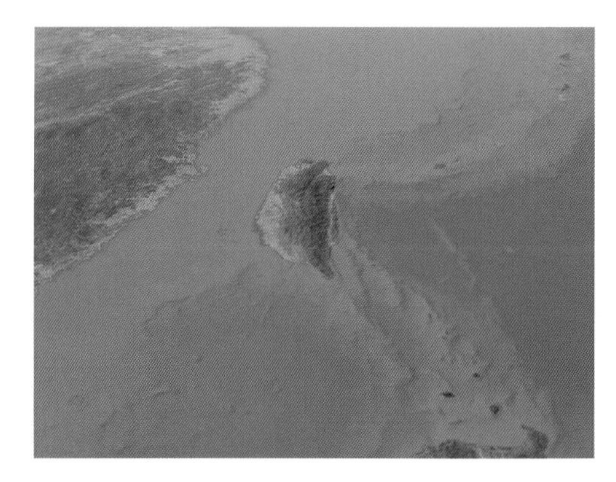

图 6.38　本节方法海面局部视图

对比三幅图片可以发现,随着视角的递进,海洋表面逐渐清晰,海水色调过渡平滑,宏观海陆分界效果及微观海面波浪效果都能得到有效体现,基本满足全球多尺度海面无缝浏览的应用需要。

图 6.39、图 6.40 分别为本节方法与投影网格法实现的海面近景视图的比较。

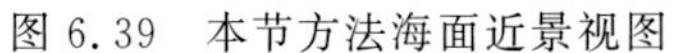
图 6.39　本节方法海面近景视图

图 6.40　投影网格法海面近景视图

从图中可以看出，本节方法在离散格网框架的支持下，能够快速地调用当前区域的海域分布数据，实现精细海陆分界。而投影网格法目前仅能通过(无线传输 RTT)技术实时获取的地表高程实现大致的海陆分界效果(Trition 提供的海陆分界方案)，容易出现海水覆盖真实地表等问题。

图 6.41、图 6.42 分别为缝隙修补前后海面效果比较。如图 6.41 所示，不同尺度海面格网拼接产生的“T 形”缝隙，在海面波浪动态绘制时，变得十分明显，严重影响视觉效果。而采用本节提出缝隙修补方法，可以在不占用过多系统资源情况下，实现海面缝隙快速修补。

图 6.41　缝隙修补前的海面

图 6.42　缝隙修补后的海面

图 6.43、图 6.44 分别为本节方法在不同风场条件下实现的海面波浪效果比较(图 6.43风速为 5 m/s 微风，图 6.44 为 24 m/s 和风)。风速较高时海面波浪起伏效果更为明显。

为了验证本节方法的绘制及加载效率，在相同实验条件下，将本节方法与基于投影网格的海面可视化方法及现有的基于离散格网的海面可视化方法进行比较，实验结果如图 6.45、图 6.46 所示：

图 6.43　风速为 5 m/s 海面波浪效果图

6.44　风速为 24 m/s 海面波浪效果

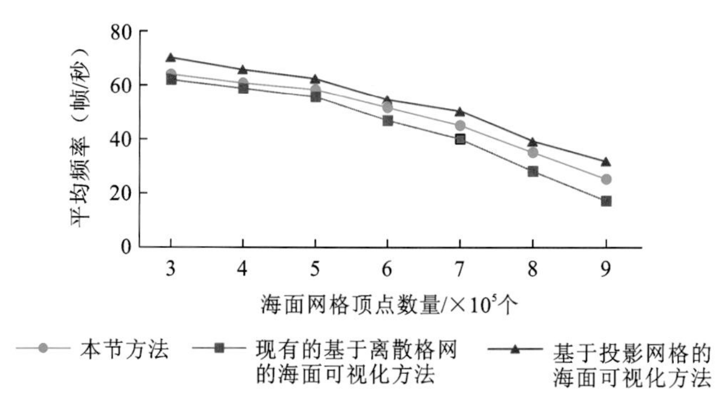


图 6.45　三种方法帧率比较

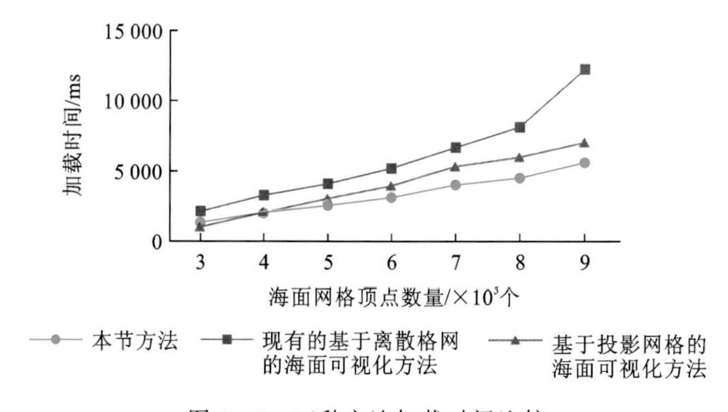


图 6.46　三种方法加载时间比较

从图 6.45 可以看出商业软件 Triton 实现的基于投影网格的海面可视化方法在绘制效率方面具有较为明显的优势，主要原因在于基于离散格网的海面可视化方法，在每一帧绘制时都需要进行海面缝隙修补，因此对帧率有一定影响。而本节实现的改进的离散格网法，由于采用 GPU 技术进行缝隙修补，在效率上较现有的离散格网法有很大提高，且与投影网格法相比帧率差距能够保持在 6 帧/s 以内。

从图 6.46 可以看出本节方法较其他两种方法加载速度更快。而现有的离散格网法由于需要实时限制相邻格网的级差以减少缝隙修补的复杂性，因此随着格网数量的增加，加载时间呈指数上升的趋势。而投影网格法尽管不需要重新构建新的格网，但其海陆分界方式存在效率问题，最终影响整体的加载速度。相比之下，本节方法采用瓦片四叉树的方式组织管理格网，同级格网之间没有约束且相互独立，因此可以充分利用多线程进行快速地并行加载，90 万个网格顶点，开启 2 个线程的情况下，基本能在 5 s 左右完成加载。

为了验证本节基于投影网格的海面可视化方法具有能够快速反映实时风场的能力，对三种方法在风场条件发生变化时，海浪效果的更新时间进行了比较。如图 6.47 所示：

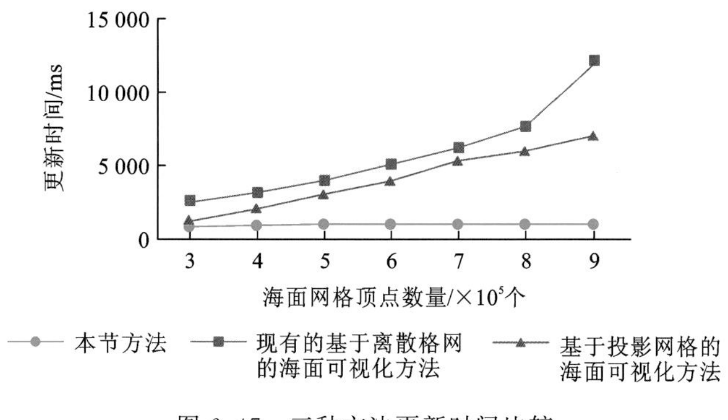


图 6.47　三种方法更新时间比较

从图 6.47 可以看出，由于本节方法在风场条件发生变化时，只需修改位移纹理即可对整个海浪效果进行更新，因此更新时间能够稳定在 0.5 s 左右，且该部分计算可在后台线程中进行，不会影响当前正在绘制的海浪。而其他两种方法，海浪的更新相当于重新加载一次海面格网，从更新时间及视觉体验上都无法满足实时动态风场更新的需要。

针对现有的基于全球离散格网的海面动态可视化方法存在绘制效率差，加载速度慢，需要进行格网缝隙修补等问题，本节提出了一种优化方法，主要包含三部分内容：首先，为了能够对全球海面网格进行有效组织和管理，同时充分利用 GPU 并行计算能力，本节在传统等经纬度离散格网基础上进行扩展，设计了一种面向 GPU 绘制的全球多尺度海面网格模型。其次，考虑到风场驱动下的海浪起伏效果更符合地理信息仿真应用的需要，本节在多尺度海面网格模型的基础上提出了一种支持风场条件实时更新的海浪动态绘制方法。同时，由于现有的海面格网缝隙修补算法会严重影响海面的绘制及加载效率，本节针对海面格网特点，提出了一种基于 GPU 的高效海面缝隙修补算法。最后通过实验对本节方法进行验证。实现结果表明，本节方法绘制效率稳定、加载速度快，且具有反映不同海域的差异性特征、实现精细的海陆分界及支持风场条件动态更新等功能，因此更符合虚拟地球的应用需要。下一步将讨论全球海洋表面如何与舰船航行等进行实时交互动态绘制，为面向全球的海洋具体应用奠定基础。

## 6.5　本章小结

本章主要介绍了三维虚拟地球技术的应用与实践，讨论了基于虚拟地球的多源空间信息集成共享方法，并介绍了面向大众应用的“天地图”，阐述了移动三维虚拟地球平台在电力行业的应用实例以及面向虚拟地球的海面动态可视化优化方法。

# 参考文献


龚健雅，陈静，向隆刚，等，2010. 拟地球集成共享平台 GeoGlobe. 绘学报，39(6)：551-553.

罗真，马骏，2012. 术在电力设备渲染中的研究与应用. 信息与电脑(理论版)，5：114-115.

明德烈，徐秋程，李向春，2012. 面向全球应用的海洋仿真系统的实现研究. 系统仿真学报，24(8)：1741-1745.

童晓冲，2011. 空间信息剖分组织的全球离散格网理论与方法. 测绘学报，40(4)：536.

张勇勇，2014. 基于三维 GIS 平台的电力铁塔三维模型构建系统的研究与实现. 北京：中国地质大学(北京).

赵欣，裴炳南，2012. 一种快速的海浪仿真方法. 系统仿真学报，24(1)：132-135.

JOHANSON C，LEJDFORS C，2004. Real-time water rendering. Lund：Lund University.

LI B，WANG C，LI Z，et al.，2009. A Practical Method for Real-Time Ocean Simulation//4th International Conference on Computer Science & Education. IEEE：742-747.

PUIG-CENTELLES A，RAMOS F，RIPOLLES O，et al.，2014. View-dependent tessellation and simulation of ocean surfaces. The Scientific World Journal，2014(3)：979418.

TESSENDORF J，2001. Simulating Ocean Water//Simulating Nature：Realistic and Interactive Techniques，SIGGRAPH2001 Course Notes. Los Angeles，CA：Addison Wesley：47-58.

YANG Q H，1989. Principle and Method of the Transformation of Map Projection. Beijing：Publishing House of PLA.

YANG X，PI X，ZENG L，et al.，2005. GPU-Based Real-Time Simulation and Rendering of Unbounded Ocean Surface//9th International Conference on Computer Aided Design and Computer Graphics，IEEE：6.